基礎から学ぶ 理工系

微分積分学

梅津裕美子
竹田裕一
共著

学術図書出版社

はじめに

本書は，理工系の大学において微分積分学の基礎を学ぶための教科書です．中心となるのは，1 変数関数の微分 (第 3 章) と積分 (第 4 章, 第 5 章)，および 2 変数関数を主とした多変数関数の微分 (第 6 章) と積分 (第 7 章) です．

基礎知識としては高等学校の「数学 I」までを仮定し，それ以外の必要な事項は高校の範囲でも本書に収めました．高校で学習している部分は適宜，確認用として使ってください．高校の「数学 B」の「数列」について，または「数学 II」や「数学 III」の中で学習していない箇所がある場合，あるいはしっかり復習したい場合は，第 1 章, 第 2 章の必要なところからはじめてください．

最後の第 8 章では無限級数について述べました．これは，第 1 章に続く内容で，第 3 章 12 節にあるテーラー展開やマクローリン展開の内容を補うとともに，本書から先を学ぶときの基礎となるものです．

時間の都合によっては，初めは次の ★ のついた節を省略して先へ進むことも選択肢のひとつです．

　　第 2 章 2.7 節　逆三角関数
　　　　　　(ただし，第 4 章の有理関数の不定積分の節では必要になります．)
　　第 3 章 3.13 節　ロピタルの定理
　　第 4 章 4.6 節　置換積分法・部分積分法のいろいろな適用例
　　第 5 章 5.6 節　定積分のいろいろな例

その他，例題や問題で ★ 印がついているものは，上記の ★ がついた節の内容を使うもの，計算が複雑なものや技巧的なもの，考え方がやや難しいものなどです．

学んだことを本当に理解するには，自分で問題を解いてみることが必要です．本書には例題と同じようにして解ける問題から，考えながら解く必要のある問題まであリますので，段階を追って解いていってください．

本書の執筆にあたり，多くの微分積分学の入門書と高等学校の教科書を参考にさせていただきました．特に，平野照比古著『工科のための微分積分学』からは多くの図を使用させていただきました．ここに御礼申し上げます．また，準備の段階から終始，学術図書出版社の発田孝夫氏にお世話になりました．心から感謝いたします．

2016 年 10 月

著　　者

目　　次

第1章　数列と極限　　1
- 1.1　数列とその和 ……………………………………… 1
- 1.2　数列の極限 ………………………………………… 6

第2章　基本的な関数　　13
- 2.1　関数 ………………………………………………… 13
- 2.2　合成関数 …………………………………………… 15
- 2.3　指数関数 …………………………………………… 15
- 2.4　逆関数 ……………………………………………… 21
- 2.5　対数関数 …………………………………………… 23
- 2.6　三角関数 …………………………………………… 26
- 2.7★　逆三角関数 ……………………………………… 36

第3章　微分法　　40
- 3.1　平均変化率 ………………………………………… 40
- 3.2　関数の極限と連続性 ……………………………… 41
- 3.3　微分係数と導関数 ………………………………… 46
- 3.4　導関数の計算法 …………………………………… 49
- 3.5　合成関数の微分 …………………………………… 53
- 3.6　対数関数・指数関数の微分 ……………………… 55
- 3.7　三角関数の微分 …………………………………… 59
- 3.8　いろいろな関数の微分 …………………………… 61
- 3.9　高次導関数 ………………………………………… 62
- 3.10　平均値の定理 …………………………………… 65
- 3.11　関数の増減と極値 ……………………………… 69

iv 目次

- 3.12 テイラーの定理とその応用 78
- 3.13 ★ ロピタルの定理 84

第4章 不定積分　88

- 4.1 不定積分の定義 88
- 4.2 基本的な関数の不定積分の公式 89
- 4.3 不定積分の基本的性質 91
- 4.4 置換積分法 92
- 4.5 部分積分法 95
- 4.6 ★ 置換積分法・部分積分法のいろいろな適用例 97
- 4.7 有理関数の不定積分 100
- 4.8 三角関数の有理式の不定積分 106
- 4.9 無理式の不定積分 108

第5章 定積分　111

- 5.1 定積分の定義と基本性質 111
- 5.2 積分可能な関数 113
- 5.3 定積分と不定積分の関係 115
- 5.4 定積分の置換積分法 117
- 5.5 定積分の部分積分法 119
- 5.6 ★ 定積分のいろいろな例 121
- 5.7 定積分の応用 123
- 5.8 広義積分 130

第6章 偏微分　137

- 6.1 2変数関数 137
- 6.2 偏導関数 140
- 6.3 全微分 144
- 6.4 高次偏導関数 147
- 6.5 平均値の定理とテイラーの定理 154
- 6.6 2変数関数の極値 158

6.7　陰関数 162

第 7 章　重積分　　　　　　　　　　　　　　　　　　　　170
　7.1　2 重積分 170
　7.2　3 重積分 192
　7.3　積分・重積分の応用 198

第 8 章　無限級数　　　　　　　　　　　　　　　　　　　　207
　8.1　有界な数列 207
　8.2　無限級数 207
　8.3　正項級数 208
　8.4　絶対収束級数 212
　8.5　べき級数 213

問題の解答　　　　　　　　　　　　　　　　　　　　　　　220

索引　　　　　　　　　　　　　　　　　　　　　　　　　　229

1 数列と極限

1.1 数列とその和

この章では,数列と数列の極限に関して,2 章以下で必要な事項を中心にまとめる.

1.1.1 数列

自然数 $1, 2, 3, \ldots$ のそれぞれに対応して,実数 $a_1, a_2, a_3, \ldots$ が定められたとき,これを**数列**という.a_1 を第 1 項,a_2 を第 2 項,$\ldots$,a_n を第 n 項という.a_1 を**初項**,a_n を**一般項**ともいう.この数列を $\{a_n\}$ と表す.

例. (1) 正の奇数を小さい順に並べた数列 $1, 3, 5, 7, \ldots$ を $\{a_n\}$ とすると,第 n 項は $a_n = 2n - 1$.

(2) 3 から始まって,項が 1 つ進むと 2 倍になっていく数列
$3, 6, 12, 24, \ldots$ を $\{a_n\}$ とすると,第 n 項は $a_n = 3 \cdot 2^{n-1}$.

(3) -1 と 1 が交互に並ぶ数列 $-1, 1, -1, 1, \ldots$ を $\{a_n\}$ とすると,
第 n 項は $a_n = (-1)^n$.

1.1.2 等差数列と等比数列

数列 $\{a_n\}$ において,隣り合う 2 項 a_{n+1} と a_n の差が一定であるとき,**等差数列**という.初項を a,隣り合う 2 項の差を d とすると,この数列は
$$a_1 = a, \; a_2 = a + d, \; a_3 = a + 2d, \; a_4 = a + 3d, \ldots$$
となるから,第 n 項は $a + (n-1)d$ である.d をこの等差数列の**公差**という.

例. (1) 正の奇数を小さい順に並べた数列 $1, 3, 5, 7, \ldots$ は,初項 1, 公差 2 の等差数列である.

(2) 数列 $3, 8, 13, 18, \ldots$ は,初項 3, 公差 5 の等差数列である.

(3) 数列 $3, 0, -3, -6, -9, \ldots$ は,初項 3, 公差 -3 の等差数列である.

数列 $\{a_n\}$ において,隣り合う 2 項 a_{n+1} と a_n の比が一定であるとき,**等比数列**という.初項が a, で,隣り合う 2 項 の比を r として $a_{n+1} = ra_n$ とすると,この数列は

$$a_1 = a,\ a_2 = ar,\ a_3 = ar^2,\ a_4 = ar^3, \ldots$$

となるから,第 n 項は ar^{n-1} である. r をこの等比数列の**公比**という.

例. (1) 数列 $3, 6, 12, 24, \ldots$ は,初項 3, 公比 2 の等比数列である.

(2) 数列 $-1, 1, -1, 1, \ldots$ は,初項 -1, 公比 -1 の等比数列である.

(3) 数列 $1, -2, 4, -8, \ldots$ は,初項 1, 公比 -2 の等比数列である.

(4) 数列 $4, 2, 1, \dfrac{1}{2}, \dfrac{1}{4}, \ldots$ は,初項 4, 公比 $\dfrac{1}{2}$ の等比数列である.

(5) 数列 $0.2, 0.02, 0.002, 0.0002, \ldots$ は,初項 0.2, 公比 0.1 の等比数列である.

1.1.3 数列の和

数列 $\{a_n\}$ において,初項から第 n 項までの和

$$a_1 + a_2 + a_3 + \cdots + a_n$$

を $\displaystyle\sum_{k=1}^{n} a_k$ と書く.すなわち

$$\sum_{k=1}^{n} a_k = a_1 + a_2 + a_3 + \cdots + a_n$$

Σ は,アルファベットの大文字の S に対応するギリシャ文字で,和 (sum) を意味し,「シグマ」と読む.

$m < n$ のとき, 第 m 項から第 n 項までの和は
$$\sum_{k=m}^{n} a_k = a_m + a_{m+1} + a_{m+2} + \cdots + a_n$$
と表すことができる.

例. (1) 正の奇数を小さい順に並べた数列 $1, 3, 5, 7, \ldots$ を $\{a_n\}$ とすると,
$$\sum_{k=1}^{5} a_k = 1 + 3 + 5 + 7 + 9 = 25,$$
$$\sum_{k=3}^{6} a_k = 5 + 7 + 9 + 11 = 32.$$

(2) $a_n = 3 \cdot 2^{n-1}$ のとき, $\displaystyle\sum_{k=1}^{4} a_k = 3 + 6 + 12 + 24 = 45.$

また, Σ 記号の中には, a_k の代わりに k の式を直接記入して,
$$\sum_{k=3}^{6} (2k-1) = 5 + 7 + 9 + 11 = 32,$$
$$\sum_{k=1}^{4} 3 \cdot 2^{k-1} = 3 + 6 + 12 + 24 = 45$$
などと書くこともできる.

Σ の記号について, 次が成り立つ.

定理 1.1 [Σ の性質] 数列 $\{a_n\}, \{b_n\}$ と定数 c に対して

(1) $\displaystyle\sum_{k=m}^{n} (a_k + b_k) = \sum_{k=m}^{n} a_k + \sum_{k=m}^{n} b_k$

(2) $\displaystyle\sum_{k=m}^{n} c a_k = c \sum_{k=m}^{n} a_k$

証明 (1)
$$\sum_{k=m}^{n} (a_k + b_k) = (a_m + b_m) + (a_{m+1} + b_{m+1}) + \cdots + (a_n + b_n)$$
$$= (a_m + a_{m+1} + \cdots + a_n) + (b_m + b_{m+1} + \cdots + b_n)$$
$$= \sum_{k=m}^{n} a_k + \sum_{k=m}^{n} b_k$$

(2) $\displaystyle\sum_{k=m}^{n} ca_k = ca_m + ca_{m+1} + \cdots + ca_n = c(a_m + a_{m+1} + \cdots + a_n) = c\sum_{k=m}^{n} a_k$ ∎

次の和は典型的な例である.

公式 1.1

(1) $\displaystyle\sum_{k=1}^{n} 1 = n$

(2) $\displaystyle\sum_{k=1}^{n} k = \frac{n(n+1)}{2}$

証明 (1) $\displaystyle\sum_{k=1}^{n} 1 = \underbrace{1+1+1+\cdots+1}_{n} = n$

(2) $\displaystyle\sum_{k=1}^{n} k = 1 + 2 + \cdots + (n-1) + n$

$\displaystyle\quad = \frac{1}{2}\{(1+2+\cdots+(n-1)+n) + (n+(n-1)+\cdots+3+2+1)\}$

$\displaystyle\quad = \frac{1}{2}\underbrace{\{(n+1)+(n+1)+\cdots+(n+1)\}}_{(n+1)\text{ が }n\text{ 個}} = \frac{n(n+1)}{2}$ ∎

例題 1.1 1 から $2n-1$ までの奇数の和を求めよ.

解答 k 番目の奇数は $2k-1$ だから, 定理 1.1 と公式 1.1 より, 求める和は

$\displaystyle\sum_{k=1}^{n}(2k-1) = \sum_{k=1}^{n} 2k + \sum_{k=1}^{n}(-1) = 2\sum_{k=1}^{n} k - \sum_{k=1}^{n} 1 = 2\frac{n(n+1)}{2} - n = n^2 + n - n = n^2$ ∎

注. 例題 1.1 は次の公式を適用しても計算することができる.

公式 1.2 [等差数列の和]

初項 a, 公差 d の等差数列の初項から第 n 項までの和は

$$\sum_{k=1}^{n} \{a + (k-1)d\} = \frac{n}{2}\{2a + (n-1)d\}$$

証明 定理 1.1 と公式 1.1 を適用して

$$\sum_{k=1}^{n}\{a+(k-1)d\} = a\sum_{k=1}^{n}1 + d\sum_{k=1}^{n}k - d\sum_{k=1}^{n}1 = an + \frac{dn(n+1)}{2} - dn$$

$$= \frac{2an + dn^2 + dn - 2dn}{2} = \frac{n}{2}\{2a+(n-1)d\}$$ ∎

公式 1.3 [等比数列の和]

初項 a, 公比 r の等比数列の初項から第 n 項までの和は

$$\sum_{k=1}^{n}ar^{k-1} = \begin{cases} \dfrac{a(1-r^n)}{1-r} & (r \neq 1) \\ an & (r=1) \end{cases}$$

証明 $r \neq 1$ のとき $S_n = \sum_{k=1}^{n}ar^{k-1}$ とする.

$$\begin{array}{rl} S_n = & a+ar+ar^2+\cdots+ar^{n-1} \\ -)\quad rS_n = & \quad ar+ar^2+\cdots+ar^{n-1}+ar^n \\ \hline (1-r)S_n = & a \hspace{10em} -ar^n \end{array}$$

より $(1-r)S_n = a(1-r^n)$ である. 両辺を $(1-r)$ で割ると

$$S_n = \frac{a(1-r^n)}{1-r}$$

$r = 1$ のときは明らかに

$$\sum_{k=1}^{n}ar^{k-1} = \sum_{k=1}^{n}a = an$$ ∎

例題 1.2 初項 3, 公比 -2 の等比数列の初項から第 n 項までの和を求めよ.

解答 公式 1.3 より, 求める和は

$$\sum_{k=1}^{n}3\cdot(-2)^{k-1} = \frac{3\{1-(-2)^n\}}{1-(-2)} = \frac{3\{1-(-2)^n\}}{3} = 1-(-2)^n$$ ∎

問 1.1 次の和を求めよ.

(1) 1000 以下の正の偶数の和 (2) $\sum_{k=1}^{10}(3k+2)$ (3) $\sum_{k=1}^{2n}(-k+3)$

(4) $\sum_{k=1}^{5}2\cdot 3^{k-1}$ (5) $\sum_{k=1}^{n}\left(\frac{1}{2}\right)^{k-1}$ (6) $\sum_{k=1}^{n}\frac{6}{3^{k-1}}$

1.2 数列の極限

1.2.1 数列の極限

数列 $\{a_n\}$ において, n が限りなく大きくなっていくときに第 n 項 a_n の値がどのようになっていくかを考える.

n が限りなく大きくなっていくときに, a_n が一定の値 α に限りなく近づくとき, 数列 $\{a_n\}$ は α に**収束**するといい, α を数列の**極限値**という. $\{a_n\}$ の極限は α であるともいう. これを

$$\lim_{n\to\infty} a_n = \alpha \quad \text{または} \quad n \to \infty \text{ のとき } a_n \to \alpha$$

と表す. 記号 lim は,「極限」の意味である limit の略である. ∞ は無限大の状態を表す.

例. $a_n = \dfrac{1}{n}$ で与えられる数列 $\{a_n\}$ について, n が限りなく大きくなっていくと $a_n = \dfrac{1}{n}$ は, 分子は定数で分母は大きくなっていくから, 0 に近づいていく. よって

$$\lim_{n\to\infty} \frac{1}{n} = 0$$

数列が収束しないとき, $\{a_n\}$ は**発散**するという.

例. (1) 数列 $1, 3, 5, \ldots, 2n-1, \ldots$ では, n が限りなく大きくなっていくと第 n 項も限りなく大きくなる.

(2) 数列 $4, 1, -2, \ldots, -3n+7, \ldots$ では, n が限りなく大きくなっていくと第 n 項は負の値で, その絶対値は限りなく大きくなる.

(3) 数列 $-1, 1, -1, \ldots, (-1)^n, \ldots$ では, 各項の絶対値はすべて 1 であるが, 符号が $+$ と $-$ が交互に現れ, 一定の極限値をもたない.

(4) 数列 $1, -2, 3, -4, \ldots, (-1)^{n-1}n, \ldots$ では, 符号が $+$ と $-$ が交互に現れ, 絶対値は限りなく大きくなる.

一般に, n が限りなく大きくなるとき, a_n も限りなく大きくなる場合, $\{a_n\}$ は**無限大に発散する**, または $\{a_n\}$ の**極限は無限大**であるといい,

$$\lim_{n\to\infty} a_n = \infty \quad \text{または} \quad n \to \infty \text{ のとき } a_n \to \infty$$

と表す.

n が限りなく大きくなるとき, a_n が負になり, 絶対値は限りなく大きくなる場合, $\{a_n\}$ は**負の無限大** (または, **マイナス無限大**) に**発散**する, または $\{a_n\}$ の**極限は負の無限大** (または, **マイナス無限大**) であるといい,

$$\lim_{n \to \infty} a_n = -\infty \quad \text{または} \quad n \to \infty \text{ のとき } a_n \to -\infty$$

と表す.

一定の極限値をもたず, 無限大にも負の無限大にも発散しないとき, **振動**するという.

数列の極限をまとめると次のようになる.

$$\text{数列の極限} \begin{cases} \text{収束} & \lim_{n \to \infty} a_n = \alpha & \text{極限値 } \alpha \text{ に収束} \\ \text{発散} \begin{cases} \lim_{n \to \infty} a_n = \infty & \text{無限大に発散} \\ \lim_{n \to \infty} a_n = -\infty & \text{マイナス無限大に発散} \\ \lim_{n \to \infty} a_n \text{は存在しない} & \text{振動} \end{cases} \end{cases}$$

収束する数列の極限値については, 次が成り立つ.

定理 1.2 [数列の極限値の性質] 数列 $\{a_n\}, \{b_n\}$ が収束して $\lim_{n \to \infty} a_n = \alpha, \lim_{n \to \infty} b_n = \beta$ であるとすると,

(1) $\lim_{n \to \infty} (a_n + b_n) = \alpha + \beta, \ \lim_{n \to \infty} (a_n - b_n) = \alpha - \beta$

(2) $\lim_{n \to \infty} a_n b_n = \alpha \beta$

(3) $\beta \neq 0$ とすると $\lim_{n \to \infty} \dfrac{a_n}{b_n} = \dfrac{\alpha}{\beta}$

(4) c を定数とすると $\lim_{n \to \infty} c a_n = c\alpha$

(5) 十分大きい n について $a_n \leqq b_n$ ならば $\alpha \leqq \beta$

(6) 数列 $\{c_n\}$ について, 十分大きい n に対して $a_n \leqq c_n \leqq b_n$ で, かつ $\alpha = \beta$ ならば, $\{c_n\}$ も収束して $\lim_{n \to \infty} c_n = \alpha$

1.2.2 数列の極限の計算例

ここでは, 2 つの典型的な極限の計算技法をとり上げる.

例題 1.3 極限 $\displaystyle\lim_{n\to\infty} \frac{3n^2+20n+3}{5n^2-5n+100}$ を求めよ．

[解答] このままでは分母分子ともに $n\to\infty$ のとき ∞ に発散して計算できないが，分母分子を n^2 で割ることによって下記のように計算できる．

$$\lim_{n\to\infty} \frac{3n^2+20n+3}{5n^2-5n+100} = \lim_{n\to\infty} \frac{3+\frac{20}{n}+\frac{3}{n^2}}{5-\frac{5}{n}+\frac{100}{n^2}} = \frac{3+0+0}{5-0+0} = \frac{3}{5}$$

例題 1.4 極限 $\displaystyle\lim_{n\to\infty}\left(\sqrt{n^2-n}-n\right)$ を求めよ．

[解答] このままでは $n\to\infty$ のとき $\infty-\infty$ で計算できないが，下記のように計算できる．

$$\begin{aligned}
\lim_{n\to\infty}\left(\sqrt{n^2-n}-n\right) &= \lim_{n\to\infty} \frac{\left(\sqrt{n^2-n}-n\right)\left(\sqrt{n^2-n}+n\right)}{\left(\sqrt{n^2-n}+n\right)} \\
&= \lim_{n\to\infty} \frac{n^2-n-n^2}{\sqrt{n^2-n}+n} = \lim_{n\to\infty} \frac{-n}{\sqrt{n^2-n}+n} \\
&= \lim_{n\to\infty} \frac{-1}{\sqrt{1-\frac{1}{n}}+1} \quad [\text{分母分子を } n \text{ で割る}] \\
&= \frac{-1}{\sqrt{1-0}+1} = -\frac{1}{2}
\end{aligned}$$

問 1.2 次の極限を求めよ．

(1) $\displaystyle\lim_{n\to\infty} \frac{2n^2+3n-100}{n^2-n-1}$ (2) $\displaystyle\lim_{n\to\infty} \frac{4n^2-7n+50}{2n^3-n-1}$

(3) $\displaystyle\lim_{n\to\infty}\left\{\sqrt{n^2+n+1}-n\right\}$

1.2.3 等比数列の極限

等比数列 $\{ar^{n-1}\}$ の極限を考えるとき，次の定理が基本的である．

定理 1.3 [$\{r^n\}$ の極限]

$$\lim_{n\to\infty} r^n = \begin{cases} \infty & (r>1) \\ 1 & (r=1) \\ 0 & (|r|<1) \\ \text{存在しない} & (r\leqq -1) \end{cases}$$

証明 それぞれの場合について考える.

[$r > 1$ のとき] $r = 1 + h \, (h > 0)$ とおくと,
$$r^n = (1+h)^n = \underbrace{(1+h)(1+h)\cdots(1+h)}_{n}$$
$$= 1 + nh + \cdots + h^n \geq 1 + nh$$

が成立している. 明らかに $\lim_{n\to\infty}(1+nh) = \infty$ なので $\lim_{n\to\infty} r^n = \infty$.

[$r = 1$ のとき] $\lim_{n\to\infty} r^n = \lim_{n\to\infty} 1^n = 1$.

[$0 < r < 1$ のとき] $s = \dfrac{1}{r}$ とおくと $s > 1$ なので $\lim_{n\to\infty} s^n = \infty$ が成立している. よって $\lim_{n\to\infty} r^n = 0$.

[$r = 0$ のとき] $\lim_{n\to\infty} r^n = \lim_{n\to\infty} 0^n = 0$.

[$-1 < r < 0$ のとき] $s = |r|$ とおくと $0 < s < 1$ なので $\lim_{n\to\infty} s^n = 0$ が成立している. つまり $\lim_{n\to\infty} |r^n| = 0$ であるから $\lim_{n\to\infty} r^n = 0$.

[$r = -1$ のとき] 数列 $\{r^n\}$ は $-1, 1, -1, 1, \ldots$ となるから極限は存在しない (振動).

[$r < -1$ のとき] $s = -r$ とおくと $s > 1$ なので $\lim_{n\to\infty} s^n = \infty$ が成立しているが, r^n は負と正の値を交互にとるため極限は存在しない (振動).

例題 1.5 極限 $\lim_{n\to\infty}\left(-\dfrac{2}{3}\right)^n$ を求めよ.

解答 $r = -\dfrac{2}{3}$ より $|r| < 1$ である. 定理 1.3 より $\lim_{n\to\infty}\left(-\dfrac{2}{3}\right)^n = 0$ である.

実際に, この数列は
$$-\dfrac{2}{3} = -0.666\cdots, \quad \dfrac{4}{9} = 0.444\cdots, \quad -\dfrac{8}{27} = -0.296\cdots, \quad \ldots$$
のように正と負の値を繰り返しながら 0 に収束している.

問 1.3 次の数列の極限を求めよ.
(1) $\lim_{n\to\infty}\left(\dfrac{5}{3}\right)^n$ (2) $\lim_{n\to\infty}\left(\dfrac{3}{8}\right)^n$

1.2.4 無限級数

無限数列 $a_1, a_2, a_3, \ldots, a_n, \ldots$ の和
$$a_1 + a_2 + a_3 + \cdots + a_n + \cdots$$
を**無限級数**といい,和の記号を使って $\displaystyle\sum_{k=1}^{\infty} a_k$ と表す.無限級数の収束・発散は,第 n 項までの和 S_n の極限
$$\lim_{n \to \infty} S_n = \lim_{n \to \infty} \sum_{k=1}^{n} a_k$$
の収束・発散として定義する.$\{S_n\}$ が極限値 α をもつとき,α をこの**無限級数の和**といい
$$\sum_{k=1}^{\infty} a_k = \alpha$$
と表す.

1.2.5 無限等比級数

初項 a,公比 r の無限等比数列 $\{ar^{n-1}\}$ の無限級数
$$\sum_{k=1}^{\infty} ar^{k-1} = a + ar + ar^2 + \cdots + ar^{n-1} + \cdots$$
を**無限等比級数**という.

定理 1.4 [無限等比級数の収束・発散] $\displaystyle\sum_{k=1}^{\infty} ar^{k-1}$ の収束・発散は次のようになる.

$a \neq 0$,$|r| < 1$ のときは収束し,その和は $\displaystyle\sum_{k=1}^{\infty} ar^{k-1} = \frac{a}{1-r}$ である.

　　$|r| \geqq 1$ のときは発散する.

$a = 0$ のときは収束し,その和は $\displaystyle\sum_{k=1}^{\infty} ar^{k-1} = 0$ である.

証明 $a=0$ のときは明らかであるので，以下は $a \neq 0$ とする．
第 n 項までの和を考えると，公式 1.1 より，$r=1$ のときは an となるので，無限等比級数は発散する．$r \neq 1$ のときは

$$\sum_{k=1}^{n} ar^{k-1} = \frac{a(1-r^n)}{1-r} = \frac{a}{1-r} - \frac{a}{1-r}r^n$$

となる．右辺において，$n \to \infty$ のとき，$\dfrac{a}{1-r}r^n$ は定理 1.3 より，$|r|<1$ ならば 0 に収束し，$|r| \geqq 1$ ならば発散する．以上をまとめると，定理が得られる． ■

例題 1.6 無限等比級数 $\displaystyle\sum_{k=1}^{\infty} 3\left(-\frac{2}{3}\right)^{k-1}$ の和を求めよ．

解答 初項 $a=3$，公比 $r=-\dfrac{2}{3}$ の無限等比級数なので定理 1.4 より収束し，

$$\sum_{k=1}^{\infty} 3\left(-\frac{2}{3}\right)^{k-1} = \frac{3}{1-\left(-\frac{2}{3}\right)} = \frac{3}{\frac{5}{3}} = \frac{9}{5}$$

■

問 1.4 次の無限等比級数の収束・発散を調べ，収束する場合はその和を求めよ．

(1) $\displaystyle\sum_{k=1}^{\infty}\left(\frac{5}{3}\right)^{k-1}$ (2) $\displaystyle\sum_{k=1}^{\infty}\left(\frac{3}{8}\right)^{k-1}$ (3) $\displaystyle\sum_{k=1}^{\infty}\frac{5}{2^{k-1}}$

1.2.6 無限級数の収束・発散の条件

定理 1.5 [無限級数の収束・発散の条件]

(1) 無限級数 $\displaystyle\sum_{k=1}^{\infty} a_k$ が収束するならば，$\displaystyle\lim_{n\to\infty} a_n = 0$ である．

(2) 数列 $\{a_n\}$ が 0 に収束しないならば，無限級数 $\displaystyle\sum_{k=1}^{\infty} a_k$ は発散する．

証明 (1) 無限級数が S に収束するとき，第 n 項 ($n>2$) までの部分和を $S_n = \displaystyle\sum_{k=1}^{n} a_k$ とおくと，$a_n = S_n - S_{n-1}$ と表すことができる．よって
$$\lim_{n\to\infty} a_n = \lim_{n\to\infty}(S_n - S_{n-1}) = \lim_{n\to\infty} S_n - \lim_{n\to\infty} S_{n-1} = S - S = 0$$

(2) (1) の対偶なので明らかである． ■

注． $\lim_{n\to\infty} a_n = 0$ であっても無限級数が収束するとは限らない．たとえば $a_n = \dfrac{1}{n}$ とすると，明らかに $\lim_{n\to\infty} a_n = 0$ であるが，無限級数の値は

$$\begin{aligned}
\sum_{n=1}^{\infty} \frac{1}{n} &= \frac{1}{1} + \frac{1}{2} + \frac{1}{3} + \frac{1}{4} + \frac{1}{5} + \frac{1}{6} + \frac{1}{7} + \frac{1}{8} + \cdots \\
&= \frac{1}{1} + \frac{1}{2} + \left\{\frac{1}{3} + \frac{1}{4}\right\} + \left\{\frac{1}{5} + \frac{1}{6} + \frac{1}{7} + \frac{1}{8}\right\} + \cdots \\
&> \frac{1}{1} + \frac{1}{2} + \left\{\frac{1}{4} + \frac{1}{4}\right\} + \left\{\frac{1}{8} + \frac{1}{8} + \frac{1}{8} + \frac{1}{8}\right\} + \cdots \\
&= 1 + \frac{1}{2} + \frac{1}{2} + \frac{1}{2} + \cdots = \infty
\end{aligned}$$

のように発散している．

数列と無限級数の収束・発散については，第8章でも扱う．

2 基本的な関数

2.1 関数

2.1.1 関数

ここでは，変数が 1 つである場合を考える．変数を x とすると，x の式，たとえば
$$2x + 5$$
を考えると，x にはいろいろな数や文字や式を代入できる．x に 3 を代入すれば，$2 \times 3 + 5 = 11$，a を代入すれば，$2a + 5$ が得られる．また，x に式 $3a - 2$ を代入すれば，$2(3a - 2) + 5 = 6a + 1$ となる．$2x + 5$ を $f(x)$ と書くと，この関係は，
$$f(3) = 11, \; f(a) = 2a + 5, \; f(3a - 2) = 6a + 1$$
と表すことができる．

一般に，1 つの変数に値や式などを代入すると，それに対応して値や式が 1 つ決まるとき，この対応を **1 変数関数** という．変数は x で表すことが多いが，y, u, t, θ などの他の文字も使われる．

変数 x の関数 $f(x)$ について，x に代入することを考える数の範囲を $f(x)$ の **定義域** という．また，定義域に含まれる数を代入したときの関数の値全体を **値域** という．

定義域や値域などを表すときに，次の区間の記号が用いられる．

不等式 $a < x < b$ を満たす x 全体を **開区間** といい，(a, b) と表す．
不等式 $a \leqq x \leqq b$ を満たす x 全体を **閉区間** といい，$[a, b]$ と表す．
不等式 $a \leqq x < b$，$a < x \leqq b$ を満たす x 全体も区間といって，
それぞれ $[a, b)$，$(a, b]$ と表す．

さらに, 不等式 $a < x$, $a \leqq x$, $x < b$, $x \leqq b$ を満たす x 全体も区間で, それぞれ (a,∞), $[a,\infty)$, $(-\infty,b)$, $(-\infty,b]$ と表す.
実数全体も区間と考え, $(-\infty,\infty)$ と表す.

2.1.2 多項式関数
関数の中で最初の例は, 変数の多項式で表された**多項式関数**である.

例. (1) $f(x) = 2x + 5$ の定義域は実数全体, 値域も実数全体.
(2) $f(x) = x^2 + 2x + 3$ の定義域は実数全体である. 値域は,
$$f(x) = (x+1)^2 + 2$$
より, 2 以上の実数全体, つまり, 区間 $[2,\infty)$.
(3) $f(x) = 2x^3 - 7x^2 + x - 3$ の定義域は実数全体, 値域も実数全体.

注. 定義域は狭めて考えることもある. たとえば, 上の例の (1) において, 定義域を $[0,\infty)$ に制限すると, 値域は $[5,\infty)$ となる.

多項式関数について, 変数の次数の最高が n のとき, n 次関数という. 上の例では, (1), (2), (3) はそれぞれ 1 次関数, 2 次関数, 3 次関数である.

2.1.3 定数関数
0 次の多項式関数, つまり
$$f(x) = C \quad (\text{ただし}, C \text{は定数})$$
の形の関数を**定数関数**という. すべての x に対して一定の値 C を対応させる関数である.

2.1.4 有理関数
多項式の商の形で表される関数を**有理関数**という.
有理関数では, 分母が 0 となる x の値は代入できないので, 定義域に気をつける必要がある.

例. (1) $f(x) = \dfrac{1}{x}$ の定義域, 値域はともに 0 以外の実数全体.

(2) $f(x) = \dfrac{x}{x^2+1}$ の定義域は実数全体.

(3) $f(x) = \dfrac{x^3 - x^2 + 2x}{2x - 1}$ の定義域は $\dfrac{1}{2}$ 以外の実数全体.

2.2 合成関数

ある関数の変数に他の関数を代入することができる.

例. (1) $f(x) = 2x + 5$ のとき, $f(3x - 2) = 2(3x - 2) + 5 = 6x + 1$

(2) $f(x) = 2x^3 + 3x - 7$ のとき,
$$f(x^2 + 1) = 2(x^2 + 1)^3 + 3(x^2 + 1) - 7 = 2x^6 + 6x^4 + 9x^2 - 2$$

一般に, 関数 $f(x)$ に他の関数 $g(x)$ を代入して得られる関数 $f(g(x))$ を, $g(x)$ と $f(x)$ の **合成関数** という. $f(g(x)) = (f \circ g)(x)$ と表すこともある.

$u = g(x)$ とおけば, $f(g(x)) = f(u)$ と表すこともできる.

注. 一般には $f(g(x)) \neq g(f(x))$ である.

例. $f(x) = x + 1$, $g(x) = x^2$ とすると,
$$f(g(x)) = x^2 + 1,\ g(f(x)) = (x + 1)^2 = x^2 + 2x + 1.$$

問 2.1 次の場合に, $f(g(x))$ と $g(f(x))$ を求めよ.
(1) $f(x) = x^2 + 1$, $g(x) = x^2$ (2) $f(x) = x + 1$, $g(x) = x + 1 + \dfrac{1}{x}$

2.3 指数関数

2.3.1 自然数の指数

1 つの実数 a を n 回掛けたものを a の n **乗** といい, a^n と表す.
$$\underbrace{a \times a \times \cdots \times a}_{n \text{個}} = a^n.$$

a と n は式でもよい. また, $a^1 = a$ である.

$a, a^2, a^3, \ldots$ をあわせて a の **累乗** といい, a^n の n をこの累乗の **指数** という.

例. (1) $2^4 = 2 \times 2 \times 2 \times 2 = 16$

(2) $\left(\dfrac{2}{3}\right)^3 = \dfrac{2}{3} \times \dfrac{2}{3} \times \dfrac{2}{3} = \dfrac{8}{27}$

(3) $(x+1)^3 = (x+1) \times (x+1) \times (x+1) = x^3 + 3x^2 + 3x + 1$

一般に次の定理が成り立つ.

定理 2.1 [指数法則] m, n を自然数とするとき,
(1) $a^m a^n = a^{m+n}$
(2) $(a^m)^n = a^{mn}$
(3) $(ab)^n = a^n b^n$

証明 (1) $a^m a^n = \underbrace{a \times \cdots \times a}_{m} \times \underbrace{a \times \cdots \times a}_{n} = \underbrace{a \times \cdots \times a}_{m+n} = a^{m+n}$

(2) $(a^m)^n = \underbrace{(a^m) \times \cdots \times (a^m)}_{(a^m) \text{ が } n \text{ 個}}$

$= \underbrace{\underbrace{(a \times \cdots \times a)}_{m} \times \underbrace{(a \times \cdots \times a)}_{m} \times \cdots \times \underbrace{(a \times \cdots \times a)}_{m}}_{m \times n} = a^{mn}$

(3) $(ab)^n = \underbrace{(ab) \times (ab) \times \cdots \times (ab)}_{(ab) \text{ が } n \text{ 個}} = \underbrace{a \times a \times \cdots \times a}_{n} \times \underbrace{b \times b \times \cdots \times b}_{n} = a^n b^n$ ∎

2.3.2　整数の指数

$a \neq 0$ のとき, a を掛けることと $\dfrac{1}{a}$ を掛けることは逆の操作になる.

$$\cdots \; \underset{\times \frac{1}{a}}{\overset{\times a}{\rightleftarrows}} \; \dfrac{1}{a^2} \; \underset{\times \frac{1}{a}}{\overset{\times a}{\rightleftarrows}} \; \dfrac{1}{a} \; \underset{\times \frac{1}{a}}{\overset{\times a}{\rightleftarrows}} \; 1 \; \underset{\times \frac{1}{a}}{\overset{\times a}{\rightleftarrows}} \; a \; \underset{\times \frac{1}{a}}{\overset{\times a}{\rightleftarrows}} \; a^2 \; \underset{\times \frac{1}{a}}{\overset{\times a}{\rightleftarrows}} \; a^3 \; \underset{\times \frac{1}{a}}{\overset{\times a}{\rightleftarrows}} \; \cdots$$

この関係より, $a \neq 0$ のとき,

$$a^0 = 1, \quad \dfrac{1}{a} = a^{-1}, \dfrac{1}{a^2} = a^{-2}, \ldots, \dfrac{1}{a^n} = a^{-n}$$

と定義すれば, 0 や負の数を含むすべての整数に対して指数が定義され, 定理 2.1 の指数法則は m と n が整数のときも成り立つことがわかる.

例. (1) $3^{-3} \cdot 3^5 = 3^{-3+5} = 3^2 = 9$

(2) $(2^3)^{-2} = 2^{3 \times (-2)} = 2^{-6} = \dfrac{1}{2^6} = \dfrac{1}{64}$

(3) $\left(\dfrac{a}{b}\right)^n = \left(a \cdot \dfrac{1}{b}\right)^n = a^n \left(\dfrac{1}{b}\right)^n = a^n \cdot \dfrac{1}{b^n} = \dfrac{a^n}{b^n}$

2.3.3 累乗根と有理数の指数

実数 a と正の整数 n に対して, n 乗して a になる数, つまり $x^n = a$ を満たす実数 x を a の n **乗根**という. ここでは実数の範囲で考えるものとする. 2 乗根, 3 乗根はそれぞれ平方根, 立方根ともいう. a の 2 乗根, 3 乗根, ... をあわせて a の**累乗根**という.

例. (1) $3^2 = 9, (-3)^2 = 9$ より, 3 と -3 は 9 の 2 乗根

(2) $2^3 = 8$ より, 2 は 8 の 3 乗根

(3) $(-2)^3 = -8$ より, -2 は -8 の 3 乗根

一般に次が成り立つ：

(i) n が偶数のとき

$a > 0$ ならば, 上の例 (1) のように, a の n 乗根は正と負の 2 つ存在する. そのうちの正の方を $\sqrt[n]{a}$ と表す. $\sqrt[n]{a}$ は, n 乗すると a の 1 乗になる数であるから, $\sqrt[n]{a} = a^{\frac{1}{n}}$ とも表す. a の負の方の n 乗根は $-\sqrt[n]{a} = -a^{\frac{1}{n}}$ となる. $a < 0$ ならば, a の n 乗根は存在しない. $a = 0$ のときは $\sqrt[n]{0} = 0$ である.

(ii) n が奇数のとき

上の例 (2), (3) のように, a の n 乗根は, a が正であっても負であってもただ 1 つ存在する. それを $\sqrt[n]{a}$ または $a^{\frac{1}{n}}$ と表す. $\sqrt[n]{a}$ の符号は a の符号と同じである. $a = 0$ のときは $\sqrt[n]{0} = 0$ である.

$\sqrt{}$ の記号を**根号**という. 2 乗根については, $\sqrt[2]{a}$ を $\sqrt{a}$ と書くことが多い.

例. (1) $\sqrt{9} = 3$

(2) $\sqrt[3]{8} = 2$

(3) $\sqrt[3]{-8} = -2$

(4) $\sqrt[4]{10000} = 10$

(5) $\sqrt[5]{\dfrac{1}{100000}} = \dfrac{1}{10}$

累乗根について, 次が成り立つ.

公式 2.1 [累乗根の性質]

$a > 0, b > 0$ で, m, n, p が正の整数のとき

(1) $\sqrt[n]{a}\sqrt[n]{b} = \sqrt[n]{ab}$ (2) $\dfrac{\sqrt[n]{a}}{\sqrt[n]{b}} = \sqrt[n]{\dfrac{a}{b}}$

(3) $(\sqrt[n]{a})^m = \sqrt[n]{a^m}$ (4) $\sqrt[m]{\sqrt[n]{a}} = \sqrt[mn]{a}$

(5) $\sqrt[n]{a^n b} = a\sqrt[n]{b}$ (6) $\sqrt[np]{a^{mp}} = \sqrt[n]{a^m}$

証明 (1) と (3) を証明する.
(1) 指数法則 (定理 2.1 の (3)) より $\left(\sqrt[n]{a}\sqrt[n]{b}\right)^n = (\sqrt[n]{a})^n(\sqrt[n]{b})^n = ab$ であるから, $\sqrt[n]{a}\sqrt[n]{b}$ は n 乗すると ab になる正の数なので $\sqrt[n]{ab}$ に等しい.
(3) 同様に, 定理 2.1 の (2) より $\{(\sqrt[n]{a})^m\}^n = (\sqrt[n]{a})^{mn} = \{(\sqrt[n]{a})^n\}^m = a^m$ であるから, $(\sqrt[n]{a})^m = \sqrt[n]{a^m}$. ∎

問 2.2 上の証明にならって, 公式の (2), (4), (5), (6) を証明せよ.

例. (1) $\sqrt{2}\sqrt{3} = \sqrt{2\cdot 3} = \sqrt{6}$

(2) $\sqrt{\sqrt{5}} = \sqrt[2]{\sqrt[2]{5}} = \sqrt[2\times 2]{5} = \sqrt[4]{5}$

(3) $\sqrt{200} = \sqrt{2\cdot 10^2} = 10\sqrt{2}$

(4) $(\sqrt[3]{4})^2 = \sqrt[3]{4^2} = \sqrt[3]{2^4} = \sqrt[3]{2^3 2} = 2\sqrt[3]{2}$

以下, $a > 0$ とする. 任意の有理数 r に対して, a の r 乗を定義しよう.

有理数とは分数の形に表すことができる数であるから, $r = \dfrac{m}{n}$ (ただし, m, n は整数で $n > 0$) とおく. このとき, 指数法則が成り立つように

$$a^r = a^{\frac{m}{n}} = a^{m\cdot \frac{1}{n}} = (a^m)^{\frac{1}{n}} = \sqrt[n]{a^m}$$

と定義する. このように定義すると, 指数が有理数である累乗に対しても定理

2.1 の指数法則が成り立つことが確かめられる.

例. (1) $\dfrac{\sqrt{2}}{\sqrt[3]{2}} = \sqrt{2}(\sqrt[3]{2})^{-1} = 2^{\frac{1}{2}}2^{-\frac{1}{3}} = 2^{\frac{1}{2}-\frac{1}{3}} = 2^{\frac{1}{6}} = \sqrt[6]{2}$

(2) $\sqrt[6]{5}\sqrt[3]{40} = 5^{\frac{1}{6}}40^{\frac{1}{3}} = 5^{\frac{1}{6}}(5\cdot 2^3)^{\frac{1}{3}} = 5^{\frac{1}{6}}5^{\frac{1}{3}}2^{3\cdot\frac{1}{3}} = 5^{\frac{1}{6}+\frac{1}{3}}2$
$= 5^{\frac{1}{2}}2 = 2\sqrt{5}$

> **問 2.3** 次の式を簡単にせよ.
> (1) 2^3 (2) 2^{-2} (3) 2^0
> (4) $\dfrac{6^{20}}{2^{15}3^{19}}$ (5) $27^{\frac{1}{3}}$ (6) $8^{-\frac{4}{3}}$
> (7) $\sqrt{36}$ (8) $\sqrt[3]{-64}$ (9) $\sqrt[3]{800}\times\sqrt[3]{20}$

2.3.4 実数の指数と指数関数

最後に, 任意の実数 x に対して a^x を定義しよう. ここで, a は正の実数である. 前節では任意の有理数 r に対して a^r を定義した. そこで, 有理数からなる数列 $\{r_n\}$ で x に収束するものをとり,
$$a^x = \lim_{n\to\infty} a^{r_n}$$
と定義する. 任意の実数 x に対して, 有理数からなる数列 $\{r_n\}$ で $\lim_{n\to\infty} r_n = x$ となるものが必ず存在することに注意しよう. 無理数は小数で表すと無限小数になるが, 小数第 n 位で切れば有限小数であり, 有理数である. たとえば, $x = \sqrt{2}$ は無理数であるが, $\sqrt{2}$ を無限小数
$$\sqrt{2} = 1.41421356\cdots$$
で表して,
$r_1 = 1.4,\ r_2 = 1.41,\ r_3 = 1.414,\ r_4 = 1.4142,\ r_5 = 1.41421,\ldots$
とおけば, $\{r_n\}$ は $\sqrt{2}$ に収束する有理数の数列である.

この定義の a^x は, 数列 $\{r_n\}$ のとり方によらないことが証明できる.

有理数の指数に対して指数法則が成り立つことから, 実数の指数に対しても次の指数法則が成り立つことがわかる.

> **定理 2.2 [指数法則]** a, b を正の実数とするとき, 任意の実数 x, y に対して次が成り立つ.

(1) $a^x a^y = a^{x+y}$
(2) $(a^x)^y = a^{xy}$
(3) $(ab)^x = a^x b^x$

問 2.4 ★ 定理 2.2 を証明せよ．

指数が任意の実数 x に対して定義されたから，x をすべての実数をとりうる変数として，a^x を関数と見ることができる．これを**指数関数**という．a をこの指数関数の**底**という．底が異なれば異なる関数となる．$a=1$ の場合は，すべての x に対して $a^x = 1$ となるので a^x は定数関数になる．今後は，指数関数の底は $a \neq 1$ とする．

$a = 2, 3, \dfrac{1}{2}$ の場合に，いくつかの x の値に対する $y = a^x$ の値を計算したのが次の表である．

x	$\cdots$	-2	-1	$-\dfrac{1}{2}$	0	$\dfrac{1}{2}$	1	2	$\cdots$
$y = 2^x$	$\cdots$	$\dfrac{1}{4}$	$\dfrac{1}{2}$	$\dfrac{\sqrt{2}}{2}$	1	$\sqrt{2}$	2	4	$\cdots$
$y = 3^x$	$\cdots$	$\dfrac{1}{9}$	$\dfrac{1}{3}$	$\dfrac{\sqrt{3}}{3}$	1	$\sqrt{3}$	3	9	$\cdots$
$y = \left(\dfrac{1}{2}\right)^x$	$\cdots$	4	2	$\sqrt{2}$	1	$\dfrac{\sqrt{2}}{2}$	$\dfrac{1}{2}$	$\dfrac{1}{4}$	$\cdots$

この表の各 x に対して点 (x, y) を座標平面上にとり，つなげていって得られたのが図 2.1 のグラフである．

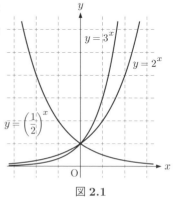

図 **2.1**

指数関数 $y = a^x$ のグラフは次の特徴がある．
(1) x 軸より上にある．
(2) 点 $(0, 1)$ を通る．
(3) $a > 1$ の場合は，x が大きくなるにしたがって急激な右上がりで，x が小さくなるにしたがって x 軸に限りなく近づいていく．
(4) $0 < a < 1$ の場合は，x が大きくなるにしたがって x 軸に限りなく近づいていき，x が小さくなるにしたがって急激な左上がりになる．
(5) $y = a^x$ のグラフと $y = \left(\dfrac{1}{a}\right)^x$ のグラフは，y 軸に関して対称である．

2.4 逆関数

関数 $f(x) = 2x + 3$ を考える．$y = f(x)$ とおけば，x の値を決めると y の値が決まることになる．ここで，この式を次のように変形すると
$$y = 2x + 3$$
$$2x = y - 3$$
$$x = \frac{1}{2}y - \frac{3}{2}$$
y の値を決めれば，$y = f(x)$ を満たす x の値が求まることになる．これを
$$y = 2x + 3 \iff x = \frac{1}{2}y - \frac{3}{2}$$
と表す．$\iff$ は，2 つのものが同値であることを表す記号である．つまり，x と y の関係は両辺で同じである．ここで，左辺の式で x と y を入れ替えて $y = \dfrac{1}{2}x - \dfrac{3}{2}$ と書き，$\dfrac{1}{2}x - \dfrac{3}{2}$ を $f^{-1}(x)$ と表して $f(x)$ の逆関数という．逆関数 $y = f^{-1}(x)$ のグラフは，$y = f(x)$ のグラフと直線 $y = x$ に関して対称になる．

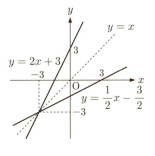

図 **2.2**

一般に，定義域が A，値域が B である関数 $f(x)$ について $y = f(x)$ とおくとき，値域 B に含まれる y の値を決めると $y = f(x)$ を満たす x の値がただ 1 つ

に決まる場合を考える．この x を $x = f^{-1}(y)$ と表す．つまり，
$$y = f(x) \iff x = f^{-1}(y)$$
y を x に書き換えて得られる関数 $f^{-1}(x)$ を $f(x)$ の**逆関数**といい，「f インバース x」と読む．$f^{-1}(x)$ の定義域は B，値域は A である．

値域 B に含まれる y の値で，$y = f(x)$ を満たす x の値が定義域 A 内に複数個存在することがあれば，逆関数は存在しない．しかし，このときでも，定義域 A をあらかじめ適当に制限して考えれば，逆関数が存在する．

例． $f(x) = x^2$ とする．$y > 0$ ならば，$y = x^2$ を満たす x の値は $\sqrt{y}$ と $-\sqrt{y}$ の2つあり，1つに定まらない．したがって，$f(x)$ の逆関数は存在しない．しかし，$f(x)$ の定義域を 0 以上の実数の区間 $[0, \infty)$ に制限して考えれば逆関数が存在する．つまり，$y = x^2$ を x について解くと，$x \geqq 0$ より
$$x = \sqrt{y}$$
となり，x が1つに定まる．すなわち，
$$y = x^2 \ (x \geqq 0) \iff x = \sqrt{y}.$$
この右辺において x と y を入れ替えると
$$y = \sqrt{x},$$
よって，$f(x) = x^2 \ (x \geqq 0)$ の逆関数は $f^{-1}(x) = \sqrt{x}$ である．グラフは図 2.3 のようになる．

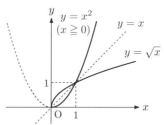

図 2.3

問 2.5 次の関数のグラフをかけ．また，逆関数を求め，そのグラフをかけ．
  (1) $f(x) = 3x - 1$ (2) $f(x) = x^2 + 1 \ (x \geqq 0)$

2.5 対数関数

2.5.1 対数の定義

$a > 0$, $a \neq 1$ のとき,指数関数 $y = a^x$ は,0 より大きいすべての実数を値としてとり,さらに,x の値が異なれば $y = a^x$ の値も異なる(図 2.1 参照).よって,任意の正の数 M に対し,$a^p = M$ となる実数 p がただ 1 つ存在する.この p の値を,a を**底**とする M の**対数**といい,$p = \log_a M$ と表す.また,M をこの対数の**真数**という.指数と対数の関係は次のようにまとめられる.

公式 2.2 [指数と対数の関係]
$a > 0$, $a \neq 1$, $M > 0$ のとき,
$$a^p = M \iff \log_a M = p$$

例. (1) $2^3 = 8 \iff \log_2 8 = 3$
(2) $10^4 = 10000 \iff \log_{10} 10000 = 4$
(3) $3^{-4} = \dfrac{1}{81} \iff \log_3 \dfrac{1}{81} = -4$
(4) $5^{\frac{1}{2}} = \sqrt{5} \iff \log_5 \sqrt{5} = \dfrac{1}{2}$

対数の定義より,次が成り立つ.

公式 2.3
$a > 0$, $a \neq 1$, $b > 0$ のとき
$$\log_a 1 = 0, \qquad \log_a a = 1, \qquad a^{\log_a b} = b$$

証明 $a^0 = 1$ より $\log_a 1 = 0$,$a^1 = a$ より $\log_a a = 1$ が得られる.次に,$a^{\log_a b} = M$ とおくと $\log_a b = \log_a M$ となるから $M = b$ である. ∎

問 2.6 次の式を簡単にせよ.
(1) $\log_2 32$ (2) $\log_2 \dfrac{1}{2}$ (3) $\log_3 1$ (4) $\log_{10} \dfrac{1}{1000}$

さらに,指数法則に対応して次の対数の性質が成り立つ.

定理 2.3 [対数の性質] $a > 0$, $a \neq 1$, $M > 0$, $N > 0$ で,q が実数とすると,
(1) $\log_a MN = \log_a M + \log_a N$

(2) $\log_a \dfrac{M}{N} = \log_a M - \log_a N$

(3) $\log_a M^q = q \log_a M$

証明 $\log_a M = x, \log_a N = y$ とおくと，対数の定義より $a^x = M, a^y = N$ である．
(1) 指数法則 (定理 2.2) の (1) を適用すると，
$$MN = a^x a^y = a^{x+y}.$$
よって，対数の定義より，
$$\log_a MN = x + y = \log_a M + \log_a N.$$
(2) $M = \dfrac{M}{N} N$ と見て (1) を適用すると，
$$\log_a M = \log_a \dfrac{M}{N} + \log_a N.$$
移項すれば，求める式が得られる．
(3) 指数法則 (定理 2.2) の (2) より，$M^q = (a^x)^q = a^{qx}$ であるから，
$$\log_a M^q = \log_a a^{qx} = qx = q \log_a M.$$

2.5.2 底の変換公式

次の公式を使うと，対数の底を変えることができる．

定理 2.4 [底の変換公式] $a > 0, b > 0, c > 0$ で，$a \neq 1, c \neq 1$ のとき
$$\log_a b = \dfrac{\log_c b}{\log_c a}$$

証明 $\log_a b = x$ とおくと $a^x = b$ である．この両辺の c を底とする対数をとると，
$$\log_c a^x = \log_c b$$
左辺に定理 2.3 の (3) を適用すれば，$x \log_c a = \log_c b$ が得られる．ここで，$a \neq 1$ であるから $\log_c a \neq 0$．よって $x = \dfrac{\log_c b}{\log_c a}$，つまり，$\log_a b = \dfrac{\log_c b}{\log_c a}$．

問 2.7 次の式を簡単にせよ．
(1) $\log_3 6 + \log_3 \dfrac{3}{2}$ (2) $\log_2 10 - \log_2 5$ (3) $\log_4 8$
(4) $\log_{10} 200 - 2 \log_{10} 5$ (5) $\log_2 6 - \log_4 6 - \log_4 2$

2.5.3 対数関数

$a > 0, a \neq 1$ のとき,a を底とする対数において,真数を変数とすることによって関数
$$y = \log_a x$$
が得られる.これを,a を底とする**対数関数**という.対数関数は指数関数の逆関数である.

公式 2.4 [指数関数と対数関数の関係]
$$y = \log_a x \iff x = a^y$$

定理 2.3 と公式 2.3 を,対数関数の性質として書き直しておく.

公式 2.5 [対数関数の性質]

$x > 0, y > 0$ で,q が実数とすると,
(1) $\log_a 1 = 0, \quad \log_a a = 1$
(2) $\log_a xy = \log_a x + \log_a y$
(3) $\log_a \dfrac{x}{y} = \log_a x - \log_a y$
(4) $\log_a x^q = q \log_a x$

対数関数の定義域は正の実数全体 $(0, \infty)$ であり,値域は実数全体 $(-\infty, \infty)$ である.

逆関数の性質 (2.4 節) より,対数関数のグラフは,指数関数のグラフと直線 $y = x$ に関して対称である.

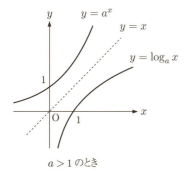
$a > 1$ のとき

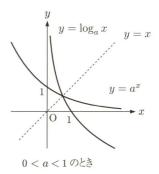
$0 < a < 1$ のとき

図 2.4

対数関数 $y = \log_a x$ のグラフは次の特徴がある.

(1) y 軸より右にある.
(2) 点 $(1,0)$ を通る.
(3) $a > 1$ の場合は, x が大きくなるにしたがってゆるやかになる右上がりで, x が 0 に近づくにしたがって y 軸に限りなく近づいていく.
(4) $0 < a < 1$ の場合は, x が大きくなるにしたがってゆるやかになる右下がりで, x が 0 に近づくにしたがって y 軸に限りなく近づいていく.
(5) $y = \log_a x$ のグラフと $y = \log_{\frac{1}{a}} x$ のグラフは, x 軸に関して対称である.

問 2.8 底の変換公式を用いて, 上の (5) を証明せよ.

問 2.9 次の対数関数のグラフをかけ.
(1) $f(x) = \log_2 x$ (2) $f(x) = \log_{\frac{1}{2}} x$

2.6 三角関数

2.6.1 角度の表し方

中学校や高等学校の数学 I で習う角度は, 1 周を $360°$ で表し, $1°$ 以下の数については 60 進法を用いて, $1°(度) = 60'(分) = 3600''(秒)$ で表される. これを **度数法** という.

度数法に対し, 微分積分学で一般的に用いられる角度の表し方は **弧度法** とよばれる方法である. 弧度法では, 半径 1 の円において, 長さ 1 の弧に対する中心角の大きさを **1 ラジアン** と定義し, これを単位とする. 弧度法の単位はラジアンであるが, 普通は単位のラジアンを省略して表す (単位がついていない角度は弧度法で表されていると考える). 1 ラジアンは, およそ $57°18'$ である.

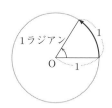

図 2.5 1 ラジアンの定義

1 周である $360°$ を弧度法で表すと 2π であり, 直角である $90°$ は $\dfrac{\pi}{2}$ である. 次に, 反時計回りの方向に回転した角を **正の角**, 時計回りの方向に回転した角を **負の角** とする (図 2.6). さらに, 円周上に沿って 1 周以上した場合も, その弧

の長さをそのまま測り続ける．たとえば，図 2.7 では，円周を 1 周以上しているので，角 θ の大きさは，弧の長さ ℓ に 1 周分の弧の長さ 2π を加えた $\theta = \ell + 2\pi$ である．このように，負の角や 1 周以上の大きさの角にまで拡張して考えた角を **一般角** という．

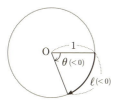
図 2.6　負の角度

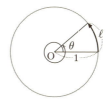
図 2.7　一般角

例題 2.1　次の角度を，度をラジアンに，ラジアンを度に変換せよ．
(1) $54°$　(2) $\dfrac{5}{12}\pi$

解答　(1) $360° = 2\pi$ より $1° = \dfrac{\pi}{180}$ であるから，$54° = 54 \times \dfrac{\pi}{180} = \dfrac{3}{10}\pi$.
(2) $2\pi = 360°$ より $\pi = 180°$ であるから，$\dfrac{5}{12}\pi = \dfrac{5}{12} \times 180° = 75°$.

問 2.10　次の角度を，度をラジアンに，ラジアンを度に変換せよ．
(1) $126°$　(2) $210°$　(3) $\dfrac{3}{20}\pi$　(4) $-\dfrac{5}{3}\pi$

2.6.2　三角関数の定義

三角比は，図 2.8 のような直角三角形の角 θ に対し，3 辺の長さ a, b, c の比として次のように定義される．

正弦 (サイン)　　　　$\sin\theta = \dfrac{a}{c}$

余弦 (コサイン)　　　$\cos\theta = \dfrac{b}{c}$

正接 (タンジェント)　$\tan\theta = \dfrac{a}{b}$

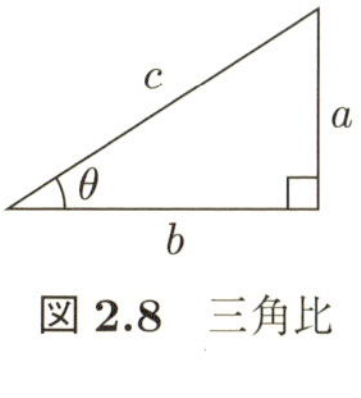

図 2.8　三角比

この三角比の概念を拡張して, 一般角に対する三角関数を定義しよう.

はじめに, 座標平面上に, 原点 O(0,0) を中心とする半径 1 の円 (これを**単位円**という) を描き, 点 (1,0) を A とする. 円周上に点 P(x,y) (ただし, $x>0, y>0$) をとり, 線分 OP と x 軸の正の方向とのなす角を θ とすれば, 図の三角形 OPQ は, 斜辺の長さが OP = 1 の直角三角形であるから,

$$\sin\theta = y$$
$$\cos\theta = x$$
$$\tan\theta = \frac{y}{x}$$

である. 一般角 θ に対しても, 線分 OA を点 O を中心として角 θ だけ回転した線分を OP とすると, 点 P(x,y) は円周上にある. このとき, 一般角 θ に対する正弦, 余弦, 正接を

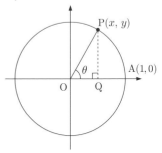

図 **2.9** 三角関数

$$\sin\theta = y, \quad \cos\theta = x, \quad \tan\theta = \frac{y}{x}$$

として定義する. ただし, $\tan\theta$ は $x=0$ となるような θ に対しては定義されない.

$\sin\theta, \cos\theta, \tan\theta$ はいずれも, θ を変数とする関数と見ることができる. これを, それぞれ**正弦関数**, **余弦関数**, **正接関数**という. これらをまとめて**三角関数**という.

三角関数としては,

$$\sec\theta = \frac{1}{\cos\theta}, \quad \operatorname{cosec}\theta = \frac{1}{\sin\theta}, \quad \cot\theta = \frac{1}{\tan\theta}$$

も使われることがある. それぞれセカント, コセカント, コタンジェントと読み, 正割, 余割, 余接とよばれる.

2.6.3 三角関数のグラフ

正弦関数 $y=\sin\theta$ の値は, 単位円周上で角 θ に対応する点 P の y 座標の値である. $\theta=0$ のときは点 P の座標は (1,0) なので, $y=0$ である. θ の値が増えていくと点 P は円周上を反時計回りに移動していき, $\theta=\dfrac{\pi}{2}$ のとき $y=1$,

$\theta = \pi$ のとき $y = 0$, $\theta = \dfrac{3}{2}\pi$ のとき $y = -1$, $\theta = 2\pi$ のとき $y = 0$ のように増減する．正弦関数の定義域は $(-\infty, \infty)$, 値域は $[-1, 1]$ である．これをグラフにすると図 2.10 のようになる．

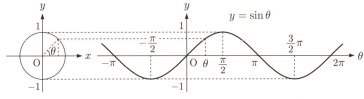

図 2.10　$y = \sin\theta$ のグラフ

余弦関数 $y = \cos\theta$ の値は, 単位円周上で角 θ に対応する点 P の x 座標の値である．よって, 単位円を反時計回りに 90° 回転させておいてから正弦関数のグラフと同じように考えるとよい．$\theta = 0$ のとき $y = 1$, $\theta = \dfrac{\pi}{2}$ のとき $y = 0$, $\theta = \pi$ のとき $y = -1$, $\theta = \dfrac{3}{2}\pi$ のとき $y = 0$, $\theta = 2\pi$ のとき $y = 1$ のように増減する．余弦関数も定義域は $(-\infty, \infty)$, 値域は $[-1, 1]$ である．グラフは図 2.11 のようになる．

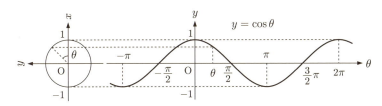

図 2.11　$y = \cos\theta$ のグラフ

最後に, 正接関数 $y = \tan\theta$ については次のように考える．図 2.12 のように, 単位円に点 $(1, 0)$ で接する直線を ℓ とし, 原点 O と点 P を結ぶ直線と ℓ との交点を T とすると, 点 T の y 座標の値が $\tan\theta$ の値になる．正接関数の定義域は, $\cos\theta = 0$ となる θ の値, つまり $\theta = \dfrac{\pi}{2} + n\pi$ (ただし, n は整数) を除く実数全体であり, 値域はすべての実数

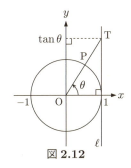

図 2.12

$(-\infty, \infty)$ である.

グラフは図 2.13 のようになる.

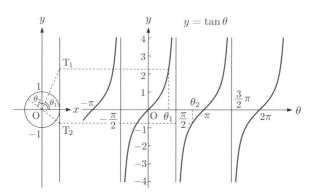

図 **2.13** $y = \tan\theta$ のグラフ

2.6.4 三角関数の値

角 θ の値によっては，三角関数の値を簡単に求めることができる．
まず，2.6.3 項より，

- $\theta = 0$ のとき：$\sin 0 = 0, \cos 0 = 1, \tan 0 = 0$.
- $\theta = \dfrac{\pi}{2}$ のとき：$\sin \dfrac{\pi}{2} = 1, \cos \dfrac{\pi}{2} = 0.$ $\left(\tan \dfrac{\pi}{2}\text{は定義されない}\right)$
- $\theta = \pi$ のとき：$\sin \pi = 0, \cos \pi = -1, \tan \pi = 0$.
- $\theta = \dfrac{3}{2}\pi$ のとき：$\sin \dfrac{3}{2}\pi = -1, \cos \dfrac{3}{2}\pi = 0.$ $\left(\tan \dfrac{3}{2}\pi\text{は定義されない}\right)$

また，特別な直角三角形の三角比として求められる値もある：

- $\theta = \dfrac{\pi}{6}$ のとき：図 2.14 の左図のような正三角形を半分にした直角三角形を考えると，$\sin \dfrac{\pi}{6} = \dfrac{1}{2}, \cos \dfrac{\pi}{6} = \dfrac{\sqrt{3}}{2}, \tan \dfrac{\pi}{6} = \dfrac{\sqrt{3}}{3}$.
- $\theta = \dfrac{\pi}{3}$ のとき：図 2.14 より，$\sin \dfrac{\pi}{3} = \dfrac{\sqrt{3}}{2}, \cos \dfrac{\pi}{3} = \dfrac{1}{2}, \tan \dfrac{\pi}{3} = \sqrt{3}$.
- $\theta = \dfrac{\pi}{4}$ のとき：図 2.14 の右図の直角二等辺三角形を考えると，$\sin \dfrac{\pi}{4} = \dfrac{\sqrt{2}}{2}, \cos \dfrac{\pi}{4} = \dfrac{\sqrt{2}}{2}, \tan \dfrac{\pi}{4} = 1$.

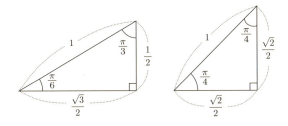

図 **2.14** 三角関数の特別な値を求める

以上の結果をまとめると次のとおり．

θ	0	$\dfrac{\pi}{6}$	$\dfrac{\pi}{4}$	$\dfrac{\pi}{3}$	$\dfrac{\pi}{2}$
$\sin\theta$	0	$\dfrac{1}{2}$	$\dfrac{\sqrt{2}}{2}$	$\dfrac{\sqrt{3}}{2}$	1
$\cos\theta$	1	$\dfrac{\sqrt{3}}{2}$	$\dfrac{\sqrt{2}}{2}$	$\dfrac{1}{2}$	0
$\tan\theta$	0	$\dfrac{\sqrt{3}}{3}$	1	$\sqrt{3}$	—

問 2.11 次の三角関数の値の表を埋めよ．ただし，関数が定義されない欄には線を引くこと．

θ	$-\dfrac{\pi}{2}$	$-\dfrac{\pi}{4}$	0	$\dfrac{2}{3}\pi$	$\dfrac{3}{4}\pi$	$\dfrac{5}{6}\pi$	π	$\dfrac{3}{2}\pi$
$\sin\theta$								
$\cos\theta$								
$\tan\theta$								

2.6.5　三角関数の性質

2.6.2 項の三角関数の定義において，角 θ に対応する点 $\mathrm{P}(x, y)$ の性質から，三角関数には特徴的な性質があることがわかる．

点 P は単位円の周上にあるから，その座標は方程式 $x^2 + y^2 = 1$ を満たす．よって，次が成り立つ．

公式 2.6 [2 乗の和]
$$\sin^2 \theta + \cos^2 \theta = 1$$

また，角 θ と $\theta + 2n\pi$ (n は整数) は，対応する点 P が同じ位置にあるので，次が成り立つ．

公式 2.7 [2π の周期性]
$$\sin(\theta + 2n\pi) = \sin\theta,\ \cos(\theta + 2n\pi) = \cos\theta,\ \tan(\theta + 2n\pi) = \tan\theta$$
(n は整数)

さらに，角 θ と角 $-\theta$ に対応する点 P は x 軸に関して対称の位置にあるので，次の公式が成立する．

公式 2.8 [$-\theta$ の三角関数]
$$\sin(-\theta) = -\sin\theta,\ \cos(-\theta) = \cos\theta,\ \tan(-\theta) = -\tan\theta$$

角 θ と $\theta + \pi$ は，対応する点 P が原点 O に関して対称の位置にあるので，次が成り立つ．

公式 2.9 [$\theta + \pi$ の三角関数]
$$\sin(\theta + \pi) = -\sin\theta,\ \cos(\theta + \pi) = -\cos\theta,\ \tan(\theta + \pi) = \tan\theta$$

角 θ と θ を $90°$ 回転させた角 $\theta + \dfrac{\pi}{2}$ に対応する点 P の座標を考えることにより，次の公式を得る．

公式 2.10 [$\theta + \frac{\pi}{2}$ の三角関数]
$$\sin\left(\theta + \frac{\pi}{2}\right) = \cos\theta,\ \cos\left(\theta + \frac{\pi}{2}\right) = -\sin\theta,\ \tan\left(\theta + \frac{\pi}{2}\right) = -\frac{1}{\tan\theta}$$

さらに，次の公式が成立する．

公式 2.11 [$\frac{\pi}{2} - \theta$ の三角関数]

$$\sin\left(\frac{\pi}{2} - \theta\right) = \cos\theta, \ \cos\left(\frac{\pi}{2} - \theta\right) = \sin\theta, \ \tan\left(\frac{\pi}{2} - \theta\right) = \frac{1}{\tan\theta}$$

問 2.12 公式 2.10 を確認せよ.

問 2.13 $\frac{\pi}{2} - \theta = (-\theta) + \frac{\pi}{2}$ として公式 2.10 と公式 2.8 を適用することによって, 公式 2.11 を証明せよ.

2.6.6 三角関数の加法定理

2 つの角の和と差に対する三角関数の値を求める定理が次の加法定理である.

定理 2.5 [加法定理]

(1) $\sin(\alpha + \beta) = \sin\alpha\cos\beta + \cos\alpha\sin\beta$

(2) $\sin(\alpha - \beta) = \sin\alpha\cos\beta - \cos\alpha\sin\beta$

(3) $\cos(\alpha + \beta) = \cos\alpha\cos\beta - \sin\alpha\sin\beta$

(4) $\cos(\alpha - \beta) = \cos\alpha\cos\beta + \sin\alpha\sin\beta$

(5) $\tan(\alpha + \beta) = \dfrac{\tan\alpha + \tan\beta}{1 - \tan\alpha\tan\beta}$

(6) $\tan(\alpha - \beta) = \dfrac{\tan\alpha - \tan\beta}{1 + \tan\alpha\tan\beta}$

証明 (4), (3), (1), (2), (5), (6) の順に証明する.

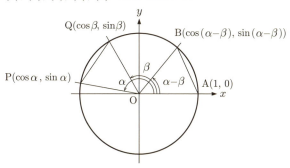

図 2.15 加法定理の証明

図 2.15 のように, 単位円周上に $A(1,0), P(\cos\alpha, \sin\alpha), Q(\cos\beta, \sin\beta),$ $B((\cos(\alpha-\beta), \sin(\alpha-\beta))$ をとる. このとき, △OPQ と △OBA は合同であるから, PQ = BA が成立している. ここで

$$\begin{aligned}
\mathrm{PQ}^2 &= (\cos\alpha - \cos\beta)^2 + (\sin\alpha - \sin\beta)^2 \\
&= \cos^2\alpha - 2\cos\alpha\cos\beta + \cos^2\beta + \sin^2\alpha - 2\sin\alpha\sin\beta + \sin^2\beta \\
&= 2 - 2\cos\alpha\cos\beta - 2\sin\alpha\sin\beta \\
\mathrm{BA}^2 &= \{1 - \cos(\alpha-\beta)\}^2 + \{0 - \sin(\alpha-\beta)\}^2 \\
&= 1 - 2\cos(\alpha-\beta) + \cos^2(\alpha-\beta) + \sin^2(\alpha-\beta) \\
&= 2 - 2\cos(\alpha-\beta)
\end{aligned}$$

であるから

$$2 - 2\cos\alpha\cos\beta - 2\sin\alpha\sin\beta = 2 - 2\cos(\alpha-\beta)$$

が成立している．この式を移項して整理すると

$$\cos(\alpha-\beta) = \cos\alpha\cos\beta + \sin\alpha\sin\beta$$

となり，(4) が得られた．

次に，(4) と公式 2.8 を用いると，

$$\begin{aligned}
\cos(\alpha+\beta) &= \cos(\alpha-(-\beta)) = \cos\alpha\cos(-\beta) + \sin\alpha\sin(-\beta) \\
&= \cos\alpha\cos\beta - \sin\alpha\sin\beta
\end{aligned}$$

となり，(3) が得られた．

さらに，(4) と公式 2.11 を用いると，

$$\begin{aligned}
\sin(\alpha+\beta) &= \cos\left(\frac{\pi}{2} - (\alpha+\beta)\right) = \cos\left(\left(\frac{\pi}{2}-\alpha\right)-\beta\right) && \text{[公式 2.11 を適用]} \\
&= \cos\left(\frac{\pi}{2}-\alpha\right)\cos\beta + \sin\left(\frac{\pi}{2}-\alpha\right)\sin\beta && \text{[(4) を適用]} \\
&= \sin\alpha\cos\beta + \cos\alpha\sin\beta. && \text{[公式 2.11 を適用]}
\end{aligned}$$

よって，(1) が証明された．

(2) は，(1) に公式 2.8 を適用することにより証明される．

(5),(6) は，$\tan(\alpha\pm\beta) = \dfrac{\sin(\alpha\pm\beta)}{\cos(\alpha\pm\beta)}$ に (1)〜(4) を代入し，分子分母を $\cos\alpha\cos\beta$ で割ることによって得られる． ∎

例題 2.2 加法定理を用いて，$\sin\dfrac{7}{12}\pi$ の値を求めよ．

解答
$$\begin{aligned}
\sin\frac{7}{12}\pi &= \sin\left(\frac{\pi}{3} + \frac{\pi}{4}\right) = \left(\sin\frac{\pi}{3}\right)\left(\cos\frac{\pi}{4}\right) + \left(\cos\frac{\pi}{3}\right)\left(\sin\frac{\pi}{4}\right) \\
&= \frac{\sqrt{3}}{2}\frac{\sqrt{2}}{2} + \frac{1}{2}\frac{\sqrt{2}}{2} = \frac{\sqrt{6}+\sqrt{2}}{4}
\end{aligned}$$
∎

問 2.14 加法定理を用いて，次の三角関数の値を求めよ．

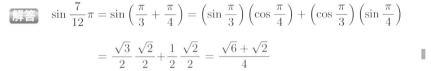

(1) $\cos\dfrac{7}{12}\pi$　(2) $\sin\dfrac{\pi}{12}$　(3) $\cos\dfrac{5}{12}\pi$　(4) $\tan\dfrac{11}{12}\pi$

加法定理において $\beta = \alpha$ とおくと次の公式を得る.

公式 2.12 [倍角の公式]
(1) $\sin 2\alpha = 2\sin\alpha\cos\alpha$
(2) $\cos 2\alpha = \cos^2\alpha - \sin^2\alpha = 2\cos^2\alpha - 1 = 1 - 2\sin^2\alpha$
(3) $\tan 2\alpha = \dfrac{2\tan\alpha}{1 - \tan^2\alpha}$

さらに, 公式 2.12 の (2) において, α を $\dfrac{\alpha}{2}$ に置き換えて式を整理すると, 次の公式を得る.

公式 2.13 [半角の公式]
(1) $\sin^2\dfrac{\alpha}{2} = \dfrac{1 - \cos\alpha}{2}$
(2) $\cos^2\dfrac{\alpha}{2} = \dfrac{1 + \cos\alpha}{2}$
(3) $\tan^2\dfrac{\alpha}{2} = \dfrac{1 - \cos\alpha}{1 + \cos\alpha}$

問 2.15 倍角の公式 2.12 と半角の公式 2.13 を証明せよ.

また, 加法定理を応用すると, 三角関数の和・差と積の変換の公式が得られる.

公式 2.14 [積を和・差になおす公式]
(1) $\sin\alpha\cos\beta = \dfrac{1}{2}\{\sin(\alpha+\beta) + \sin(\alpha-\beta)\}$
(2) $\cos\alpha\sin\beta = \dfrac{1}{2}\{\sin(\alpha+\beta) - \sin(\alpha-\beta)\}$
(3) $\cos\alpha\cos\beta = \dfrac{1}{2}\{\cos(\alpha+\beta) + \cos(\alpha-\beta)\}$
(4) $\sin\alpha\sin\beta = -\dfrac{1}{2}\{\cos(\alpha+\beta) - \cos(\alpha-\beta)\}$

公式 2.15 [和・差を積になおす公式]
(1) $\sin A + \sin B = 2\sin\dfrac{A+B}{2}\cos\dfrac{A-B}{2}$
(2) $\sin A - \sin B = 2\cos\dfrac{A+B}{2}\sin\dfrac{A-B}{2}$

$$(3)\ \cos A + \cos B = 2\cos\frac{A+B}{2}\cos\frac{A-B}{2}$$
$$(4)\ \cos A - \cos B = -2\sin\frac{A+B}{2}\sin\frac{A-B}{2}$$

問 2.16 加法定理を用いて, 公式 2.14 と公式 2.15 を証明せよ.

問 2.17 三角関数の公式を用いて, 次の値を求めよ.

(1) $\cos\dfrac{\pi}{8}$ (2) $\sin\left(-\dfrac{3}{8}\pi\right)$ (3) $\sin\dfrac{5}{12}\pi\sin\dfrac{\pi}{12}$ (4) $\sin\dfrac{7}{12}\pi+\sin\dfrac{\pi}{12}$

2.7 ★ 逆三角関数

三角関数の逆関数を考える. たとえば $y=\sin x$ の場合, $y=0$ となる x の値は 0 や π など無限個存在する. したがって, 逆関数を考えるためには定義域を制限する必要がある.

逆正弦関数

正弦関数 $y=\sin x$ の値域は $[-1,1]$ であるから, 関数 $f(x)=\sin x$ の定義域を $\left[-\dfrac{\pi}{2},\dfrac{\pi}{2}\right]$ に制限すれば, 区間 $[-1,1]$ に含まれる任意の y に対して, $y=\sin x$ を満たす x がただ 1 つ存在する. したがって, $f(x)$ の逆関数 $f^{-1}(x)$ が存在する. これを**逆正弦関数**といい, $f^{-1}(x)=\arcsin x$ と表し ($\sin^{-1}x$ と表記することもある),「アークサイン x」と読む.

関数 $\arcsin x$ の定義域は $[-1,1]$, 値域は $\left[-\dfrac{\pi}{2},\dfrac{\pi}{2}\right]$ である. $y=\arcsin x$ のグラフは, $y=\sin x$ のグラフと直線 $y=x$ に関して対称になる (図 2.16).

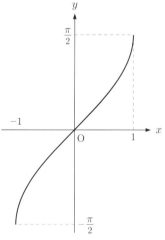

図 2.16 $y=\arcsin x$ のグラフ

逆正弦関数 $\arcsin x$ の値を $\sin x$ に代入すると x に戻る:
$$\sin(\arcsin x) = x$$

公式 2.16 [$\arcsin x$ と $\sin x$ の関係]

$$y = \arcsin x \ (-1 \leqq x \leqq 1) \iff x = \sin y \ \left(-\frac{\pi}{2} \leqq y \leqq \frac{\pi}{2}\right)$$

逆余弦関数

余弦関数 $y = \cos x$ については,関数 $f(x) = \cos x$ の定義域を $[0, \pi]$ に制限すれば,区間 $[-1, 1]$ に含まれる任意の y に対して,$y = \cos x$ を満たす x がただ 1 つ存在する.したがって,$f(x)$ の逆関数 $f^{-1}(x)$ が存在する.これを**逆余弦関数**といい,$f^{-1}(x) = \arccos x$ と表し ($\cos^{-1} x$ と表記することもある),「アークコサイン x」と読む.

関数 $\arccos x$ の定義域は $[-1, 1]$,値域は $[0, \pi]$ である.$y = \arccos x$ のグラフは,$y = \cos x$ のグラフと直線 $y = x$ に関して対称になるので,図 2.17 のようになる.

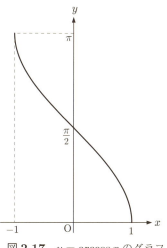

図 2.17 $y = \arccos x$ のグラフ

公式 2.17 [$\arccos x$ と $\cos x$ の関係]

$$y = \arccos x \ (-1 \leqq x \leqq 1) \iff x = \cos y \ (0 \leqq y \leqq \pi)$$

逆正接関数

$y = \tan x$ については,関数 $f(x) = \tan x$ の定義域を $\left(-\frac{\pi}{2}, \frac{\pi}{2}\right)$ に制限すれば,任意の実数 y に対して,$y = \tan x$ を満たす x がただ 1 つ存在する.したがって,$f(x)$ の逆関数 $f^{-1}(x)$ が存在する.これを**逆正接関数**といい,

$f^{-1}(x) = \arctan x$ と表し ($\tan^{-1} x$ と表記することもある),「アークタンジェント x」と読む.

関数 $\arctan x$ の定義域はすべての実数であるから $(-\infty, \infty)$, 値域は $\left(-\dfrac{\pi}{2}, \dfrac{\pi}{2}\right)$ である. $y = \arctan x$ のグラフは, $y = \tan x$ のグラフと直線 $y = x$ に関して対称になるので, 図 2.18 のようになる.

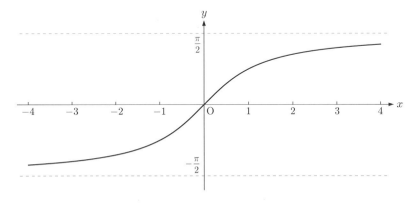

図 **2.18** $y = \arctan x$ のグラフ

公式 2.18 [$\arctan x$ と $\tan x$ の関係]

$$y = \arctan x \iff x = \tan y \quad \left(-\dfrac{\pi}{2} < y < \dfrac{\pi}{2}\right)$$

例題 2.3 $\arcsin \dfrac{\sqrt{3}}{2}$ の値を求めよ.

解答 $\sin x = \dfrac{\sqrt{3}}{2}$ となる x の値は, $x = \cdots, -\dfrac{4}{3}\pi, \dfrac{\pi}{3}, \dfrac{2}{3}\pi, \dfrac{7}{3}\pi, \cdots$ と無数にあるが, $\arcsin x$ の値域は $\left[-\dfrac{\pi}{2}, \dfrac{\pi}{2}\right]$ なので, この範囲で選ぶことにより,

$$\arcsin \dfrac{\sqrt{3}}{2} = \dfrac{\pi}{3}$$

例題 2.4 $\arccos \dfrac{\sqrt{2}}{2}$ の値を求めよ.

解答 $\cos x = \dfrac{\sqrt{2}}{2}$ となる x の値は, $x = \cdots, -\dfrac{7}{4}\pi, -\dfrac{\pi}{4}, \dfrac{\pi}{4}, \dfrac{7}{4}\pi, \cdots$ であるが, $\arccos x$ の値域 $[0, \pi]$ から選んで,

$$\arccos \frac{\sqrt{2}}{2} = \frac{\pi}{4}$$

例題 2.5 $\arctan 1$ の値を求めよ.

解答 $\tan x = 1$ となる x の値は, $x = \cdots, -\dfrac{7}{4}\pi, -\dfrac{3}{4}\pi, \dfrac{\pi}{4}, \dfrac{5}{4}\pi, \cdots$ であるが, $\arctan x$ の値域 $\left(-\dfrac{\pi}{2}, \dfrac{\pi}{2}\right)$ から選んで,

$$\arctan 1 = \frac{\pi}{4}$$

問 2.18 次の逆三角関数の値を求めよ.

(1) $\arcsin \dfrac{\sqrt{2}}{2}$ (2) $\arcsin(-1)$ (3) $\arccos 0$

(4) $\arccos \dfrac{1}{2}$ (5) $\arctan(-1)$ (6) $\arctan(-\sqrt{3})$

3 微分法

3.1 平均変化率

関数 $y = f(x)$ において，x が a から b まで変化したとき，x の変化量は $b-a$，y の変化量は $f(b) - f(a)$ である．よって，このときの変化の割合は

$$\frac{f(b) - f(a)}{b - a}$$

となる．この値を，x が a から b まで変化したときの**平均変化率**とよぶ．

たとえば，物体が直線上を移動するとき，時刻 x における出発点からの距離を y (m) と表すと，この平均変化率は，時刻 a から時刻 b までの間に進んだ距離 $f(b) - f(a)$ (m) を経過時間 $b - a$ (秒) で割った値であるから，この間の平均速度 (m/秒) になっている．図 3.1 の左の図で，曲線が $y = f(x)$ のグラフとすると，直線は，グラフ上の点で x 座標が a と b である 2 点を結んだ直線であるから，傾きが平均変化率となっている．

いま，b を a に近づけていくと，平均変化率は，より短い時間の平均速度になり，時刻 a における瞬間的な速度に近づいていく．図 3.1 の右の図では，b がほとんど a に一致している．このとき，2 点を結ぶ直線は，曲線上の x 座標が a で

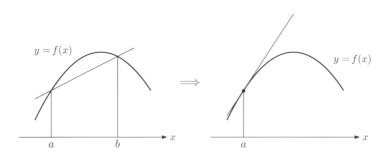

図 **3.1** 平均変化率とその極限

ある点において，曲線に接してる状態に近づくと考えられる．そして，平均変化率は，この接線の傾きに近づいていく．

b を a に近づけていくということは，数学では次節の極限の概念になる．

3.2 関数の極限と連続性

3.2.1 関数の極限

関数 $f(x)$ において，x が a 以外の値をとりながら a に限りなく近づくとき，$f(x)$ の値が一定の値 α に限りなく近づくとする．このとき，x を a に近づけたとき $f(x)$ は**極限**をもつという．α をその**極限値**といい，

$$\lim_{x \to a} f(x) = \alpha \quad \text{または} \quad x \to a \text{ のとき } f(x) \to \alpha$$

と表す．x を a に近づけたとき $f(x)$ は α に**収束**するともいう．収束しないとき，**発散**するという．

発散する場合，x が a に限りなく近づくとき，$f(x)$ の値が限りなく大きくなるならば，

$$\lim_{x \to a} f(x) = \infty \quad \text{または} \quad x \to a \text{ のとき } f(x) \to \infty$$

と表し，x を a に近づけたとき $f(x)$ は ∞ に発散するという．また，x が a に限りなく近づくとき，$f(x)$ の値が負でその絶対値が限りなく大きくなるならば，

$$\lim_{x \to a} f(x) = -\infty \quad \text{または} \quad x \to a \text{ のとき } f(x) \to -\infty$$

と表し，x を a に近づけたとき $f(x)$ は $-\infty$ に発散するという．

関数の極限に対しては，x を a に近づけるときの近づき方を限定して考えることがある．x が a よりも大きい値をとりながら a に近づくことを $x \to a+0$ と表し，x が a よりも小さい値をとりながら a に近づくことを $x \to a-0$ と表す．$a = 0$ のときは，それぞれ $x \to +0$，$x \to -0$ と表す．

関数 $f(x)$ に対して，$\lim_{x \to a+0} f(x)$ を**右側極限**，$\lim_{x \to a-0} f(x)$ を**左側極限**といい，あわせて**片側極限**という．右側極限と左側極限が同じ極限値 α をもつときが，$\lim_{x \to a} f(x) = \alpha$ となるときである．

関数の極限値については，数列の極限値 (定理 1.2) と同様に，次の性質が成り立つ．

定理 3.1 [関数の極限値の性質]　$\lim_{x \to a} f(x) = \alpha$, $\lim_{x \to a} g(x) = \beta$ であるとき，

(1) $\lim_{x \to a}(f(x) \pm g(x)) = \alpha \pm \beta$　　（複号同順）

(2) $\lim_{x \to a} f(x)g(x) = \alpha\beta$

(3) $\beta \neq 0$ ならば $\lim_{x \to a} \dfrac{f(x)}{g(x)} = \dfrac{\alpha}{\beta}$

(4) k を定数とすると，$\lim_{x \to a} kf(x) = k\alpha$

(5) a の近くの x で，つねに $f(x) \leqq g(x)$ ならば，$\alpha \leqq \beta$

(6) 関数 $h(x)$ が a の近くの x で，つねに $f(x) \leqq h(x) \leqq g(x)$ であり，かつ，$\alpha = \beta$ であるならば，$\lim_{x \to a} h(x) = \alpha$

$f(x)$ が多項式関数，有理関数，三角関数，指数関数，対数関数などの場合は，a が定義域内の点であるときは，
$$\lim_{x \to a} f(x) = f(a)$$
が成り立つ．

例. (1) $\lim_{x \to 3}(x^3 - 3x - 5) = 3^3 - 3 \cdot 3 - 5 = 13$

(2) $\lim_{x \to 0} \dfrac{x^2 - 1}{x - 1} = \dfrac{0^2 - 1}{0 - 1} = 1$

(3) $\lim_{x \to -1+0} \sqrt{x + 1} = \sqrt{-1 + 1} = 0$

関数の極限 $\lim_{x \to a} f(x)$ においては，x が $x \neq a$ の条件のもとで a に近づく場合を考えるため，$x = a$ で $f(x)$ が定義されていなくても，極限値が存在することがある．

例題 3.1　極限 $\lim_{x \to 1} \dfrac{x^2 - 1}{x - 1}$ を求めよ．

解答　関数 $f(x) = \dfrac{x^2 - 1}{x - 1}$ は，$x = 1$ のときは分母が 0 になるため定義されないが，$x \neq 1$ ならば定義されるので，次のように極限値が求められる．
$$\lim_{x \to 1} \dfrac{x^2 - 1}{x - 1} = \lim_{x \to 1} \dfrac{(x + 1)(x - 1)}{x - 1} = \lim_{x \to 1}(x + 1) = 2$$ ∎

x の値が限りなく大きくなることを，$x \to \infty$ または $x \to +\infty$ で表し，x の

値が負で絶対値が限りなく大きくなることを $x \to -\infty$ と表す．このような場合の関数 $f(x)$ の極限
$$\lim_{x \to \infty} f(x), \quad \lim_{x \to -\infty} f(x)$$
も考える．

例． (1) $\displaystyle\lim_{x \to \infty} \frac{1}{x} = \lim_{x \to -\infty} \frac{1}{x} = 0$

(2) $\displaystyle\lim_{x \to \infty} 2^x = \infty$

(3) $\displaystyle\lim_{x \to -\infty} 2^x = 0$

(4) $\displaystyle\lim_{x \to +0} \log_2 x = -\infty$

(5) $\displaystyle\lim_{x \to \infty} \log_2 x = \infty$

次の公式は，三角関数の微分 (3.7 節) において，重要な役割を果たす．

公式 3.1
$$\lim_{x \to 0} \frac{\sin x}{x} = 1$$

証明 はじめに，右側極限 $\displaystyle\lim_{x \to +0} \frac{\sin x}{x} = 1$ を示す．$0 < x < \dfrac{\pi}{2}$ としてよい．図 3.2 のように，点 O を中心とする半径 1 の円において，中心角 x の扇形 OAP と二等辺三角形 △OAP, 直角三角形 △OAB を考える．この 3 つの図形の面積は，それぞれ $\dfrac{1}{2}x, \dfrac{1}{2}\sin x, \dfrac{1}{2}\tan x$ であり，その大小関係は，図 3.2 から明らかなように

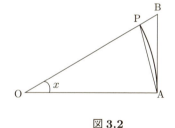

図 3.2

$$\frac{1}{2}\sin x < \frac{1}{2}x < \frac{1}{2}\tan x$$

であるので，
$$\sin x < x < \tan x$$
が成り立つ．ここで，各辺を $\sin x$ で割ると，$\sin x > 0$ より
$$1 < \frac{x}{\sin x} < \frac{1}{\cos x}$$
さらに，各辺の逆数をとると
$$1 > \frac{\sin x}{x} > \cos x$$

となる．$\lim_{x \to +0} \cos x = \cos 0 = 1$ であるから，定理 3.1 の (6) より

$$\lim_{x \to +0} \frac{\sin x}{x} = 1$$

次に，左側極限については，$x = -t$ とおくと，$x \to -0$ のとき $t \to +0$ となるので，

$$\lim_{x \to -0} \frac{\sin x}{x} = \lim_{t \to +0} \frac{\sin(-t)}{-t} = \lim_{t \to +0} \frac{\sin t}{t} = 1$$

以上より，右側極限と左側極限がともに 1 であるから，

$$\lim_{x \to 0} \frac{\sin x}{x} = 1$$

例題 3.2 極限 $\lim_{x \to \infty} \sin x$ を求めよ．

解答 関数 $y = \sin x$ の値は，$-1 \leqq y \leqq 1$ の範囲で増減を繰り返しているため，x の値が大きくなっても，一定の値に収束することはない．よって，極限は存在しない．

公式 3.2 ★ [$\arctan x$ の極限]

$$\lim_{x \to \infty} \arctan x = \frac{\pi}{2}$$
$$\lim_{x \to -\infty} \arctan x = -\frac{\pi}{2}$$

証明 $t = \arctan x$ とおくと，$x = \tan t \left(-\frac{\pi}{2} < t < \frac{\pi}{2}\right)$ である．ここで，$x \to \infty$ のとき $t \to \frac{\pi}{2}$，$x \to -\infty$ のとき $t \to -\frac{\pi}{2}$ である (公式 2.18, 図 2.12, 図 2.18 参照)．よって，

$$\lim_{x \to \infty} \arctan x = \frac{\pi}{2}, \quad \lim_{x \to -\infty} \arctan x = -\frac{\pi}{2}$$

問 3.1 次の関数の極限を求めよ．

(1) $\lim_{x \to -3}(x^3 - 2x + 9)$ (2) $\lim_{x \to 2} \dfrac{x^3 - x^2 - 7x + 10}{x - 2}$

(3) $\lim_{x \to 2} \dfrac{\sqrt{x} - \sqrt{2}}{x - 2}$ (4) $\lim_{x \to 0} \dfrac{\sin 2x}{x}$

(5) $\lim_{x \to \infty} \dfrac{5^x}{5^x - 5^{-x}}$ (6) $\lim_{x \to \infty} \{\log_3(1 + x) - \log_3 x\}$

3.2.2 関数の連続性

関数 $y = f(x)$ がある区間 I で定義されているとする．その区間の点 a において，$\lim_{x \to a} f(x)$ が存在し，かつ

$$\lim_{x \to a} f(x) = f(a)$$

が成立しているとき，$f(x)$ は $x = a$ で**連続**であるという．連続でないとき，**不連続**であるという．

点 a が区間 I の左端の点であるとき，$f(x)$ が $x = a$ で連続であるとは，右側極限が $\lim_{x \to a+0} f(x) = f(a)$ となるときをいう．点 a が区間 I の右端の点であるときは，左側極限で同様に考える．

直感的には，関数 $f(x)$ が $x = a$ で連続であるとは，「関数 $f(x)$ のグラフが $x = a$ においてつながっている」ということである．

さらに，$f(x)$ が区間 I のすべての点で連続であるとき，$f(x)$ は**区間 I において連続**である，または，$f(x)$ は**区間 I における連続関数**であるという．

多項式関数，有理関数，三角関数，指数関数，対数関数などは，定義域において連続関数である．

例． (1) $f(x) = \dfrac{x^2 - 1}{x - 1}$

$x = 1$ において，関数が定義されていないので不連続である．

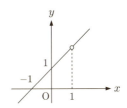

図 3.3 $y = \dfrac{x^2 - 1}{x - 1}$ のグラフ

(2) $f(x) = \begin{cases} 1 & (x \text{ が整数}) \\ 0 & (\text{その他}) \end{cases}$

x が整数のとき，$f(x)$ の値と極限の値が一致しないので不連続である．

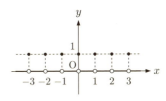

図 3.4 (2) のグラフ

(3) $f(x) = \begin{cases} 730 & (0 < x \leqq 2000) \\ 730 + 90n & (2000 + 280(n-1) < x \leqq 2000 + 280n) \end{cases}$

(距離 x m に対するタクシー運賃の例)

$x = 2000 + 280(n-1)$ のとき，右側極限と左側極限が一致しないので不連続である．

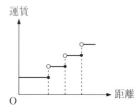

図 **3.5** タクシーの運賃のグラフ

3.3 微分係数と導関数

3.3.1 微分係数

関数 $f(x)$ がある区間 I で定義されているとする．区間 I の内部の点 a に対して，極限値

$$\lim_{x \to a} \frac{f(x) - f(a)}{x - a}$$

が存在するとき，その値を $f'(a)$ と表し，関数 $f(x)$ の $x = a$ における**微分係数**という．また，このとき，$y = f(x)$ は $x = a$ で**微分可能**であるという．

3.1 節より，微分係数 $f'(a)$ は，曲線 $y = f(x)$ 上の点 $(a, f(a))$ における接線の傾きを表している．この接線は，点 $(a, f(a))$ を通り，傾き $f'(a)$ の直線であるから，方程式は次のようになる．

公式 3.3 [接線の方程式]

曲線 $y = f(x)$ 上の点 $(a, f(a))$ における接線の方程式は
$$y = f'(a)(x - a) + f(a)$$

関数の微分可能性と連続性の関係として，次の定理が成り立つ．

定理 3.2 $f(x)$ が $x = a$ で微分可能ならば，$f(x)$ は $x = a$ で連続である．

証明 $f(x)$ は $x = a$ で微分可能であるから $f'(a)$ が存在する．よって，
$$\lim_{x \to a} \{f(x) - f(a)\} = \lim_{x \to a} \frac{f(x) - f(a)}{x - a} \cdot (x - a) = f'(a) \cdot 0 = 0$$
したがって，$\lim_{x \to a} f(x) = f(a)$ が成り立つので，$f(x)$ は $x = a$ で連続である． ∎

注. $f(x)$ が連続であっても微分可能であるとは限らない．たとえば，関数 $f(x) = |x|$ は $x = 0$ で連続であるが，
$$\lim_{x \to +0} \frac{|x| - |0|}{x - 0} = \lim_{x \to +0} \frac{x}{x} = 1 ， \lim_{x \to -0} \frac{|x| - |0|}{x - 0} = \lim_{x \to -0} \frac{-x}{x} = -1$$
より，右側極限と左側極限の値が一致しないので，$x = 0$ における微分係数 $\lim_{x \to 0} \frac{|x| - |0|}{x - 0}$ は存在しない．

例題 3.3 関数 $f(x) = x^2$ の $x = 2$ における微分係数を求めよ．

解答 定義にしたがって計算すると，
$$f'(2) = \lim_{x \to 2} \frac{f(x) - f(2)}{x - 2} = \lim_{x \to 2} \frac{x^2 - 2^2}{x - 2} = \lim_{x \to 2} \frac{(x+2)(x-2)}{x - 2}$$
$$= \lim_{x \to 2} (x + 2) = 4$$

例題 3.4 関数 $f(x) = \sqrt{x}$ の $x = 3$ における微分係数を求めよ．

解答 定義にしたがって計算すると，
$$f'(3) = \lim_{x \to 3} \frac{f(x) - f(3)}{x - 3} = \lim_{x \to 3} \frac{\sqrt{x} - \sqrt{3}}{x - 3}$$
$$= \lim_{x \to 3} \frac{(\sqrt{x} - \sqrt{3})(\sqrt{x} + \sqrt{3})}{(x - 3)(\sqrt{x} + \sqrt{3})} = \lim_{x \to 3} \frac{x - 3}{(x - 3)(\sqrt{x} + \sqrt{3})}$$
$$= \lim_{x \to 3} \frac{1}{\sqrt{x} + \sqrt{3}} = \frac{1}{\sqrt{3} + \sqrt{3}} = \frac{1}{2\sqrt{3}} = \frac{\sqrt{3}}{6}$$

問 3.2 次の関数の $x = 3$ における微分係数を，定義にしたがって求めよ．
(1) $f(x) = x^2$ (2) $f(x) = x^2 + x - 5$ (3) $f(x) = x^3 - 3x + 2$
(4) $f(x) = \dfrac{1}{x}$ (5) $f(x) = \sqrt{2x + 1}$

3.3.2 導関数

関数 $y = f(x)$ がある区間 I で定義されていて，区間 I の内部のすべての点 a で微分可能であるとき，関数 $y = f(x)$ は**区間 I で微分可能**であるという．このとき，$x = a$ に対して $f'(a)$ を対応させる関数を $f'(x)$ と表し，$f(x)$ の**導関数**と

いう．導関数は

$$f'(x),\quad \frac{d}{dx}f(x),\quad y',\quad \frac{dy}{dx}$$

などの記号で表す．特に $\frac{d}{dx}f(x)$ や $\frac{dy}{dx}$ は，変数が x であることがはっきりとわかる記法である．関数 $f(x)$ から導関数 $f'(x)$ を求めることを，**$f(x)$ を x で微分する**，または単に**微分する**という．微分係数を求める定義式は

$$f'(a) = \lim_{x \to a} \frac{f(x) - f(a)}{x - a}$$

であるが，$x = a + h$ とおくと，x を a に近づけることは，h を 0 に近づけることになるので，微分係数を求める式は

$$\lim_{x \to a} \frac{f(x) - f(a)}{x - a} = \lim_{a+h \to a} \frac{f(a+h) - f(a)}{(a+h) - a} = \lim_{h \to 0} \frac{f(a+h) - f(a)}{h}$$

となる．よって，導関数は次のように求められる．

公式 3.4 [$f(x)$ の導関数]

$$f'(x) = \lim_{h \to 0} \frac{f(x+h) - f(x)}{h}$$

これより，次の公式が得られる．

公式 3.5

(1) $f(x) = C$ (C は定数) のとき，$f'(x) = 0$
(2) $f(x) = x$ のとき，$f'(x) = 1$

証明 公式 3.4 を用いて計算すると，

(1) $f'(x) = \lim_{h \to 0} \dfrac{f(x+h) - f(x)}{h} = \lim_{h \to 0} \dfrac{C - C}{h} = 0$

(2) $f'(x) = \lim_{h \to 0} \dfrac{f(x+h) - f(x)}{h} = \lim_{h \to 0} \dfrac{(x+h) - x}{h} = \lim_{h \to 0} \dfrac{h}{h} = 1$

例題 3.5 $f(x) = x^3$ の導関数を求めよ．

解答 公式 3.4 を用いると，

$$f'(x) = \lim_{h \to 0} \frac{f(x+h) - f(x)}{h} = \lim_{h \to 0} \frac{(x+h)^3 - x^3}{h} = \lim_{h \to 0} \frac{3x^2 h + 3xh^2 + h^3}{h}$$

$$= \lim_{h \to 0}(3x^2 + 3xh + h^2) = 3x^2$$

または，$x = a$ における微分係数は

$$f'(a) = \lim_{x \to a} \frac{f(x) - f(a)}{x - a} = \lim_{x \to a} \frac{x^3 - a^3}{x - a} = \lim_{x \to a} \frac{(x-a)(x^2 + ax + a^2)}{(x-a)}$$
$$= \lim_{x \to a}(x^2 + xa + a^2) = 3a^2$$

であるから $f'(x) = 3x^2$，としても求められる．

例題 3.6 $f(x) = \dfrac{1}{x}$ の導関数を求めよ．

解答 公式 3.4 を用いると，

$$f'(x) = \lim_{h \to 0} \frac{f(x+h) - f(x)}{h} = \lim_{h \to 0} \frac{\frac{1}{x+h} - \frac{1}{x}}{h} = \lim_{h \to 0} \frac{-\frac{h}{x(x+h)}}{h}$$
$$= \lim_{h \to 0} -\frac{1}{x(x+h)} = -\frac{1}{x^2}$$

例題 3.7 $f(x) = \sqrt{x}$ の導関数を求めよ．

解答 公式 3.4 を用いると，

$$f'(x) = \lim_{h \to 0} \frac{f(x+h) - f(x)}{h} = \lim_{h \to 0} \frac{\sqrt{x+h} - \sqrt{x}}{h}$$
$$= \lim_{h \to 0} \frac{(\sqrt{x+h} - \sqrt{x})(\sqrt{x+h} + \sqrt{x})}{h(\sqrt{x+h} + \sqrt{x})}$$
$$= \lim_{h \to 0} \frac{h}{h(\sqrt{x+h} + \sqrt{x})} = \lim_{h \to 0} \frac{1}{\sqrt{x+h} + \sqrt{x}} = \frac{1}{2\sqrt{x}}$$

問 3.3 次の関数の導関数を公式 3.4 を使って求めよ．

(1) $f(x) = x^2$ (2) $f(x) = x^2 - x$ (3) $f(x) = x^3 - 3x^2 + 2$

(4) $f(x) = \dfrac{1}{x^2}$ (5) $f(x) = \sqrt{x+1}$

3.4 導関数の計算法

3.4.1 定数倍の微分と和・差の微分

定理 3.3 [定数倍の微分と和・差の微分] 関数 $f(x)$ と $g(x)$ がある区間で微分可能であれば，その定数倍と和・差について，次が成立する．

$$\{kf(x)\}' = kf'(x) \qquad (k \text{ は定数})$$
$$\{f(x) \pm g(x)\}' = f'(x) \pm g'(x) \qquad (\text{複号同順})$$

証明 公式 3.4 と定理 3.1 より,

$$\{kf(x)\}' = \lim_{h \to 0} \frac{kf(x+h) - kf(x)}{h} = k \cdot \lim_{h \to 0} \frac{f(x+h) - f(x)}{h} = kf'(x)$$

$$\{f(x) \pm g(x)\}' = \lim_{h \to 0} \frac{\{f(x+h) \pm g(x+h)\} - \{f(x) \pm g(x)\}}{h}$$
$$= \lim_{h \to 0} \frac{\{f(x+h) - f(x)\} \pm \{g(x+h) - g(x)\}}{h}$$
$$= \lim_{h \to 0} \frac{f(x+h) - f(x)}{h} \pm \lim_{h \to 0} \frac{g(x+h) - g(x)}{h}$$
$$= f'(x) \pm g'(x)$$

つまり,定数倍の微分は微分してから定数倍すればよく,和・差の微分はそれぞれの関数を微分してから和・差の計算をすればよい.

例題 3.8 $f(x) = x^3 - 2x + 5$ の導関数を求めよ.

解答 定理 3.3 と例題 3.5, 公式 3.5 より,
$$(x^3 - 2x + 5)' = (x^3)' - 2 \cdot (x)' + (5)' = 3x^2 - 2$$

3.4.2 積の微分と商の微分

定理 3.4 [積の微分] 関数 $f(x)$ と $g(x)$ がある区間で微分可能であるとする.このとき,

$$\{f(x)g(x)\}' = f'(x)g(x) + f(x)g'(x)$$

が成立する.

証明 公式 3.4 より,

$$\{f(x)g(x)\}' = \lim_{h \to 0} \frac{f(x+h)g(x+h) - f(x)g(x)}{h}$$
$$= \lim_{h \to 0} \frac{f(x+h)g(x+h) - f(x)g(x+h) + f(x)g(x+h) - f(x)g(x)}{h}$$
$$= \lim_{h \to 0} \frac{\{f(x+h) - f(x)\}g(x+h) + f(x)\{g(x+h) - g(x)\}}{h}$$
$$= \lim_{h \to 0} \left\{ \frac{f(x+h) - f(x)}{h} \cdot g(x+h) \right\} + \lim_{h \to 0} \left\{ f(x) \cdot \frac{g(x+h) - g(x)}{h} \right\}$$

$$= f'(x)g(x) + f(x)g'(x)$$

さらに，同じ区間で関数 $\ell(x)$ も微分可能ならば，3 つの関数の積に関する次の公式が成立する．

公式 3.6 [3 つの積の微分]

$$\{f(x)g(x)\ell(x)\}'$$
$$= f'(x)g(x)\ell(x) + f(x)g'(x)\ell(x) + f(x)g(x)\ell'(x)$$

証明 積の微分 (定理 3.4) を 2 回適用すると，

$$\{f(x)g(x)\ell(x)\}' = \{f(x)g(x)\}' \cdot \ell(x) + f(x)g(x) \cdot \ell'(x)$$
$$= \{f'(x)g(x) + f(x)g'(x)\} \cdot \ell(x) + f(x)g(x) \cdot \ell'(x)$$
$$= f'(x)g(x)\ell(x) + f(x)g'(x)\ell(x) + f(x)g(x)\ell'(x)$$

定理 3.5 [商の微分] 関数 $f(x)$ と $g(x)$ がある区間で微分可能で，$g(x) \neq 0$ であるとき，次が成り立つ．

$$\left\{\frac{f(x)}{g(x)}\right\}' = \frac{f'(x)g(x) - f(x)g'(x)}{\{g(x)\}^2}$$

特に，

$$\left\{\frac{1}{g(x)}\right\}' = -\frac{g'(x)}{\{g(x)\}^2}$$

証明 公式 3.4 を適用して計算すると，

$$\left\{\frac{f(x)}{g(x)}\right\}' = \lim_{h \to 0} \frac{\frac{f(x+h)}{g(x+h)} - \frac{f(x)}{g(x)}}{h} = \lim_{h \to 0} \frac{f(x+h)g(x) - f(x)g(x+h)}{hg(x+h)g(x)}$$

$$= \lim_{h \to 0} \frac{f(x+h)g(x) - f(x)g(x) + f(x)g(x) - f(x)g(x+h)}{hg(x+h)g(x)}$$

$$= \lim_{h \to 0} \frac{\{f(x+h) - f(x)\}g(x) - f(x)\{g(x+h) - g(x)\}}{hg(x+h)g(x)}$$

$$= \lim_{h \to 0} \left\{\frac{f(x+h) - f(x)}{h} \cdot g(x) - f(x) \cdot \frac{g(x+h) - g(x)}{h}\right\} \frac{1}{g(x+h)g(x)}$$

$$= \{f'(x)g(x) - f(x)g'(x)\} \frac{1}{g(x)g(x)} = \frac{f'(x)g(x) - f(x)g'(x)}{\{g(x)\}^2}$$

定理の後半は，$\dfrac{f(x)}{g(x)}$ において $f(x) = 1$ とおけばよい．

3.4.3 x^n の微分

定理 3.6 [x^n の微分]
$$(x^n)' = nx^{n-1} \qquad (n \text{ は整数})$$

証明 (1) n が自然数のとき：証明は数学的帰納法を用いて次のようにできる.

[$n = 1$ のとき] $x^1 = x$ に対して, 公式 3.5 より $(x)' = 1$ である. また, $1 \cdot x^{1-1} = 1$ であるから定理は成立する.

[$n \geqq 2$ のとき] $n = k$ まで定理が正しいと仮定して, $n = k+1$ のときも正しいことを示す. $x^{k+1} = x \cdot x^k$ より, 積の微分 (定理 3.4) を使うと,
$$(x^{k+1})' = (x \cdot x^k)' = (x)' \cdot x^k + x \cdot (x^k)' = 1 \cdot x^k + x \cdot kx^{k-1} = (k+1)x^k$$
であるから, $n = k+1$ のときも成立する. よって, すべての自然数 n に対して定理が成立する.

(2) $n = 0$ のとき：$x^0 = 1$ の導関数は, 公式 3.5 より 0 である. 一方, $0 \cdot x^{0-1} = 0$ であるから定理は成立する.

(3) $n \leqq -1$ のとき：$n = -m \, (m > 0)$ として, (1) の結果と商の微分 (定理 3.5) を用いると
$$(x^n)' = (x^{-m})' = \left(\frac{1}{x^m}\right)' = -\frac{mx^{m-1}}{x^{2m}} = -\frac{m}{x^{m+1}} = -mx^{-m-1} = nx^{n-1}$$
であるから定理は成立する.

(1), (2), (3) より, すべての整数 n に対して定理が成立する. ∎

例. (1) $(x^3 - 7)' = 3 \cdot x^{3-1} - 0 = 3x^2$
(2) $(x^4 - 6x)' = 4 \cdot x^{4-1} - 6 \cdot (1 \cdot x^{1-1}) = 4x^3 - 6$
(3) $\left(\dfrac{1}{x}\right)' = (x^{-1})' = (-1) \cdot x^{-1-1} = -x^{-2} = -\dfrac{1}{x^2}$

問 3.4 次の関数の導関数を求めよ.
(1) x^5 (2) $x^2 + x - 5$ (3) $2x^3 - 3x + 5x^{-4}$

例題 3.9 積の微分を使って, $(2x+2)(3x-1)$ の導関数を求めよ.

解答
$$\{(2x+2)(3x-1)\}' = (2x+2)' \cdot (3x-1) + (2x+2) \cdot (3x-1)'$$
$$= 2 \cdot (3x-1) + (2x+2) \cdot 3 = 12x + 4$$

注. 例題 3.9 は，次のように式を展開をしてから微分しても同じ結果になる．
$$\{(2x+2)(3x-1)\}' = (6x^2+4x-2)' = 6\cdot 2x + 4\cdot 1 - 0 = 12x+4$$

例題 3.10 $\dfrac{2x+2}{3x-1}$ の導関数を求めよ．

解答 商の微分を用いると，
$$\left(\frac{2x+2}{3x-1}\right)' = \frac{(2x+2)'(3x-1)-(2x+2)(3x-1)'}{(3x-1)^2}$$
$$= \frac{2\cdot(3x-1)-(2x+2)\cdot 3}{(3x-1)^2} = \frac{6x-2-6x-6}{(3x-1)^2} = -\frac{8}{(3x-1)^2} \blacksquare$$

問 3.5 次の関数の導関数を求めよ．

(1) $(5x-1)(4-2x)$ (2) $(x^4-4x^2+5)(x-3)$ (3) $(x^3-x^{-3})(x^2-2)$

(4) $\dfrac{3x+2}{x^2}$ (5) $\dfrac{x^3+3x}{2x-5}$ (6) $\dfrac{1}{x^2+3x-1}$

3.5 合成関数の微分

定理 3.7 [合成関数の微分] 関数 $f(x)$ と $g(x)$ がある区間で微分可能であるとする．このとき，合成関数 $f(g(x))$ の導関数は，次のように求められる．
$$\{f(g(x))\}' = f'(g(x))g'(x)$$

証明 公式 3.4 より
$$\{f(g(x))\}' = \lim_{h\to 0} \frac{f(g(x+h))-f(g(x))}{h}$$
$$= \lim_{h\to 0} \frac{f(g(x+h))-f(g(x))}{g(x+h)-g(x)} \cdot \frac{g(x+h)-g(x)}{h}$$

ここで，$h^* = g(x+h)-g(x)$ とおくと，$g(x)$ が連続であるから，$h\to 0$ のとき $h^* \to 0$ である．よって，
$$\{f(g(x))\}' = \lim_{\substack{h\to 0 \\ h^*\to 0}} \frac{f(g(x)+h^*)-f(g(x))}{h^*} \cdot \frac{g(x+h)-g(x)}{h}$$
$$= f'(g(x))g'(x) \blacksquare$$

つまり，形式的に $f(x)$ を微分した式に $g(x)$ を代入し，$g(x)$ を微分した式を掛ければよい．

例題 3.11 $(x+2)^2$ の導関数を求めよ．

解答 $f(x)=x^2$, $g(x)=x+2$ として定理 3.7 を適用すると，$f'(x)=2x$, $g'(x)=1$ より，
$$\{(x+2)^2\}' = 2(x+2)\cdot 1 = 2x+4$$

注． 例題 3.11 は，次のように式を展開してから微分しても同じ結果になる．
$$\{(x+2)^2\}' = (x^2+4x+4)' = 2x+4$$

合成関数の微分は，関数の一部分を適当な文字に置き変えた(置換した)場合に簡単に表すことができる式に使う．たとえば，$(x^3-5)^{15}$ は，展開してから微分することは可能であるが，展開するのは手間がかかる．一方，$u=x^3-5$ とおくと，$(x^3-5)^{15} = u^{15}$ となるので，$f(x)=x^{15}$, $g(x)=x^3-5$ とおいて合成関数の微分を用いれば，次のように簡単に計算できる．

例題 3.12 $(x^3-5)^{15}$ の導関数を求めよ．

解答 $u=x^3-5$ とおけば，$(x^3-5)^{15} = u^{15}$ となるので，合成関数の微分を使う．定理 3.7 において，$f(x)=x^{15}$, $g(x)=x^3-5$ とおくと，
$$\{(x^3-5)^{15}\}' = 15(x^3-5)^{14} \cdot (x^3-5)' = 15(x^3-5)^{14}\cdot 3x^2 = 45x^2(x^3-5)^{14}$$

例題 3.13 $(x^2-3\sqrt{x}\,)^3$ の導関数を求めよ．

解答 $u = x^2-3\sqrt{x}$ とおけば，$(x^2-3\sqrt{x}\,)^3 = u^3$ となるので，合成関数の微分を使う．定理 3.7 において $f(x)=x^3$, $g(x)=x^2-3\sqrt{x}$ とおき，$\sqrt{x}$ の微分には例題 3.7 の結果を適用すれば，
$$\{(x^2-3\sqrt{x}\,)^3\}' = 3(x^2-3\sqrt{x}\,)^2 \cdot (x^2-3\sqrt{x}\,)' = 3(x^2-3\sqrt{x}\,)^2 \left(2x - \frac{3}{2\sqrt{x}}\right)$$

例題 3.14 $(x-4)^4(x+1)$ の導関数求めよ．

解答 積の微分を使うと，
$$\{(x-4)^4(x+1)\}' = \{(x-4)^4\}' \cdot (x+1) + (x-4)^4 \cdot (x+1)'$$
$$= \{(x-4)^4\}'(x+1) + (x-4)^4 \cdot 1$$

ここで，$(x-4)^4$ の微分の計算は，定理 3.7 において，$f(x)=x^4$, $g(x)=x-4$ とおくと，
$$\{(x-4)^4\}' = 4(x-4)^3 \cdot (x-4)' = 4(x-4)^3$$

よって，
$$\{(x-4)^4(x+1)\}' = 4(x-4)^3(x+1) + (x-4)^4$$
$$= (x-4)^3(4x+4+x-4) = 5x(x-4)^3$$

問 3.6 次の関数の導関数を求めよ．
(1) $(2x-5)^6$ 　　(2) $(7-4x^2)^7$ 　　(3) $(3x^3-1)^4$
(4) $(3x^3-5x^2-x^{-3})^4$ 　　(5) $x(3-2x)^5$ 　　(6) $\dfrac{(4x+5)^5}{x+3}$

3.6 対数関数・指数関数の微分

3.6.1 対数関数の微分

$a > 0, a \neq 1$ とする．a を底とする対数関数 $f(x) = \log_a x$ の $x = 1$ における微分係数を考える．もし，この微分係数が存在するならば，その値は
$$\lim_{h \to 0} \frac{\log_a(1+h) - \log_a 1}{h} = \lim_{h \to 0} \frac{1}{h} \log_a(1+h) = \lim_{h \to 0} \log_a(1+h)^{\frac{1}{h}}$$
であるので，極限 $\lim_{h \to 0}(1+h)^{\frac{1}{h}}$ がわかればよい．h として，0 に近いいくつかの値を $(1+h)^{\frac{1}{h}}$ に代入すると，次の表のようになる．

h	$(1+h)^{\frac{1}{h}}$	h	$(1+h)^{\frac{1}{h}}$
0.1	2.593742…	-0.1	2.867971…
0.01	2.704813…	-0.01	2.731999…
0.001	2.716923…	-0.001	2.719642…
0.0001	2.718145…	-0.0001	2.718417…
0.00001	2.718268…	-0.00001	2.718295…

実際に，$\lim_{h \to 0}(1+h)^{\frac{1}{h}}$ は極限値をもつことが知られている．この極限値を e と表す．つまり，
$$e = \lim_{h \to 0}(1+h)^{\frac{1}{h}}$$
e は無理数で，**ネピア数**または**ネイピア数**といい，その値は $e = 2.718281\cdots$ である．ネピア数 e を用いると，$f(x) = \log_a x$ の $x = 1$ における微分係数は
$$f'(1) = \log_a e$$

である.特に,底が e である場合は,$x=1$ における微分係数は $\log_e e = 1$ となる.底が e である対数 $\log_e x$ を**自然対数**という.微分積分学では,対数は自然対数である場合がほとんどであるので,自然対数は $\log x$ と底 e を略して書く.ネピア数 e は**自然対数の底**ともよばれる.

e を底とする対数関数 $f(x) = \log x$ の導関数を求めよう.公式 3.4 より

$$f'(x) = \lim_{h\to 0}\frac{\log(x+h) - \log x}{h} = \lim_{h\to 0}\frac{1}{h}\log\frac{x+h}{x} = \lim_{h\to 0}\log\left(1+\frac{h}{x}\right)^{\frac{1}{h}}$$

となる.ここで,$\dfrac{h}{x} = t$ とおくと $h = tx$ で,$h \to 0$ のとき $t \to 0$ であるから,

$$f'(x) = \lim_{t\to 0}\log(1+t)^{\frac{1}{tx}} = \lim_{t\to 0}\log(1+t)^{\frac{1}{t}\cdot\frac{1}{x}}$$
$$= \frac{1}{x}\lim_{t\to 0}\log(1+t)^{\frac{1}{t}} = \frac{1}{x}\log e = \frac{1}{x}$$

底が一般の場合は,対数関数の底の変換公式 (定理 2.4) より,$\log_a x = \dfrac{\log x}{\log a}$ であるから,$(\log_a x)' = \dfrac{1}{x\log a}$ となる.

以上の結果は,次の定理にまとめられる.

定理 3.8 [対数関数の微分]

$$(\log x)' = \frac{1}{x} \qquad (\log_a x)' = \frac{1}{x\log a}$$

次の公式もよく使われる.

公式 3.7

$$(\log|x|)' = \frac{1}{x}$$

証明 $x > 0$ のときは定理 3.8 である.
$x < 0$ のときは,$|x| = -x$ である.合成関数の微分を適用すれば,

$$(\log|x|)' = \{\log(-x)\}' = \frac{1}{-x}\cdot(-x)' = \frac{1}{-x}\cdot(-1) = \frac{1}{x}$$

例題 3.15 $\log(x^2+1)$ の導関数を求めよ.

解答 合成関数の微分を適用すれば,

$$\{\log(x^2+1)\}' = \frac{1}{x^2+1}\cdot(x^2+1)' = \frac{2x}{x^2+1}$$

例題 3.16 $\log_2(-4x+1)$ の導関数を求めよ.

解答 合成関数の微分を適用して,
$$\{\log_2(-4x+1)\}' = \frac{1}{(-4x+1)\log 2} \cdot (-4x+1)' = -\frac{4}{(-4x+1)\log 2}$$

問 3.7 次の関数の導関数を求めよ.
(1) $\log(6x-2)$ (2) $\log_3(7x-1)$ (3) $\log x^2$
(4) $\log(3x^2-2x)$ (5) $x\log x$ (6) $\dfrac{\log x}{x}$

3.6.2 指数関数の微分

指数関数の導関数を, ここでは, 定義に戻ってではなく, 次の**対数微分法**という方法を用いて求める.

対数微分法

関数 $f(x)$ が積や累乗を組み合わせた形をしているとき, 直接微分するのが難しい場合がある. そのようなときに, 関数の対数をとってから, 前項 3.6.1 の対数関数の微分公式を応用して計算を行う方法がある.

たとえば, α を任意の実数の定数として, 関数 $f(x) = x^\alpha$ の微分を考える. 両辺の対数をとると,
$$\log f(x) = \log x^\alpha$$
よって,
$$\log f(x) = \alpha \log x$$
である. ここで, 両辺を微分すると, 左辺の微分は合成関数の微分, 右辺の微分は定理 3.8 を適用して,
$$\frac{1}{f(x)} \cdot f'(x) = \alpha \cdot \frac{1}{x}$$
となる. したがって,
$$f'(x) = \alpha \cdot \frac{1}{x} \cdot f(x) = \alpha \cdot \frac{1}{x} \cdot x^\alpha = \alpha x^{\alpha-1}$$

これより, 定理 3.6 は次のように指数が実数の範囲まで拡張できたことになる.

定理 3.9 [x^α の微分]
$$(x^\alpha)' = \alpha x^{\alpha-1} \qquad (\alpha \text{ は実数の定数})$$

例． (1) $(\sqrt{x})' = \left(x^{\frac{1}{2}}\right)' = \frac{1}{2}x^{\frac{1}{2}-1} = \frac{1}{2}x^{-\frac{1}{2}} = \frac{1}{2\sqrt{x}}$

(2) $\left(\dfrac{1}{\sqrt{x}}\right)' = \left(x^{-\frac{1}{2}}\right)' = -\dfrac{1}{2}x^{-\frac{1}{2}-1} = -\dfrac{1}{2}x^{-\frac{3}{2}} = -\dfrac{1}{2x\sqrt{x}}$

指数関数の微分

指数関数 $f(x) = e^x$ の導関数を対数微分法を使って求めよう．対数をとって，
$$\log f(x) = \log e^x = x \log e = x$$
よって，微分すると，
$$\frac{1}{f(x)} \cdot f'(x) = 1$$
となるから，
$$f'(x) = f(x)$$
つまり，$(e^x)' = e^x$ である．

底が一般の指数関数 a^x の導関数も，同様に対数微分法を行うと，
$$(a^x)' = a^x \log a$$
となる．以上をまとめると，次の定理が得られる．

定理 3.10 [指数関数の微分]
$$(e^x)' = e^x \qquad (a^x)' = a^x \log a$$

例． (1) $(e^{2x})' = e^{2x} \cdot (2x)' = 2e^{2x}$

(2) $(e^x + e^{-x})' = e^x + e^{-x} \cdot (-x)' = e^x - e^{-x}$

(3) $(2^x)' = 2^x \log 2$

例題 3.17 xe^x の導関数を求めよ．

解答 積の微分 (定理 3.4) を使うと，
$$(xe^x)' = (x)'e^x + x(e^x)' = 1 \cdot e^x + x \cdot e^x = e^x + xe^x = (1+x)e^x$$

例題 3.18 e^{x^2} の導関数を求めよ．

解答　定理 3.7 において，$f(x) = e^x, g(x) = x^2$ とおいて合成関数の微分を行うと，
$$\left(e^{x^2}\right)' = e^{x^2}(x^2)' = 2xe^{x^2}$$

問 3.8　次の関数の導関数を求めよ．
(1) e^{2x+5} 　(2) e^{-x^2} 　(3) 5^{3x} 　(4) xe^{-x} 　(5) x^x

3.7　三角関数の微分

　三角関数の導関数は，公式 3.4, 3.1 と 2.6 節の三角関数の性質を用いて求めることができる．

　$\sin x$ の導関数は，
$$\begin{aligned}
(\sin x)' &= \lim_{h \to 0} \frac{\sin(x+h) - \sin x}{h} \\
&= \lim_{h \to 0} \frac{(\sin x \cos h + \cos x \sin h) - \sin x}{h} \quad \text{[定理 2.5]} \\
&= \lim_{h \to 0} \left\{ \frac{\sin x(\cos h - 1)}{h} + \cos x \cdot \frac{\sin h}{h} \right\} \\
&= \lim_{h \to 0} \left\{ \frac{\sin x(\cos^2 h - 1^2)}{h(\cos h + 1)} + \cos x \cdot \frac{\sin h}{h} \right\} \\
&= \lim_{h \to 0} \left\{ \sin x \cdot \frac{-\sin^2 h}{h(\cos h + 1)} + \cos x \cdot \frac{\sin h}{h} \right\} \quad \text{[公式 2.6]} \\
&= \lim_{h \to 0} \left\{ -\sin x \cdot \frac{\sin h}{h} \cdot \frac{\sin h}{\cos h + 1} + \cos x \cdot \frac{\sin h}{h} \right\}
\end{aligned}$$

となる．ここで，$\sin 0 = 0, \cos 0 = 1$ と $\lim_{h \to 0} \frac{\sin h}{h} = 1$ (公式 3.1) を適用すれば，
$$(\sin x)' = (-\sin x \cdot 1 \cdot 0 + \cos x \cdot 1) = \cos x$$

が得られる．つまり，$(\sin x)' = \cos x$ である．

　この結果を用いると，$\cos x$ と $\tan x$ の導関数は，
$$(\cos x)' = \left\{ \sin\left(\frac{\pi}{2} - x\right) \right\}' \quad \text{[公式 2.11]}$$

$$= \cos\left(\frac{\pi}{2} - x\right) \cdot (-1) \qquad [\sin x \text{ の導関数と定理 3.7}]$$

$$= -\sin x \qquad [公式 2.11]$$

$$(\tan x)' = \left(\frac{\sin x}{\cos x}\right)' = \frac{(\sin x)' \cos x - \sin x (\cos x)'}{(\cos x)^2} \qquad [定理 3.5]$$

$$= \frac{\cos^2 x + \sin^2 x}{\cos^2 x} \qquad [\sin x, \cos x \text{ の導関数}]$$

$$= \frac{1}{\cos^2 x} \qquad [公式 2.6]$$

以上の結果から，三角関数の導関数は次のようにまとめられる．

定理 3.11 [三角関数の微分]

$$(\sin x)' = \cos x \qquad (\cos x)' = -\sin x \qquad (\tan x)' = \frac{1}{\cos^2 x}$$

例． (1) $\{\sin(3x+1)\}' = \cos(3x+1) \cdot (3x+1)' = 3\cos(3x+1)$

(2) $(x^2 \tan x)' = (x^2)' \tan x + x^2 (\tan x)' = 2x \tan x + \dfrac{x^2}{\cos^2 x}$

問 3.9 次の関数の導関数を求めよ．

(1) $\cos(-2x+5)$ (2) $\sin(3x^2 - 2x)$ (3) $\cos(x^3 - 7)$ (4) $\tan\dfrac{1}{x}$

(5) $\sin x \cdot \cos x$ (6) $x^2 \sin 2x$ (7) $\dfrac{1}{\tan x}$ (8) $\dfrac{\tan x}{x}$

逆三角関数の微分も，定理 3.11 と合成関数の微分を用いて次のように求められる．

定理 3.12 ★ [逆三角関数の導関数]

$$(\arcsin x)' = \frac{1}{\sqrt{1-x^2}} \qquad (-1 < x < 1)$$

$$(\arccos x)' = -\frac{1}{\sqrt{1-x^2}} \qquad (-1 < x < 1)$$

$$(\arctan x)' = \frac{1}{1+x^2} \qquad (-\infty < x < \infty)$$

証明 $\arcsin x$ については，$y = \arcsin x$ とおくと，$\sin y = x \left(-\frac{\pi}{2} \leqq y \leqq \frac{\pi}{2}\right)$ である．この両辺を x で微分すると，定理 3.7 より，

$$\cos y \cdot y' = 1$$

よって，
$$y' = \frac{1}{\cos y}$$
$-\frac{\pi}{2} < y < \frac{\pi}{2}$ の範囲で $\cos y > 0$ であるから，
$$y' = \frac{1}{\sqrt{1-\sin^2 y}} = \frac{1}{\sqrt{1-x^2}}$$

$\arctan x$ については，$y = \arctan x$ とおくと，$\tan y = x$ $\left(-\frac{\pi}{2} < y < \frac{\pi}{2}\right)$ である．この両辺を x で微分すると，
$$\frac{1}{\cos^2 y} \cdot y' = 1$$
よって，
$$y' = \frac{1}{\frac{1}{\cos^2 y}} = \frac{1}{\frac{\cos^2 y + \sin^2 y}{\cos^2 y}} = \frac{1}{1+\tan^2 y} = \frac{1}{1+x^2}$$

問 3.10 ★ 同様の方法で，$\arccos x$ の導関数の公式を証明せよ．

例題 3.19 ★ $\arcsin x^2$ の導関数を求めよ．

解答 $f(x) = \arcsin x$, $g(x) = x^2$ とおいて定理 3.7 を適用すれば
$$(\arcsin x^2)' = \frac{1}{\sqrt{1-(x^2)^2}} \cdot (x^2)' = \frac{2x}{\sqrt{1-x^4}}$$

問 3.11 ★ 次の関数の導関数を求めよ．
(1) $\arcsin(2x-1)$ (2) $\arcsin \dfrac{x}{a}$ $(a>0)$ (3) $\arccos(1-x^2)$
(4) $\arctan \dfrac{x}{a}$ (5) $x \arcsin x + \sqrt{1-x^2}$ (6) $\arcsin \dfrac{x}{\sqrt{1+x^2}}$

3.8　いろいろな関数の微分

少し複雑に見える関数でも，「基本的な関数の微分」と「和・差・積・商の微分」，「合成関数の微分」を組み合わせることによって微分できる．

例題 3.20 $\log|\cos x|$ の導関数を求めよ．

解答 $f(x) = \log|x|$, $g(x) = \cos x$ とおいて定理 3.7 を適用すれば，
$$(\log|\cos x|)' = \frac{1}{\cos x} \cdot (\cos x)' = \frac{1}{\cos x} \cdot (-\sin x) = -\frac{\sin x}{\cos x} = -\tan x$$

例題 3.21 $x^3 e^{-2x^2}$ の導関数を求めよ．

解答 積の微分を使うと，
$$\left(x^3 e^{-2x^2}\right)' = (x^3)' \cdot e^{-2x^2} + x^3 \cdot \left(e^{-2x^2}\right)'$$
となる．この 2 項目の微分は，合成関数の微分を用いて
$$\left(e^{-2x^2}\right)' = e^{-2x^2} \cdot (-2x^2)' = -4x \cdot e^{-2x^2}$$
となるので，
$$\left(x^3 \cdot e^{-2x^2}\right)' = 3x^2 \cdot e^{-2x^2} + x^3 \cdot \left(-4xe^{-2x^2}\right) = x^2(3-4x^2)e^{-2x^2}$$

問 3.12 次の関数の導関数を求めよ．
(1) $e^x \sin x$ (2) $e^{\sin x}$ (3) $\cos(\log x)$
(4) $x \cos(\log x)$ (5) $\log\left|x - \sqrt{x^2 + a^2}\right|$ $(a \neq 0)$ (6) $\log\sqrt{\dfrac{a+x}{a-x}}$ $(a > 0)$

3.9 高次導関数

3.9.1 高次導関数の定義

関数 $y = f(x)$ が微分可能であれば，導関数 $f'(x)$ が存在する．さらに，$f'(x)$ が微分可能であれば，$f'(x)$ の導関数が存在する．これを $f''(x)$ と表して，$f(x)$ の**第 2 次導関数**とよぶ．第 2 次導関数は，この他に
$$f''(x) \ , \ \frac{d^2}{dx^2}f(x) \ , \ y'' \ , \ \frac{d^2 y}{dx^2}$$
などとも書く．さらに，第 2 次導関数が微分可能であれば，**第 3 次導関数**を定義できる．一般に，第 $(n-1)$ 次導関数が微分可能であれば，**第 n 次導関数**が定義でき，
$$f^{(n)}(x) \ , \ \frac{d^n}{dx^n}f(x) \ , \ y^{(n)} \ , \ \frac{d^n y}{dx^n}$$
などと表す．また，$n = 0$ のときは，1 度も微分をしないということで，
$$f^{(0)}(x) = f(x)$$
と定義する．2 次以上の導関数をまとめて**高次導関数**という．

例. (1) $(x^3 + 2x^2 - 3x + 4)' = 3x^2 + 4x - 3$
$(x^3 + 2x^2 - 3x + 4)'' = (3x^2 + 4x - 3)' = 6x + 4$
$(x^3 + 2x^2 - 3x + 4)''' = (6x + 4)' = 6$
$(x^3 + 2x^2 - 3x + 4)^{(4)} = (6)' = 0$
$(x^3 + 2x^2 - 3x + 4)^{(n)} = 0 \quad (n \geqq 4)$

(2) $(e^{2x})' = e^{2x}(2x)' = 2e^{2x}$
$(e^{2x})'' = (2e^{2x})' = 2e^{2x}(2x)' = 2^2 e^{2x}$
$(e^{2x})''' = (2^2 e^{2x})' = 2^2 \cdot 2e^{2x} = 2^3 e^{2x}$

規則性に注目すると, 次の例のように, n 次導関数を n の式で表すことができる場合がある.

例. (1) $y = x^k$ (k は自然数) の第 n 次導関数 ($n \geqq 1$) は,
$$(x^k)^{(n)} = \begin{cases} k(k-1)\cdots(k-n+1)x^{k-n} & (n < k) \\ k! & (n = k) \\ 0 & (n > k) \end{cases}$$

(2) $y = e^x$ の第 n 次導関数は,
$$(e^x)^{(n)} = e^x \quad (n \geqq 0)$$

(3) $y = \sin x$ の第 n 次導関数は,
$$(\sin x)^{(n)} = \begin{cases} \cos x & (n = 4k+1) \\ -\sin x & (n = 4k+2) \\ -\cos x & (n = 4k+3) \\ \sin x & (n = 4k) \end{cases} \quad (k \geqq 0)$$

(4) $y = e^{2x}$ の第 n 次導関数は,
$$(e^{2x})^{(n)} = 2^n e^{2x} \quad (n \geqq 0)$$

問 3.13 上の例を確かめよ.

例題 3.22 $\dfrac{1}{x+1}$ の第 n 次導関数を求めよ.

解答 導関数と第 2 次導関数は

$$\left\{\frac{1}{x+1}\right\}' = -\frac{(x+1)'}{(x+1)^2} = -\frac{1}{(x+1)^2}$$

$$\left\{\frac{1}{x+1}\right\}'' = \left\{-\frac{1}{(x+1)^2}\right\}' = -\left\{-\frac{2}{(x+1)^3}\right\} = \frac{2}{(x+1)^3}$$

である．この結果から第 n 次導関数は $\dfrac{\alpha}{(x+1)^{n+1}}$ (α は定数) の形をしていると予想される．一般に，

$$\left\{\frac{1}{(x+1)^k}\right\}' = -\frac{k(x+1)^{k-1}}{(x+1)^{2k}} = -\frac{k}{(x+1)^{k+1}}$$

となるので，第 n 次導関数は帰納法を用いて

$$\left\{\frac{1}{x+1}\right\}^{(n)} = \frac{(-1)^n \cdot n!}{(x+1)^{n+1}}$$

であることがわかる．

問 3.14 次の関数の第 3 次導関数までを求めよ．
  (1) $\tan x$ (2) xe^{2x}

問 3.15 次の関数の第 n 次導関数を求めよ．
  (1) $x^4 + 2x^2 - 5$ (2) e^{-x} (3) $\dfrac{1}{x}$

3.9.2 ★ ライプニッツの定理

次の定理は，2 つの関数の積である関数についての高次導関数の公式である．

定理 3.13 [ライプニッツの定理] 関数 $u(x), v(x)$ がともに第 n 次導関数をもつとき，その積の関数 $f(x) = u(x)v(x)$ の第 n 次導関数は

$$\{u(x)v(x)\}^{(n)} = \sum_{k=0}^{n} {}_n\mathrm{C}_k \cdot u^{(k)}(x) \cdot v^{(n-k)}(x)$$

ただし，${}_n\mathrm{C}_k = \dfrac{n!}{k!(n-k)!} = \dfrac{n(n-1)\cdots(n-k+1)}{k(k-1)\cdots 2 \cdot 1}$ (二項係数)

証明 $n = 1, 2, 3$ のときに，積の微分を使って導関数を求めると，

$$\{u(x)v(x)\}' = u'(x)v(x) + u(x)v'(x)$$
$$\{u(x)v(x)\}'' = u''(x)v(x) + 2u'(x)v'(x) + u(x)v''(x)$$
$$\{u(x)v(x)\}''' = u'''(x)v(x) + 3u''(x)v'(x) + 3u'(x)v''(x) + u(x)v'''(x)$$

のように，二項定理

$$(u+v)^n = \sum_{k=0}^{n} {}_n\mathrm{C}_k \cdot u^k \cdot v^{n-k}$$

と同じ法則性が見える．ライプニッツの定理の厳密な証明は問とするが，数学的帰納法を使って証明することができる．

問 3.16 定理 3.13 を証明せよ．(ヒント：${}_m\mathrm{C}_{k-1} + {}_m\mathrm{C}_k = {}_{m+1}\mathrm{C}_k$)

例題 3.23 $f(x) = x^3 e^x$ の第 n 次導関数を求めよ．

解答 $u(x) = x^3, v(x) = e^x$ として，ライプニッツの定理を用いれば，

$$f^{(n)}(x) = \sum_{k=0}^{n} {}_n\mathrm{C}_k \cdot (x^3)^{(k)} \cdot (e^x)^{(n-k)}$$

である．ここで，指数関数 e^x は何回微分しても e^x であるから，$(e^x)^{(n-k)} = e^x$ である．一方，x^3 は，$(x^3)' = 3x^2, (x^3)'' = 6x, (x^3)''' = 6$ となり，4 次以上の導関数はすべて 0 となる．したがって，和は $k = 0, 1, 2, 3$ まで計算すればよい．よって，

$$\begin{aligned}
f^{(n)}(x) &= \sum_{k=0}^{n} {}_n\mathrm{C}_k \cdot (x^3)^{(k)} \cdot (e^x)^{(n-k)} \\
&= {}_n\mathrm{C}_0 \cdot x^3 \cdot e^x + {}_n\mathrm{C}_1 \cdot 3x^2 \cdot e^x + {}_n\mathrm{C}_2 \cdot 6x \cdot e^x + {}_n\mathrm{C}_3 \cdot 6 \cdot e^x \\
&= x^3 e^x + 3nx^2 e^x + 3n(n-1)xe^x + n(n-1)(n-2)e^x \\
&= \left\{ x^3 + 3nx^2 + 3n(n-1)x + n(n-1)(n-2) \right\} e^x
\end{aligned}$$

問 3.17 $f(x) = xe^{2x}$ の第 n 次導関数を求めよ．

3.10 平均値の定理

定理 3.14 [ロルの定理] 関数 $f(x)$ が閉区間 $[a,b]$ で連続で，開区間 (a,b) で微分可能であるとする．さらに，

$$f(a) = f(b) = 0$$

であるとき，

$$f'(c) = 0, \quad a < c < b$$

を満たす c が存在する．

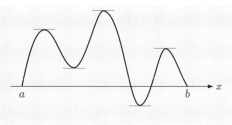

図 3.6

証明 閉区間 $[a,b]$ における $f(x)$ の最大値を M, 最小値を m として, 次の3つの場合に分けて考える.

$[m = M = 0$ のとき$]$ つねに $f(x) = 0$ なので, その導関数も $f'(x) = 0$ である.

$[M > 0$ のとき$]$ $x = c$ において最大値, つまり $f(c) = M$ となる点 c が区間 (a,b) にあり, $f(x) \leqq f(c)$ である. 定理の条件から $x = c$ における微分係数は存在し, その値は
$$f'(c) = \lim_{x \to c} \frac{f(x) - f(c)}{x - c}$$
である. ここで, $f(x) - f(c) = f(x) - M \leqq 0$ であるから,

$x > c$ のとき, $\dfrac{f(x) - f(c)}{x - c} \leqq 0$ なので, $f'(c) \leqq 0$ が成立している.

$x < c$ のとき, $\dfrac{f(x) - f(c)}{x - c} \geqq 0$ なので, $f'(c) \geqq 0$ が成立している.

つまり, $f'(c) = 0$ である.

$[m < 0$ のとき$]$ $x = c$ において最小値, つまり $f(c) = m$ となる点 c が区間 (a,b) にあり, $f(x) \geqq f(c)$ である. 後は, $M > 0$ のときと同様にして, $x = c$ における微分係数が $f'(c) = 0$ であることが証明できる. ∎

ロルの定理の証明から, 区間の内部において最大値 (もしくは最小値) が存在すれば, その点における導関数の値が 0 になることを示している. また, 導関数の値は接線の傾きを与えていることから, その点での接線は傾き 0, つまり図 3.6 のように x 軸と平行であることを示している.

定理 3.15 [平均値の定理]   関数 $f(x)$ が閉区間 $[a,b]$ で連続で, 開区間 (a,b) で微分可能であるとする. このとき,
$$\frac{f(b) - f(a)}{b - a} = f'(c), \qquad a < c < b$$

を満たす c が存在する.

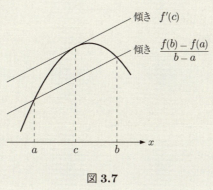

図 3.7

証明 証明は次の 3 段階で行う.

(1) 2 点 $(a, f(a)), (b, f(b))$ を通る直線の方程式 $y = g(x)$ を求める.
(2) $F(x) = f(x) - g(x)$ とおくと, $F(x)$ がロルの定理の仮定を満たしていることを示す.
(3) $F'(x) = 0$ の式から平均値の定理の式を導く.

(1) 2 点 $(a, f(a)), (b, f(b))$ を通る直線の方程式は次のようになる.
$$y = \frac{f(b) - f(a)}{b - a}(x - a) + f(a)$$

(2) $F(x) = f(x) - \left\{ \dfrac{f(b) - f(a)}{b - a}(x - a) + f(a) \right\}$ とおく.

・$F(x)$ が連続であることと, 微分可能であることは明らか.
・$F(a) = f(a) - f(a) = 0$, $F(b) = f(b) - \{f(b) - f(a) + f(a)\} = 0$ となるので,
$$F(a) = F(b) = 0$$

よって, ロルの定理の仮定を満たすので, $a < c < b$ を満たす c で, $F'(c) = 0$ となる c が存在する.

(3) $F(x)$ の導関数を求めると
$$F'(x) = \left\{ f(x) - \frac{f(b) - f(a)}{b - a}(x - a) - f(a) \right\}' = f'(x) - \frac{f(b) - f(a)}{b - a}$$

であるから, (2) で得た c に対して
$$f'(c) - \frac{f(b) - f(a)}{b - a} = 0$$

が成立している. 式を移項すれば,
$$\frac{f(b) - f(a)}{b - a} = f'(c)$$

を得る.

平均値の定理 (定理 3.15) を用いると, 次の定理が得られる.

定理 3.16 [$f'(x) = 0$ である関数]　区間 (a,b) において, つねに $f'(x) = 0$ であれば, $f(x)$ は定数関数 $f(x) = C$ (C は定数) である.

証明　区間 (a,b) において, 任意の 2 点 α, β ($\alpha < \beta$) をとる. このとき, 平均値の定理より,
$$\frac{f(\beta) - f(\alpha)}{\beta - \alpha} = f'(c)$$
を満たす点 c が $\alpha < c < \beta$ に存在する. 定理の仮定より, $f'(c) = 0$ であるから, $f(\beta) - f(\alpha) = 0$ である. つまり, $f(\alpha) = f(\beta)$ が区間内の任意の 2 点で成立しているので, $f(x)$ は定数関数である. ∎

問 3.18　$f(x) = x^3 + x^2 - 1$ とする. $a = -1, b = 1$ としたとき, 平均値の定理を満たす c の値を求めよ.

平均値の定理の一般化として, 次の定理が成立する.

定理 3.17 [コーシーの平均値の定理]　関数 $f(x), g(x)$ が閉区間 $[a,b]$ で連続で, 開区間 (a,b) で微分可能であるとする. さらに, $g'(x) \neq 0$ であるとき,
$$\frac{f(b) - f(a)}{g(b) - g(a)} = \frac{f'(c)}{g'(c)}, \qquad a < c < b$$
を満たす c が存在する.

証明　次のように $F(x)$ をおく.
$$F(x) = f(x) - \frac{f(b) - f(a)}{g(b) - g(a)} \cdot g(x) - \frac{f(a)g(b) - f(b)g(a)}{g(b) - g(a)}$$
$F(x)$ は微分可能で, $F(a) = F(b) = 0$ である. つまり, ロルの定理の条件を満たしているので, $F'(c) = 0$ を満たす c が $a < c < b$ の範囲で存在する. ここで, $F(x)$ の導関数は
$$F'(x) = f'(x) - \frac{f(b) - f(a)}{g(b) - g(a)} \cdot g'(x)$$
であるから,
$$f'(c) - \frac{f(b) - f(a)}{g(b) - g(a)} \cdot g'(c) = 0$$
この式を整理すると定理が得られる. ∎

3.11 関数の増減と極値

3.11.1 関数の増減

関数 $f(x)$ について，区間 I の任意の 2 点 x_1, x_2 $(x_1 < x_2)$ において，つねに $f(x_1) < f(x_2)$ が成り立つとき，$f(x)$ は区間 I で**増加**しているといい，つねに $f(x_1) > f(x_2)$ が成り立つとき，$f(x)$ は区間 I で**減少**しているという．

平均値の定理から，関数の増減と導関数の符号に関する次の定理が得られる．

定理 3.18 [関数の増減と導関数]　関数 $f(x)$ が区間 I で微分可能であるとき，
(1) 区間 I でつねに $f'(x) > 0$ ならば，$f(x)$ は区間 I で増加している．
(2) 区間 I でつねに $f'(x) < 0$ ならば，$f(x)$ は区間 I で減少している．

証明　ここでは (1) のみ証明する．
区間 I 内に任意の 2 点 x_1, x_2 $(x_1 < x_2)$ をとる．平均値の定理 (定理 3.15) より
$$\frac{f(x_2) - f(x_1)}{x_2 - x_1} = f'(c), \qquad x_1 < c < x_2$$
を満たす c が存在する．定理の仮定より，$f'(c) > 0$ である．さらに，$x_2 - x_1 > 0$ なので，$f(x_2) > f(x_1)$ が成立している．よって，$f(x)$ は区間 I で増加している．　■

問 3.19　同様の方法で定理の (2) を証明せよ．

3.11.2 関数の極大・極小

関数 $f(x)$ が $x = c$ の近くで，つねに $f(x) > f(c)$ $(x \neq c)$ を満たすとき，$f(x)$ は $x = c$ で**極小**であるといい，$f(c)$ を**極小値**という．同様に，$x = c$ の近くで，つねに $f(x) < f(c)$ $(x \neq c)$ を満たすとき，$f(x)$ は $x = c$ で**極大**であるといい，$f(c)$ を**極大値**という．極大値と極小値をまとめて**極値**という．

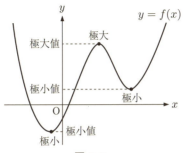

図 3.8

定理 3.19 [極値と微分係数] 微分可能な関数 $f(x)$ が $x = c$ において極値をとるならば, $f'(c) = 0$ が成立する.

証明 極値の定義より, $x = c$ の近くで考えると, $x = c$ で $f(x)$ は最大値もしくは最小値をとる. ロルの定理 (定理 3.14) の証明と同様にして, 最大値もしくは最小値をとる点では $f'(c) = 0$ である. ∎

注. 微分可能ではない点において極値をとることがある. たとえば, 定理 3.2 の後にある注のように, $f(x) = |x|$ は $x = 0$ で微分可能ではないが, 極小値をとる.

$f(x)$ は, $f'(c) = 0$ となるすべての点 c で極値をとるとは限らない. 実際に極値をとるかどうかの判定法として次の 2 つの定理がある.

定理 3.20 [極大・極小の判定 1] 関数 $f(x)$ が微分可能で, $f'(x)$ が連続とする. さらに $f'(c) = 0$ であるとき,
(1) $f'(x)$ の値が $x = c$ の前後で正から負に変わるとき, $f(x)$ は $x = c$ で極大値をとる.
(2) $f'(x)$ の値が $x = c$ の前後で負から正に変わるとき, $f(x)$ は $x = c$ で極小値をとる.
(3) $f'(x)$ の値が $x = c$ の前後で符号が変わらないとき, $f(x)$ は $x = c$ で極値をとらない.

証明 (1) $x < c$ の範囲で $f'(x) > 0$ であるから, 定理 3.18 の証明と同様にして $f(x) < f(c)$ が成立している. 同様に, $x > c$ の範囲で $f'(x) < 0$ であるから, $f(x) < f(c)$ が成立している. つまり, $x = c$ の近くで $f(x) < f(c)$ が成立しているので, $f(x)$ は $x = c$ で極大値をとる.
(2) と (3) も, (1) と同様に証明できる. ∎

また, 次の定理を使うと, $x = c$ の近くの導関数の符号の変化を調べずに, 判定を行うことができる.

定理 3.21 [極大・極小の判定 2] 関数 $f(x)$ に対して，c の近くで第 n 次導関数 $f^{(n)}(x)$ が存在し，連続であるとする．さらに，
$$f'(c) = f''(c) = f'''(c) = \cdots = f^{(n-1)}(c) = 0 \ , \ f^{(n)}(c) \neq 0$$
であるとする．このとき，
- n が奇数であれば $f(x)$ は $x = c$ で極値をとらない．
- n が偶数であれば $f(x)$ は $x = c$ で極値をとる．このとき，さらに，$f^{(n)}(c) > 0$ であれば極小となり，$f^{(n)}(c) < 0$ であれば極大となる．

証明 この定理の証明には 3.12 節のテイラーの定理が必要である．

$f(x)$ に対して，$x = c$ でテイラーの定理 (定理 3.22, 公式 3.8) を用いると
$$f(x) = \sum_{k=0}^{n-1} \frac{f^{(k)}(c)}{k!}(x-c)^k + \frac{f^{(n)}(c^*)}{n!}(x-c)^n$$
を満たす c^* が x と c の間に存在する．定理の仮定より $f'(c) = f''(c) = f'''(c) = \cdots = f^{(n-1)}(c) = 0$ なので
$$f(x) = f(c) + \frac{f^{(n)}(c^*)}{n!}(x-c)^n$$
定義より，$x = c$ で極大値をとるためには，$x = c$ の近くで，つねに $f(x) < f(c)$ $(x \neq c)$ が成立していればよい．つまり
$$\frac{f^{(n)}(c^*)}{n!}(x-c)^n < 0$$
がつねに成り立っていればよい．同様に $x = c$ で極小値をとるためには，$x = c$ の近くで，つねに $f(x) > f(c)$ $(x \neq c)$ が成立していればよい．つまり
$$\frac{f^{(n)}(c^*)}{n!}(x-c)^n > 0$$
がつねに成り立っていればよい．

ここで，$f^{(n)}(x)$ は連続で $f^{(n)}(c) \neq 0$ であるから，$x = c$ の近くで $f^{(n)}(x)$ の符号は変化しないので，

[n が奇数の場合] $(x-c)^n$ は，$x < c$ のとき $(x-c)^n < 0$ であり，$x > c$ のとき $(x-c)^n > 0$ であるから，極値であるための条件を満たさない．つまり，$x = c$ で極値をとらない．

[n が偶数の場合] $x \neq c$ のとき，$(x-c)^n > 0$ であるから，

$f^{(n)}(c^*) > 0$ のとき，$\dfrac{f^{(n)}(c^*)}{n!}(x-c)^n > 0$ なので，$x = c$ で極小値をとる．

$f^{(n)}(c^*) < 0$ のとき，$\dfrac{f^{(n)}(c^*)}{n!}(x-c)^n < 0$ なので，$x = c$ で極大値をとる．

ある点において,導関数が 0 であれば,極値をとる可能性がある.実際にその点が極値をとるかどうかの判定は,定理 3.20 を使って導関数の符号を調べるか,定理 3.21 を使って高次導関数の値を調べればよい.

例題 3.24 関数 $f(x) = x^4 - 2x^3 + 2x + 1$ の極値を求めよ.

解答 最初に,極値をとる点の候補を調べるために,$f'(x) = 0$ となる点を求める. $f'(x) = 4x^3 - 6x^2 + 2$ であるから,
$$4x^3 - 6x^2 + 2 = 0$$
を満たす点が極値をとる点の候補である.実際に,3 次方程式を解くと,
$$2(2x+1)(x-1)^2 = 0$$
より,$x = 1, -\dfrac{1}{2}$ が極値をとる点の候補である.

実際にこの 2 点で極値をとるかどうかを判定するために,定理 3.20 または定理 3.21 を適用する.

[定理 3.20 を使う方法] $f'(x)$ の符号と,$f(x)$ の増加 (↗) と減少 (↘) を表にすると次のようになる.このように関数の増減に関する表を**増減表**という.

x	$\cdots$	$-\dfrac{1}{2}$	$\cdots$	1	$\cdots$
$f'(x)$	$-$	0	$+$	0	$+$
$f(x)$	↘	$\dfrac{5}{16}$	↗	2	↗

したがって,$x = -\dfrac{1}{2}$ で極小値をとり,$x = 1$ では極値をとらない.

[定理 3.21 を使う方法] 第 2 次導関数 $f''(x)$ と第 3 次導関数 $f'''(x)$ は
$$f''(x) = 12x^2 - 12x, \quad f'''(x) = 24x - 12$$
であるから,定理 3.21 を使って判定すると,$x = -\dfrac{1}{2}$ では
$$f''\left(-\dfrac{1}{2}\right) = 12 \cdot \left(-\dfrac{1}{2}\right)^2 - 12 \cdot \left(-\dfrac{1}{2}\right) = 3 + 6 = 9$$
より極小である.また,$x = 1$ では
$$f''(1) = 12 \cdot 1^2 - 12 \cdot 1 = 0, \quad f'''(1) = 24 \cdot 1 - 12 = 12 \neq 0$$
より,奇数次の導関数の値がはじめて 0 でなくなるので,極値をとらない.

いずれの定理を使っても,関数 $f(x)$ は $x = -\dfrac{1}{2}$ のとき極小値 $f\left(-\dfrac{1}{2}\right) = \dfrac{5}{16}$ をとることがわかる.

図 3.9 は $y = x^4 - 2x^3 + 2x + 1$ のグラフであるが, $x = -\dfrac{1}{2}$ で極小になっていることがわかる. $x = 1$ のとき, 導関数が 0 となるので, $x = 1$ における接線の傾きは 0 になるが, 関数は増加し続けているため, 極値にはならない.

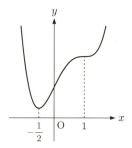

図 3.9 $y = x^4 - 2x^3 + 2x + 1$ のグラフ

例題 3.25 関数 $f(x) = \log(1 + x^2) - x^2$ の極値を求めよ.

解答 最初に, 極値をとる点の候補を調べるために, $f'(x) = 0$ となる点を求める. $f'(x) = -\dfrac{2x^3}{1 + x^2}$ であるから, 極値をとる点の候補は $x = 0$ のみである.

実際に $x = 0$ で極値をとるかどうかの判定法を 2 通り示す.

[定理 3.20 を使う方法] $f'(x)$ の符号と, $f(x)$ の増加 ($\nearrow$) と減少 ($\searrow$) を表にすると次のようになる.

x	$\cdots$	0	$\cdots$
$f'(x)$	$+$	0	$-$
$f(x)$	$\nearrow$	0	$\searrow$

したがって, $x = 0$ で極大値 $f(0) = 0$ をとる.

[定理 3.21 を使う方法] 第 2 次導関数 $f''(x)$ から第 4 次導関数 $f^{(4)}(x)$ を求めると,

$$f''(x) = -\frac{2x^2(x^2 + 3)}{(1 + x^2)^2}, \quad f^{(3)}(x) = \frac{4x(x^2 - 3)}{(1 + x^2)^3}$$

$$f^{(4)}(x) = -\frac{12(x^4 - 6x^2 + 1)}{(1 + x^2)^4}$$

となる. 定理 3.21 を使って判定すると

$$f''(0) = 0, \quad f^{(3)}(0) = 0, \quad f^{(4)}(0) = -12$$

より, $x = 0$ において偶数次の導関数がはじめて 0 でない値をとり, その値が負なので, $x = 0$ で極大値 $f(0) = 0$ をとる.

図 3.10 は $y = \log(1+x^2) - x^2$ のグラフであるが,$x=0$ で極大になっていることがわかる.

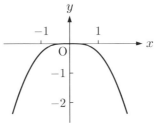

図 3.10 $y = \log(1+x^2) - x^2$ のグラフ

問 3.20 次の関数の極値を求めよ.
(1) $f(x) = 2x^3 + 3x^2 - 12x - 7$ (2) $f(x) = x^4 - 2x^3 + 2x + 5$
(3) $f(x) = x^2(x-1)^3$ (4) $f(x) = xe^{-x}$

3.11.3 グラフの凹凸

2 次関数のグラフを考える.たとえば,関数 $y = x^2$ のグラフのような形を下に凸であるといい,関数 $y = -x^2$ のグラフのような形を上に凸であるという.

一般の関数 $y = f(x)$ のグラフの場合は,グラフ上に任意の 2 点 P, Q をとるとき,P と Q の間で,図 3.11 のように,グラフがすべて線分 PQ より下にあるとき,グラフは下に凸であるといい,図 3.12 のように,グラフがすべて線分 PQ より上にあるとき,グラフは上に凸であるという.

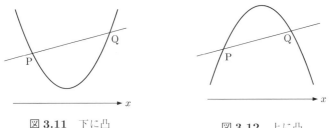

図 3.11 下に凸   **図 3.12** 上に凸

下に凸のグラフでは,x とともに接線の傾きが増加する.また,上に凸のグラフでは x とともに接線の傾きが減少する.よって,$f''(x)$ が存在するとき,定理 3.18 より,区間 I においてつねに $f''(x) > 0$ ならば,$f'(x)$ は区間 I で増加する

ので, $f(x)$ のグラフは下に凸である. 同様に, 区間 I においてつねに $f''(x) < 0$ ならば, $f'(x)$ は区間 I で減少するので, $f(x)$ のグラフは上に凸である.

また, $f''(x)$ の符号が変わる点を**変曲点**という. 変曲点ではグラフの凹凸が, 上に凸から下に凸へ, もしくは下に凸から上に凸へと変化している.

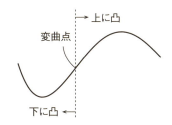

図 3.13 上に凸・下に凸・変曲点の例

3.11.4 関数のグラフ

一般の関数 $f(x)$ のグラフの概形をかくためには, 関数の値の増減とグラフの凹凸を調べるとよい. つまり, 導関数 $f'(x)$ と第 2 次導関数 $f''(x)$ の符号を調べることが重要になる. $f(x)$ の概形をかくとき, 次の順に調べるとよい.

(1) 導関数 $f'(x)$ および第 2 次導関数 $f''(x)$ を求める.

(2) $f'(x) = 0$ となる x の値を求め, $f'(x)$ の符号を調べる.
(極値をとる点の候補の点を探し, 関数の増減を調べる.)

(3) $f''(x) = 0$ となる x の値を求め, $f''(x)$ の符号を調べる.
(変曲点の候補を探し, グラフの凹凸を調べる.)

(4) 関数の定義域と, 定義域の端の極限を調べる.

(5) (2)〜(4) の結果をまとめて, 増減表を書く.
増減や凹凸なども書き加える.

(6) 可能であれば, x 軸や y 軸との交点を求める.
($f(x) = 0$ を満たす x の値と $f(0)$ の値を求める.)

(7) 増減表をもとにグラフをかく.

例題 3.26 $f(x) = x^3 - 6x^2 + 9x - 2$ の極値を求め，グラフの概形をかけ．

解答 前述の順番どおりにグラフをかく．

(1) $f(x)$ の導関数および第 2 次導関数を求めると，
$$f'(x) = 3x^2 - 12x + 9 = 3(x-3)(x-1)$$
$$f''(x) = 6x - 12 = 6(x-2)$$

(2) $f'(x) = 0$ となる点は，$x = 1, 3$ の 2 点．

(3) $f''(x) = 0$ となる点は，$x = 2$ の 1 点．

(4) 関数の定義域は $(-\infty, \infty)$ なので，$x \to \pm\infty$ の極限を求めると，
$$\lim_{x \to -\infty}(x^3 - 6x^2 + 9x - 2) = -\infty ,\quad \lim_{x \to \infty}(x^3 - 6x^2 + 9x - 2) = \infty$$

(5) 今までの結果から $f'(x) = 0, f''(x) = 0$ となる x の値を小さい順に並べると，$x = 1, 2, 3$ である．その間の $f'(x), f''(x)$ の値の符号を調べ，増減表を作ると次のとおりである．

x	$-\infty$	$\cdots$	1	$\cdots$	2	$\cdots$	3	$\cdots$	$+\infty$
$f'(x)$		+	0	−	−	−	0	+	
$f''(x)$		−	−	−	0	+	+	+	
$f(x)$	$-\infty$	⤴	極大	⤵	変曲点	↘	極小	↗	$+\infty$

記号：関数が増加するとき，グラフが下に凸ならば ↗，上に凸ならば ⤴
関数が減少するとき，グラフが下に凸ならば ↘，上に凸ならば ⤵

増減表から明らかなように，$f(x)$ は $x = 1$ のとき極大値 $f(1) = 2$ をとり，$x = 3$ のとき極小値 $f(3) = -2$ をとる．また，$(2, 0)$ が変曲点である．

(6) グラフと x 軸との交点の x 座標の値は $x^3 - 6x^2 + 9x - 2 = 0$ の解なので，方程式を解くと $x = 2 - \sqrt{3}, 2, 2 + \sqrt{3}$ である．y 軸との交点の y 座標は $y = f(0) = -2$ である．

(7) 増減表を見てグラフをかくと，図 3.14 のようになる．

3.11 関数の増減と極値　77

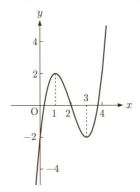

図 3.14　$f(x) = x^3 - 6x^2 + 9x - 2$ のグラフ

例題 3.27　$f(x) = \dfrac{x^3 + 3x - 1}{2x^2}$ の極値を求め，グラフの概形をかけ．

解答　前述の順番どおりにグラフをかく．

(1) $f(x)$ の導関数および第 2 次導関数を求めると，

$$f'(x) = \frac{x^3 - 3x + 2}{2x^3} = \frac{(x-1)^2(x+2)}{2x^3}$$

$$f''(x) = \frac{3x - 3}{x^4} = \frac{3(x-1)}{x^4}$$

(2) $f'(x) = 0$ となる点は，$x = -2, 1$ の 2 点．

(3) $f''(x) = 0$ となる点は，$x = 1$ の 1 点．

(4) 関数の定義域は，分母が 0 になる $x = 0$ を除く実数全体である．
　$x \to \pm\infty$ の極限を求めると，

$$\lim_{x \to -\infty} \frac{x^3 + 3x - 1}{2x^2} = -\infty, \quad \lim_{x \to \infty} \frac{x^3 + 3x - 1}{2x^2} = \infty$$

分母が 0 になる $x = 0$ における極限を求めると次のとおり：

$$\lim_{x \to -0} \frac{x^3 + 3x - 1}{2x^2} = -\infty, \quad \lim_{x \to +0} \frac{x^3 + 3x - 1}{2x^2} = -\infty$$

(5) 今までの結果から，$f'(x) = 0, f''(x) = 0$ となる x の値と分母が 0 になる x の値を小さい順に並べると，$x = -2, 0, 1$ の 3 点である．その間の $f'(x), f''(x)$ の値の符号を調べ，増減表を作ると次のとおりである．

x	$-\infty$	$\cdots$	-2	$\cdots$	0	$\cdots$	1	$\cdots$	$+\infty$
$f'(x)$		$+$	0	$-$	/	$+$	0	$+$	
$f''(x)$		$-$	$-$	$-$	/	$-$	0	$+$	
$f(x)$	$-\infty$	↗	極大	↘	/	↗	変曲点	↗	$+\infty$

増減表から明らかなように,$f(x)$ は $x=-2$ のとき極大値 $f(-2)=-\dfrac{15}{8}$ をとる. また, $\left(1,\dfrac{3}{2}\right)$ が変曲点である.

(6) グラフと x 軸との交点の x 座標の値は,関数の連続性から 0 と 1 の間にある. y 軸とは交わらない.

(7) 増減表を見てグラフをかくと, 図 3.15 のようになる.

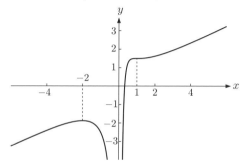

図 3.15 $f(x) = \dfrac{x^3 + 3x - 1}{2x^2}$ のグラフ

問 3.21 次の関数の極値を求め,グラフの概形をかけ.

(1) $f(x) = x^3 + 2x^2 + x$ (2) $f(x) = (x-2)(x+2)^3$ (3) $f(x) = \dfrac{1}{x^2-1}$

(4) $f(x) = \dfrac{5x^3 + 4x}{4x^2 - 4}$ (5)★ $f(x) = x^2 e^{-x}$

3.12 テイラーの定理とその応用

定理 3.22 [テイラーの定理] 関数 $f(x)$ について, $f^{(n)}(x)$ が閉区間 $[a,b]$ で連続で, さらに $f^{(n)}(x)$ が開区間 (a,b) で微分可能であるとき,

$$f(b) = \sum_{k=0}^{n} \frac{f^{(k)}(a)}{k!}(b-a)^k + R_{n+1}$$

$$= f(a) + f'(a)(b-a) + \frac{f''(a)}{2!}(b-a)^2 + \cdots + \frac{f^{(n)}(a)}{n!}(b-a)^n + R_{n+1}$$

とおけば

$$R_{n+1} = \frac{f^{(n+1)}(c)}{(n+1)!}(b-a)^{n+1}$$

を満たす c が $a < c < b$ に存在する. (R_{n+1} を**剰余項**という.)

証明 K を定数として

$$F(x) = f(b) - \left\{ \sum_{k=0}^{n} \frac{f^{(k)}(x)}{k!}(b-x)^k + \frac{K}{(n+1)!}(b-x)^{n+1} \right\} \cdots\cdots ①$$

$$= f(b) - \left\{ f(x) + f'(x)(b-x) + \frac{f''(x)}{2!}(b-x)^2 + \cdots \right.$$

$$\left. + \frac{f^{(n)}(x)}{n!}(b-x)^n + \frac{K}{(n+1)!}(b-x)^{n+1} \right\}$$

とおくと, $F(b) = 0$ である. ロルの定理を使うため, $F(a) = 0$ を満たすように定数 K を定める. また, 導関数 $F'(x)$ を計算すると次のようになる.

$$F'(x) = -f'(x) - \{-f'(x) + f''(x)(b-x)\}$$

$$- \left\{ -f''(x)(b-x) + \frac{f'''(x)}{2!}(b-x)^2 \right\} + \cdots$$

$$- \left\{ -\frac{f^{(n)}(x)}{(n-1)!}(b-x)^{n-1} + \frac{f^{(n+1)}(x)}{n!}(b-x)^n \right\} + K\frac{(b-x)^n}{n!}$$

この式を整理すると, 次のようにまとめることができる.

$$F'(x) = -\frac{f^{(n+1)}(x)}{n!}(b-x)^n + \frac{K}{n!}(b-x)^n$$

ここで, $F(x)$ に対して, ロルの定理 (定理 3.14) を適用すると, $F'(c) = 0$ を満たす点 c が $a < c < b$ の範囲に存在するから, この c に対して

$$F'(c) = -\frac{f^{(n+1)}(c)}{n!}(b-c)^n + \frac{K}{n!}(b-c)^n = 0$$

が成り立つ. よって, $K = f^{(n+1)}(c)$ である. この K の値を ① に代入し, $x = a$ を代入すると,

$$F(a) = f(b) - \left\{ \sum_{k=0}^{n} \frac{f^{(k)}(a)}{k!}(b-a)^k + \frac{f^{(n+1)}(c)}{(n+1)!}(b-a)^{n+1} \right\}$$

である. $F(a) = 0$ であるから, 定理を得る. ∎

注. 平均値の定理 (定理 3.15) はテイラーの定理の $n=0$ の場合である.

テイラーの定理は, $b<a$ の場合でも同じように証明することができる. b を x に置き換え, c を $a+\theta(x-a)$ $(0<\theta<1)$ と表すことによって, 次の公式が成立する.

公式 3.8

関数 $f(x)$ について, $x=a$ の近くで $f^{(n+1)}(x)$ が存在するならば,

$$f(x) = \sum_{k=0}^{n} \frac{f^{(k)}(a)}{k!}(x-a)^k + R_{n+1}$$

$$= f(a) + f'(a)(x-a) + \frac{f''(a)}{2!}(x-a)^2 + \cdots + R_{n+1}$$

とおけば

$$R_{n+1} = \frac{f^{(n+1)}(a+\theta(x-a))}{(n+1)!}(x-a)^{n+1}$$

を満たす θ が $0<\theta<1$ に存在する.

公式 3.8 において, $f(x)$ が a の近くで何回でも微分可能で, 剰余項 R_{n+1} が $n \to \infty$ のとき 0 に収束する場合, $f(x)$ は次のような無限級数で表される. この級数を $f(x)$ の $x=a$ における**テイラー展開**という.

公式 3.9 [テイラー展開]

$$f(x) = \sum_{k=0}^{\infty} \frac{f^{(k)}(a)}{k!}(x-a)^k$$

$$= f(a) + f'(a)(x-a) + \frac{f''(a)}{2!}(x-a)^2 + \cdots + \frac{f^{(n)}(a)}{n!}(x-a)^n + \cdots$$

また, 公式 3.8 において $a=0$ とおくと次の定理を得る.

定理 3.23 [マクローリンの定理] 関数 $f(x)$ について, $x=0$ の近くで $f^{(n+1)}(x)$ が存在するならば,

$$f(x) = \sum_{k=0}^{n} \frac{f^{(k)}(0)}{k!}x^k + R_{n+1}$$

$$= f(0) + f'(0)x + \frac{f''(0)}{2!}x^2 + \cdots + \frac{f^{(n)}(0)}{n!}x^n + R_{n+1}$$

とおけば

$$R_{n+1} = \frac{f^{(n+1)}(\theta x)}{(n+1)!}x^{n+1}$$

を満たす θ が $0 < \theta < 1$ に存在する．

テイラー展開と同様にして，マクローリンの定理において $\lim_{n \to \infty} R_{n+1} = 0$ のとき，次のマクローリン展開が得られる．

公式 3.10 [マクローリン展開]

$$f(x) = \sum_{k=0}^{\infty} \frac{f^{(k)}(0)}{k!} x^k$$
$$= f(0) + f'(0)x + \frac{f''(0)}{2!}x^2 + \cdots + \frac{f^{(n)}(0)}{n!}x^n + \cdots$$

剰余項が 0 に収束することを証明することは困難なことが多いが，次の条件を満たす場合は 0 に収束する．

定理 3.24 [剰余項の収束]　r を正の定数としたとき，$f(x)$ が $|x-a| < r$ で何回でも微分可能とする．このとき，

$$|f^{(k)}(x)| \leqq M$$

を満たすような，x, k に関係しない定数 M が存在すれば，$f(x)$ は $|x-a| < r$ の範囲でテイラー展開可能である．

証明　仮定より，剰余項 R_{n+1} は

$$|R_{n+1}| \leqq \frac{M}{(n+1)!} |x-a|^{n+1} \leqq M \cdot \frac{r^{n+1}}{(n+1)!}$$

となる．ここで，m を $m > r$ を満たす自然数とすると

$$|R_{n+1}| \leqq M \cdot \frac{r^{m-1}}{(m-1)!} \cdot \left(\frac{r}{m}\right)^{n-m+2}$$

である．m のとり方から $\dfrac{r}{m} < 1$ であるから，定理 1.3 より

$$\left|\lim_{n \to \infty} R_{n+1}\right| \leqq \lim_{n \to \infty} |R_{n+1}| \leqq \lim_{n \to \infty} M \cdot \frac{r^{m-1}}{(m-1)!} \cdot \left(\frac{r}{m}\right)^{n-m+2} = 0$$

である．よって，剰余項は 0 に収束している．

例題 3.28 $f(x) = e^x$ をマクローリン展開せよ．

解答 $f^{(n)}(x) = \left(e^x\right)^{(n)} = e^x$ なので，$f^{(n)}(0) = e^0 = 1$ である．よって，マクローリン展開は

$$e^x = \sum_{k=0}^{\infty} \frac{x^k}{k!} = 1 + \frac{x}{1!} + \frac{x^2}{2!} + \cdots + \frac{x^n}{n!} + \cdots$$

$f(x) = e^x$ におけるマクローリンの定理の剰余項は，任意の正の数 r に対して $|x| < r$ の範囲で，$|f^{(k)}(x)| = |e^x| < e^r$ であるから，定理 3.24 の条件を満たしている．剰余項が 0 に収束するとき，テイラー展開した式の n 次の項までの和の値は $f(x)$ の近似値になっている．実際に $e = e^1$ の近似値として，マクローリン展開した式の n 次の項 ($n = 3, 4, 5, 9$) までの和の値を計算すると

$n = 3$ までの和：$1 + \dfrac{1}{1} + \dfrac{1}{2} + \dfrac{1}{6} = \dfrac{8}{3} = 2.666666\cdots$

$n = 4$ までの和：$1 + \dfrac{1}{1} + \dfrac{1}{2} + \dfrac{1}{6} + \dfrac{1}{24} = \dfrac{65}{24} = 2.708333\cdots$

$n = 5$ までの和：$1 + \dfrac{1}{1} + \dfrac{1}{2} + \dfrac{1}{6} + \dfrac{1}{24} + \dfrac{1}{120} = \dfrac{163}{60} = 2.716666\cdots$

$n = 9$ までの和：$1 + \dfrac{1}{1} + \dfrac{1}{2} + \cdots + \dfrac{1}{362880} = \dfrac{98641}{36288} = 2.71828152\cdots$

となる．このように項の数を増やしていくと，真の値 $e = 2.71828182845\cdots$ に近づいていく．

例題 3.29 $f(x) = \sin x$ をマクローリン展開せよ．

解答 $f^{(n)}(x) = (\sin x)^{(n)}$ は 3.9.1 項の例より，

$$(\sin x)^{(n)} = \begin{cases} \cos x & (n = 4k+1) \\ -\sin x & (n = 4k+2) \\ -\cos x & (n = 4k+3) \\ \sin x & (n = 4k) \end{cases} \quad (k \geqq 0)$$

なので，$f^{(n)}(0)$ の値は，$0 \to 1 \to 0 \to -1 \to \cdots$ のように繰り返す．よって，マクローリン展開は，$k = 2j+1$ とおくと，

$$\sin x = \sum_{j=0}^{\infty} \frac{(-1)^j}{(2j+1)!} x^{2j+1} = \frac{x}{1!} - \frac{x^3}{3!} + \frac{x^5}{5!} - \cdots$$

$f(x) = \sin x$ におけるマクローリンの定理の剰余項は, 任意の x に対して $|f^{(k)}(x)| \leqq 1$ であるから, 定理 3.24 の条件を満たしている. 実際に, $\sin 1$ の近似値として, マクローリン展開した式の n 次の項 ($n = 3, 5, 7$) までの和の値を計算すると

$n = 3$ までの和: $\dfrac{1}{1} - \dfrac{1}{6} = \dfrac{5}{6} = 0.8333333\cdots$

$n = 5$ までの和: $\dfrac{1}{1} - \dfrac{1}{6} + \dfrac{1}{120} = \dfrac{101}{120} = 0.8416666\cdots$

$n = 7$ までの和: $\dfrac{1}{1} - \dfrac{1}{6} + \dfrac{1}{120} - \dfrac{1}{5040} = \dfrac{4241}{5040} = 0.8414682\cdots$

となる. このように項の数を増やしていくと, 真の値 $\sin 1 = 0.8414709\cdots$ に近づいていく. $\sin x$ に関しては, x が 0 に近いとき, $n = 1$ までのマクローリン展開の結果を使って, $\sin x \fallingdotseq x$ とすることがある.

例題 3.30　$f(x) = \dfrac{1}{x+1}$ をマクローリン展開せよ.

解答　例題 3.22 より,

$$f^{(n)}(x) = \left(\dfrac{1}{x+1}\right)^{(n)} = \dfrac{(-1)^n \cdot n!}{(x+1)^{n+1}}$$

なので, $f^{(n)}(0) = (-1)^n \cdot n!$ である. よって, マクローリン展開は,

$$\dfrac{1}{x+1} = \sum_{k=0}^{\infty} \dfrac{(-1)^k \cdot k!}{k!} x^k = \sum_{k=0}^{\infty} (-1)^k x^k = 1 - x + x^2 - x^3 + \cdots \blacksquare$$

$f(x) = \dfrac{1}{x+1}$ におけるマクローリンの定理の剰余項については, 定理 3.24 の条件を満たす M が存在しないため, 定理を使って 0 に収束することを証明できない. しかし, 剰余項を直接計算すると

$$R_{n+1} = \dfrac{(-1)^{n+1}(n+1)!}{(n+1)!(c+1)^{n+1}} x^{n+1} = (-1)^{n+1} \left(\dfrac{x}{c+1}\right)^{n+1}$$

となるので, $0 \leqq x < 1$ のとき

$$\lim_{n \to \infty} |R_{n+1}| \leqq \lim_{n \to \infty} |x|^{n+1} = 0$$

が成り立つ. さらに, $-1 < x < 0$ のときも 0 に収束することが知られている (定理 8.8 参照) ので, $f(x)$ は $|x| < 1$ においてマクローリン展開可能である.

実際に, $x = \dfrac{3}{10}$ のときの近似値として, マクローリン展開した式の n 次の項 ($n = 3, 4, 5$) までの和の値を計算すると

$$n = 3 \text{ までの和}: 1 - \dfrac{3}{10} + \dfrac{9}{100} - \dfrac{27}{1000} = \dfrac{763}{1000}$$

$$n = 4 \text{ までの和}: 1 - \dfrac{3}{10} + \dfrac{9}{100} - \dfrac{27}{1000} + \dfrac{81}{10000} = \dfrac{7711}{10000}$$

$$n = 5 \text{ までの和}: 1 - \dfrac{3}{10} + \dfrac{9}{100} - \dfrac{27}{1000} + \dfrac{81}{10000} - \dfrac{243}{100000} = \dfrac{76867}{100000}$$

となる. このように項の数を増やしていくと, 真の値 $\dfrac{10}{13} = 0.769230\cdots$ に近づいていく.

問 3.22 次の関数を x^3 の項までマクローリン展開せよ.
(1) $\cos x$ (2) $\log(1+x)$ (3) ★ $\arctan x$

問 3.23 ★ 次の関数をマクローリン展開せよ.
(1) e^{-x} (2) $\cos x$ (3) $\sin 2x$ (4) $\log(1+x)$

問 3.24 $f(x) = \sqrt{x+1}$ のマクローリン展開において, x^3 の項までの和

$$f(0) + \dfrac{f'(0)}{1!}x + \dfrac{f''(0)}{2!}x^2 + \dfrac{f^{(3)}(0)}{3!}x^3$$

に $x = 0.1$ を代入して, $\sqrt{1.1} = 1.0488088\cdots$ と比較せよ.

3.13 ★ ロピタルの定理

2つの関数 $f(x)$, $g(x)$ が微分可能で, $f(a) = 0$, $g(a) = 0$ のとき, 極限 $\displaystyle\lim_{x \to a} \dfrac{f(x)}{g(x)}$ は, $x = a$ を代入すると $\dfrac{f(a)}{g(a)} = \dfrac{0}{0}$ の形であるから, そのままでは計算できない. しかし, 次の定理によって極限を求めることが可能になる場合がある.

定理 3.25 [ロピタルの定理 1] 関数 $f(x)$, $g(x)$ が $x = a$ の近くで微分可能で, $x \neq a$ のとき, $g(x) \neq 0$, $g'(x) \neq 0$ とする. さらに, $f(a) = g(a) = 0$ のとき, $\displaystyle\lim_{x \to a} \dfrac{f'(x)}{g'(x)}$ が存在すれば

$$\lim_{x \to a} \dfrac{f(x)}{g(x)} = \lim_{x \to a} \dfrac{f'(x)}{g'(x)}$$

が成立している。

証明 コーシーの平均値の定理 (定理 3.17) において, b を x で置き換えると,
$$\frac{f(x)-f(a)}{g(x)-g(a)} = \frac{f'(c)}{g'(c)}, \quad a < c < x$$
を満たす c が存在する。さらに, 定理の条件より $f(a) = g(a) = 0$ であるから,
$$\frac{f'(c)}{g'(c)} = \frac{f(x)-f(a)}{g(x)-g(a)} = \frac{f(x)}{g(x)}$$
である。$x \to a$ のとき $c \to a$ であるから $\displaystyle\lim_{c \to a} \frac{f'(c)}{g'(c)} = \lim_{x \to a} \frac{f'(x)}{g'(x)}$ が存在すれば $\displaystyle\lim_{x \to a} \frac{f(x)}{g(x)} = \lim_{x \to a} \frac{f'(x)}{g'(x)}$ である。 ∎

例題 3.31 極限 $\displaystyle\lim_{x \to 1} \frac{\log x}{x-1}$ を求めよ。

解答 $f(x) = \log x$, $g(x) = x - 1$ とおくと, $f(x), g(x)$ は微分可能で, $f(1) = 0$, $g(1) = 0$ である。よって, ロピタルの定理を用いると
$$\lim_{x \to 1} \frac{\log x}{x-1} = \lim_{x \to 1} \frac{(\log x)'}{(x-1)'} = \lim_{x \to 1} \frac{\frac{1}{x}}{1} = \lim_{x \to 1} \frac{1}{x} = 1$$
∎

$f'(a) = g'(a) = 0$ のときは, $f'(x), g'(x)$ に対してロピタルの定理を適用する。さらに一般の場合, 次の定理が成立する。

定理 3.26 [ロピタルの定理 2] 関数 $f(x), g(x)$ が $x = a$ の近くで $n+1$ 回微分可能で, $f^{(n+1)}(x), g^{(n+1)}(x)$ がともに連続であるとする。さらに,
$$f(a) = f'(a) = \cdots = f^{(n)}(a) = 0$$
$$g(a) = g'(a) = \cdots = g^{(n)}(a) = 0, \ g^{(n+1)}(a) \neq 0$$
が成立しているとする。このとき,
$$\lim_{x \to a} \frac{f(x)}{g(x)} = \lim_{x \to a} \frac{f'(x)}{g'(x)} = \cdots = \lim_{x \to a} \frac{f^{(n)}(x)}{g^{(n)}(x)} = \frac{f^{(n+1)}(a)}{g^{(n+1)}(a)}$$
が成立している。

例題 3.32 極限 $\displaystyle\lim_{x \to 0} \frac{\sin x - x}{x^3}$ を求めよ。

解答 $f(x) = \sin x - x$, $g(x) = x^3$ とおくと, $f(x), g(x)$ は微分可能で, $f(0) = 0$, $g(x) = 0$ である. よって, ロピタルの定理を適用すると

$$\lim_{x \to 0} \frac{\sin x - x}{x^3} = \lim_{x \to 0} \frac{(\sin x - x)'}{(x^3)'} = \lim_{x \to 0} \frac{\cos x - 1}{3x^2}$$

であるが, $x = 0$ を代入すると分母分子ともに 0 になるので, さらにロピタルの定理を適用する.

$$\lim_{x \to 0} \frac{\cos x - 1}{3x^2} = \lim_{x \to 0} \frac{(\cos x - 1)'}{(3x^2)'} = \lim_{x \to 0} \frac{-\sin x}{6x} = -\frac{1}{6} \lim_{x \to 0} \frac{\sin x}{x}$$

公式 3.1 より $\lim_{x \to 0} \frac{\sin x}{x} = 1$ であるから

$$\lim_{x \to 0} \frac{\sin x - x}{x^3} = -\frac{1}{6}$$

公式 3.11 [ロピタルの定理 3]

関数 $f(x), g(x)$ が微分可能で, $\lim_{x \to \infty} f(x) = \lim_{x \to \infty} g(x) = 0$ のとき, $\lim_{x \to \infty} \frac{f'(x)}{g'(x)}$ が存在すれば, 次の式が成立する.

$$\lim_{x \to \infty} \frac{f(x)}{g(x)} = \lim_{x \to \infty} \frac{f'(x)}{g'(x)}$$

証明 $x = \frac{1}{t}$ とおくと $x \to \infty$ のとき $t \to +0$ である. よって

$$\lim_{x \to +\infty} \frac{f(x)}{g(x)} = \lim_{t \to +0} \frac{f(\frac{1}{t})}{g(\frac{1}{t})}$$

の右辺はロピタルの定理の条件を満たす. 実際にロピタルの定理を適用すると

$$\lim_{t \to +0} \frac{f(\frac{1}{t})}{g(\frac{1}{t})} = \lim_{t \to +0} \frac{\{f(\frac{1}{t})\}'}{\{g(\frac{1}{t})\}'} = \lim_{t \to +0} \frac{(-\frac{1}{t^2})f'(\frac{1}{t})}{(-\frac{1}{t^2})g'(\frac{1}{t})}$$

$$= \lim_{t \to +0} \frac{f'(\frac{1}{t})}{g'(\frac{1}{t})} = \lim_{x \to \infty} \frac{f'(x)}{g'(x)}$$

さらに, $\lim_{x \to a} f(x) = \pm\infty$, $\lim_{x \to a} g(x) = \pm\infty$ の場合も, 次のようなロピタルの定理が成り立つ.

公式 3.12 [ロピタルの定理 4]

関数 $f(x), g(x)$ が微分可能で, $\lim_{x \to a} f(x) = \pm\infty$, $\lim_{x \to a} g(x) = \pm\infty$ のと

き，$\lim_{x \to a} \dfrac{f'(x)}{g'(x)}$ が存在すれば，次の式が成立する．

$$\lim_{x \to a} \frac{f(x)}{g(x)} = \lim_{x \to a} \frac{f'(x)}{g'(x)}$$

公式 3.13 [ロピタルの定理 5]

関数 $f(x)$, $g(x)$ が微分可能で，$\lim_{x \to \infty} f(x) = \pm\infty$, $\lim_{x \to \infty} g(x) = \pm\infty$ のとき，$\lim_{x \to \infty} \dfrac{f'(x)}{g'(x)}$ が存在すれば，次の式が成立する．

$$\lim_{x \to \infty} \frac{f(x)}{g(x)} = \lim_{x \to \infty} \frac{f'(x)}{g'(x)}$$

公式 3.12 と 3.13 の証明には，極限の厳密な議論が必要である．

例題 3.33 極限 $\lim_{x \to \infty} \dfrac{x^n}{e^x}$ を求めよ．

解答 $f(x) = x^n$, $g(x) = e^x$ とおくと，$f(x)$, $g(x)$ は微分可能で，$\lim_{x \to \infty} x^n = \infty$, $\lim_{x \to \infty} e^x = \infty$ である．よって，ロピタル定理を用いると

$$\lim_{x \to \infty} \frac{x^n}{e^x} = \lim_{x \to \infty} \frac{(x^n)'}{(e^x)'} = \lim_{x \to \infty} \frac{nx^{n-1}}{e^x}$$
$$= \lim_{x \to \infty} \frac{(nx^{n-1})'}{(e^x)'} = \lim_{x \to \infty} \frac{n(n-1)x^{n-2}}{e^x} = \cdots = \lim_{x \to \infty} \frac{n!}{e^x} = 0 \quad \blacksquare$$

問 3.25 次の関数の極限をロピタルの定理を用いて求めよ．

(1) $\lim_{x \to 2} \dfrac{x^3 + 5x^2 - 4x - 20}{x^2 - 4}$ (2) $\lim_{x \to 0} \dfrac{e^x - 1}{x}$ (3) $\lim_{x \to 3} \dfrac{\sqrt{x+1} - 2}{x - 3}$

(4) $\lim_{x \to 0} \dfrac{\tan x}{x}$ (5) $\lim_{x \to 0} \dfrac{e^x - x - 1}{x^2}$ (6) $\lim_{x \to \infty} \dfrac{\log x}{x}$

(7) $\lim_{x \to +0} x \log x$ (8) $\lim_{x \to \infty} x \left(\dfrac{\pi}{2} - \arctan x \right)$

4 不定積分

4.1 不定積分の定義

関数 $f(x)$ に対して, ある関数 $F(x)$ が
$$F'(x) = f(x)$$
となるとき, $F(x)$ を $f(x)$ の **原始関数** という. たとえば,
$$(x^3)' = 3x^2$$
より, x^3 は $3x^2$ の原始関数である. 原始関数は 1 つに定まらない. たとえば,
$$(x^3 + 2)' = (x^3)' + (2)' = 3x^2$$
$$(x^3 - 5)' = (x^3)' - (5)' = 3x^2$$
より, $x^3 + 2$ や $x^3 - 5$ も $3x^2$ の原始関数である. 一般に, C を任意の定数とすると,
$$(x^3 + C)' = (x^3)' + (C)' = 3x^2$$
であるから, $x^3 + C$ も $3x^2$ の原始関数である.

一般に次が成り立つ.

定理 4.1 [原始関数] $F(x)$ が $f(x)$ の原始関数とすると, $f(x)$ の任意の原始関数 $G(x)$ は
$$G(x) = F(x) + C \quad (C は定数)$$
と表される.

注. 定数 C は, $f(x)$ の定義される区間上で一定の値となる.

証明 $F(x)$ と $G(x)$ は $f(x)$ の原始関数であるから,
$$\{G(x) - F(x)\}' = G'(x) - F'(x) = f(x) - f(x) = 0$$
よって, 定理 3.16 より, $G(x) - F(x)$ は定数関数である. つまり,
$$G(x) - F(x) = C \quad (C は定数)$$

ゆえに,
$$G(x) = F(x) + C$$

$f(x)$ の原始関数の全体を $\int f(x)\,dx$ と表し, $f(x)$ の**不定積分**という. また, $f(x)$ の不定積分を求めることを **$f(x)$ を x について積分する**, または, 単に積分するという. $F(x)$ を $f(x)$ の原始関数の 1 つとすると,
$$\int f(x)\,dx = F(x) + C \qquad (C\text{ は定数})$$
となる. このとき, $f(x)$ を**被積分関数**, 任意定数の C を**積分定数**という. 今後は, 不定積分の中の C は, 特に断らなくても積分定数を表すことにする. たとえば
$$\int 3x^2\,dx = x^3 + C$$
また, $\int \dfrac{1}{f(x)}\,dx = \int \dfrac{dx}{f(x)},\ \int 1\,dx = \int dx$ と書くことがある.

4.2 基本的な関数の不定積分の公式

積分は微分の逆の操作である. つまり
$$F'(x) = f(x) \Rightarrow \int f(x)\,dx = F(x) + C$$
であるから, 微分の公式を逆に見ることにより, 次の不定積分の公式が得られる.

基本的な関数の不定積分の公式

$F'(x) = f(x)$	$\Rightarrow$	$\displaystyle\int f(x)\,dx = F(x) + C$
$(kx)' = k$ （k は定数）	$\Rightarrow$	$\displaystyle\int k\,dx = kx + C$ （k は定数）
$\left(\dfrac{1}{\alpha+1}x^{\alpha+1}\right)' = x^{\alpha}$ （α は実数の定数で, $\alpha \neq -1$）	$\Rightarrow$	$\displaystyle\int x^{\alpha}\,dx = \dfrac{1}{\alpha+1}x^{\alpha+1} + C$ （α は実数の定数で, $\alpha \neq -1$）
$(\log|x|)' = \dfrac{1}{x} = x^{-1}$	$\Rightarrow$	$\displaystyle\int x^{-1}\,dx = \int \dfrac{1}{x}\,dx = \log|x| + C$
$(e^x)' = e^x$	$\Rightarrow$	$\displaystyle\int e^x\,dx = e^x + C$
$(-\cos x)' = \sin x$	$\Rightarrow$	$\displaystyle\int \sin x\,dx = -\cos x + C$
$(\sin x)' = \cos x$	$\Rightarrow$	$\displaystyle\int \cos x\,dx = \sin x + C$
$(\tan x)' = \dfrac{1}{\cos^2 x}$	$\Rightarrow$	$\displaystyle\int \dfrac{1}{\cos^2 x}\,dx = \tan x + C$
★$(\arcsin x)' = \dfrac{1}{\sqrt{1-x^2}}$	$\Rightarrow$	$\displaystyle\int \dfrac{1}{\sqrt{1-x^2}}\,dx = \arcsin x + C$
★$(\arctan x)' = \dfrac{1}{1+x^2}$	$\Rightarrow$	$\displaystyle\int \dfrac{1}{1+x^2}\,dx = \arctan x + C$

例．(1) $\displaystyle\int x^3\,dx = \dfrac{1}{3+1}x^{3+1} + C = \dfrac{1}{4}x^4 + C$

(2) $\displaystyle\int \dfrac{1}{x^2}\,dx = \int x^{-2}\,dx = \dfrac{1}{-2+1}x^{-2+1} + C$
$= -x^{-1} + C = -\dfrac{1}{x} + C$

(3) $\displaystyle\int \sqrt{x}\,dx = \int x^{\frac{1}{2}}\,dx = \dfrac{1}{\frac{1}{2}+1}x^{\frac{1}{2}+1} + C$
$= \dfrac{2}{3}x^{\frac{3}{2}} + C = \dfrac{2}{3}x\sqrt{x} + C$

(4) $\displaystyle\int \frac{1}{\sqrt{x}}\,dx = \int x^{-\frac{1}{2}}\,dx = \frac{1}{-\frac{1}{2}+1}x^{-\frac{1}{2}+1} + C$
$= 2x^{\frac{1}{2}} + C = 2\sqrt{x} + C$

問 4.1 次の不定積分を求めよ．
(1) $\displaystyle\int x\,dx$ 　(2) $\displaystyle\int \frac{1}{x^3}\,dx$ 　(3) $\displaystyle\int \sqrt[3]{x}\,dx$

4.3 不定積分の基本的性質

次の定理は不定積分の定義から明らかである．

定理 4.2

(1) $\displaystyle\frac{d}{dx}\int f(x)\,dx = f(x)$

(2) $\displaystyle\int F'(x)\,dx = F(x) + C$

関数の定数倍と和・差の不定積分については次が成り立つ．

定理 4.3 [定数倍，和・差の不定積分]

(1) $\displaystyle\int kf(x)\,dx = k\int f(x)\,dx$ 　(k は定数で，$k \neq 0$)

(2) $\displaystyle\int \{f(x) \pm g(x)\}\,dx = \int f(x)\,dx \pm \int g(x)\,dx$ 　(複号同順)

証明 それぞれの式で右辺を微分すると，定数倍の微分と和・差の微分の公式 (定理 3.3) と定理 4.2 より，

$\displaystyle\frac{d}{dx}\left(k\int f(x)\,dx\right) = k\frac{d}{dx}\int f(x)\,dx = kf(x)$

$\displaystyle\frac{d}{dx}\left(\int f(x)\,dx \pm \int g(x)\,dx\right) = \frac{d}{dx}\int f(x)\,dx \pm \frac{d}{dx}\int g(x)\,dx = f(x) \pm g(x)$

となり，左辺の被積分関数が得られる． ∎

例. (1) $\displaystyle\int (x^3 - 2x^2 + 3x - 4)\,dx$

$\displaystyle = \int x^3\,dx - 2\int x^2\,dx + 3\int x\,dx - 4\int 1\,dx$

$\displaystyle = \frac{1}{4}x^4 - \frac{2}{3}x^3 + \frac{3}{2}x^2 - 4x + C$

(2) $\displaystyle\int \frac{x^2+1}{x}\,dx = \int\left(x + \frac{1}{x}\right)dx = \frac{1}{2}x^2 + \log|x| + C$

(3) $\displaystyle\int (3\sin x + 2\cos x)\,dx = 3\int \sin x\,dx + 2\int \cos x\,dx$

$\displaystyle = -3\cos x + 2\sin x + C = 2\sin x - 3\cos x + C$

(4) $\displaystyle\int (-e^x)\,dx = -\int e^x\,dx = -e^x + C$

注. (1) 式に積分記号がなくなった時点で積分定数 $+C$ をつけること.

(2) 不定積分の計算が正しければ，得られた結果を微分すると，定理 4.2 より被積分関数に戻るはずである．これは，積分の検算に利用できる．

例. 上の例の (1) について検算を行うと，

$\displaystyle\left(\frac{1}{4}x^4 - \frac{2}{3}x^3 + \frac{3}{2}x^2 - 4x + C\right)' = \frac{1}{4}\cdot 4x^3 - \frac{2}{3}\cdot 3x^2 + \frac{3}{2}\cdot 2x - 4\cdot 1$

$\displaystyle = x^3 - 2x^2 + 3x - 4$

問 4.2 次の不定積分を求めよ.

(1) $\displaystyle\int (x^3 - 4x + 1)\,dx$ (2) $\displaystyle\int \frac{x+1}{\sqrt{x}}\,dx$ (3) $\displaystyle\int \frac{x^3 - x + 2}{x}\,dx$

(4) $\displaystyle\int (\sin x - \cos x)\,dx$ (5)★ $\displaystyle\int \tan^2 x\,dx$ (6)★ $\displaystyle\int \frac{1-x^2}{1+x^2}\,dx$

4.4 置換積分法

合成関数の微分法に対応する積分の計算法が次の**置換積分法**である.

定理 4.4 [置換積分法 1]

$$\int f(g(x))g'(x)\,dx = \int f(u)\,du \qquad \text{ただし, } u = g(x)$$

証明 $F(x)$ を $f(x)$ の原始関数の 1 つとすると,
$$F'(x) = f(x)$$
合成関数の微分法 (定理 3.7) より
$$\frac{d}{dx}F(g(x)) = F'(g(x))g'(x) = f(g(x))g'(x)$$
となるから, $F(g(x))$ は $f(g(x))g'(x)$ の原始関数の 1 つである. よって,
$$\int f(g(x))g'(x)\,dx = F(g(x)) + C = F(u) + C = \int f(u)\,du$$

定理 4.4 は次の形に表すことができる.

公式 4.1

u が x の関数であるとき,
$$\int f(u)\frac{du}{dx}\,dx = \int f(u)\,du$$

つまり, $\dfrac{du}{dx}dx$ を du に置き換えることができるので, 形式的に $dx = \dfrac{1}{\frac{du}{dx}}du$ とおいて計算することができる.

例題 4.1 不定積分 $\displaystyle\int (2x+1)^4\,dx$ を求めよ.

解答 $u = 2x+1$ とおくと, $\dfrac{du}{dx} = 2$ より $dx = \dfrac{1}{2}du$ となるから,
$$\int (2x+1)^4\,dx = \int u^4 \cdot \frac{1}{2}\,du = \frac{1}{2} \cdot \frac{1}{5}u^5 + C = \frac{1}{10}(2x+1)^5 + C$$

注. 置換積分法を適用した場合は, 最後に式を元の変数に戻して表すこと.

例題 4.2 不定積分 $\displaystyle\int \sin(ax+b)\,dx$ を求めよ. ただし, $a \neq 0$ とする.

解答 $u = ax+b$ とおくと, $\dfrac{du}{dx} = a$ より $dx = \dfrac{1}{a}du$ となるから,
$$\int \sin(ax+b)\,dx = \int (\sin u) \cdot \frac{1}{a}\,du = -\frac{1}{a}\cos u + C = -\frac{1}{a}\cos(ax+b) + C$$

例題 4.1, 例題 4.2 は, ともに $u = ax+b$ の形の置換積分で, 次の公式に一般化される.

> **公式 4.2** [$f(ax+b)$ の積分]
> $F(x)$ が $f(x)$ の原始関数であるとき,定数 a, b (ただし, $a \neq 0$) に対して,
> $$\int f(ax+b)\,dx = \frac{1}{a}F(ax+b) + C$$

例題 4.3 不定積分 $\displaystyle\int \sin x \cos^3 x\,dx$ を求めよ.

【解答】 $u = \cos x$ とおくと,$\dfrac{du}{dx} = -\sin x$ より $dx = -\dfrac{1}{\sin x}du$ となるから,
$$\int \sin x \cos^3 x\,dx = \int (\sin x) \cdot u^3 \cdot \frac{1}{-\sin x}\,du = -\int u^3\,du$$
$$= -\frac{1}{4}u^4 + C = -\frac{1}{4}\cos^4 x + C$$

例題 4.4 不定積分 $\displaystyle\int x(x+5)^4\,dx$ を求めよ.

【解答】 $x(x+5)^4$ を展開してから積分することもできるが,ここでは置換積分法を適用して解く.$u = x+5$ とおくと,$\dfrac{du}{dx} = 1$ より $dx = du$ となるから,
$$\int x(x+5)^4\,dx = \int x \cdot u^4\,du$$
ここでは,まだ被積分関数に x が残っているので,u についての積分が実行できない.そこで,$u = x+5$ より $x = u-5$ であるから,x に $u-5$ を代入してから積分を計算すると,
$$\int x(x+5)^4\,dx = \int (u-5) \cdot u^4\,du = \int (u^5 - 5u^4)\,du = \frac{1}{6}u^6 - u^5 + C$$
$$= \frac{1}{6}u^5(u-6) + C = \frac{1}{6}(x+5)^5(x+5-6) + C = \frac{1}{6}(x-1)(x+5)^5 + C$$

注. この例のように,置換をした後は,被積分関数に元の変数の x が残らないようにしてから積分する必要がある.

次の公式も有用である.

公式 4.3 [$\frac{f'(x)}{f(x)}$ の積分]

$$\int \frac{f'(x)}{f(x)}\,dx = \log|f(x)| + C$$

証明 $u = f(x)$ とおくと, $\dfrac{du}{dx} = f'(x)$ より $dx = \dfrac{1}{f'(x)}du$ となるから,

$$\int \frac{f'(x)}{f(x)}\,dx = \int \frac{f'(x)}{u}\cdot\frac{1}{f'(x)}\,du = \int \frac{1}{u}\,du = \log|u| + C = \log|f(x)| + C \qquad \blacksquare$$

この公式を適用すると次の公式が得られる.

公式 4.4 [$\tan x$ の積分]

$$\int \tan x\,dx = -\log|\cos x| + C$$

証明
$$\int \tan x\,dx = \int \frac{\sin x}{\cos x}\,dx = \int \frac{-(\cos x)'}{\cos x}\,dx = -\log|\cos x| + C \qquad \blacksquare$$

置換積分法は, 定理 4.4 の x を t に, u を x に入れ替えて得られる次の形でも用いられる.

定理 4.5 [置換積分法 2]

$$\int f(x)\,dx = \int f(g(t))g'(t)\,dt \qquad \text{ただし, } x = g(t)$$

問 4.3 次の不定積分を求めよ.

(1) $\displaystyle\int (5x-2)^3\,dx$ (2) $\displaystyle\int x^2(x^3+1)^4\,dx$ (3) $\displaystyle\int \sin 4x\,dx$

(4) $\displaystyle\int \sin^3 x\cos x\,dx$ (5) $\displaystyle\int x\sqrt{x^2+1}\,dx$ (6) $\displaystyle\int x\sqrt{1-x}\,dx$

(7) $\displaystyle\int xe^{-x^2}\,dx$ (8) $\displaystyle\int \frac{\log x}{x}\,dx$ (9) $\displaystyle\int \frac{x}{x^2+1}\,dx$

4.5 部分積分法

積の微分公式 (定理 3.4)

$$\{f(x)g(x)\}' = f'(x)g(x) + f(x)g'(x)$$

を移項して
$$f(x)g'(x) = \{f(x)g(x)\}' - f'(x)g(x)$$
$f(x)g(x)$ は $\{f(x)g(x)\}'$ の原始関数であることに注意して両辺を積分すると，次の**部分積分法**の公式が得られる．

定理 4.6 [部分積分法]
$$\int f(x)g'(x)\,dx = f(x)g(x) - \int f'(x)g(x)\,dx$$

部分積分法を適用しても，右辺の積分は計算しなければならない．よって，$\int f(x)g'(x)\,dx$ よりも $\int f'(x)g(x)\,dx$ の方が計算が簡単になるように適用する必要がある．つまり，相対的に，$f(x)$ としては微分すると簡単になる関数，$g'(x)$ としては積分してもあまり複雑にならない関数をとることになる．$g'(x)$ の候補としては，$e^x, \sin x, \cos x$ が代表的であり，優先順位は，
$$e^x \longrightarrow \sin x, \cos x \longrightarrow x^n(n \geqq 0) \longrightarrow \log x$$
の順である．

例題 4.5 不定積分 $\int x \sin x\,dx$ を求めよ．

解答 $f(x) = x,\ g'(x) = \sin x$ として定理を適用すると，$g(x) = -\cos x$ として
$$\int x \sin x\,dx = \int x(-\cos x)'\,dx = x(-\cos x) - \int (x)'(-\cos x)\,dx$$
$$= -x\cos x + \int \cos x\,dx = -x\cos x + \sin x + C$$

例題 4.6 不定積分 $\int xe^x\,dx$ を求めよ．

解答 $f(x) = x,\ g'(x) = e^x$ として定理を適用すると，$g(x) = e^x$ として
$$\int xe^x\,dx = \int x(e^x)'\,dx = xe^x - \int (x)'e^x\,dx$$
$$= xe^x - \int e^x\,dx = xe^x - e^x + C = (x-1)e^x + C$$

例題 4.7 不定積分 $\int \log x\,dx$ を求めよ．

解答 $\log x = 1 \cdot \log x$ と考えて, $f(x) = \log x$, $g'(x) = 1 = x^0$ として定理を適用すると, $g(x) = x$ として

$$\int \log x \, dx = \int (x)' \log x \, dx = x \log x - \int x (\log x)' \, dx$$
$$= x \log x - \int x \cdot \frac{1}{x} \, dx = x \log x - \int 1 \, dx = x \log x - x + C \quad \blacksquare$$

問 4.4 次の不定積分を求めよ.

(1) $\displaystyle\int x \cos x \, dx$ (2) $\displaystyle\int x e^{-x} \, dx$

(3) $\displaystyle\int x \log x \, dx$ (4) $\displaystyle\int (2x+1) \sin 2x \, dx$

4.6 ★ 置換積分法・部分積分法のいろいろな適用例

ここでは, 置換積分・部分積分を組み合わせた積分の計算例と, 逆三角関数に関する積分への適用例を述べる.

例題 4.8 不定積分 $\displaystyle\int x^2 e^x \, dx$ を求めよ.

解答 $f(x) = x^2$, $g'(x) = e^x$ として部分積分法を適用すると, $g(x) = e^x$ として

$$\int x^2 e^x \, dx = \int x^2 (e^x)' \, dx = x^2 e^x - \int (x^2)' e^x \, dx = x^2 e^x - 2 \int x e^x \, dx$$

最後の積分において, $f(x) = x$, $g'(x) = e^x$ として再度, 部分積分法を適用すると, $g(x) = e^x$ として

$$\int x^2 e^x \, dx = x^2 e^x - 2 \int x (e^x)' \, dx$$
$$= x^2 e^x - 2 \left(x e^x - \int (x)' e^x \, dx \right) = x^2 e^x - 2 \left(x e^x - \int e^x \, dx \right)$$
$$= x^2 e^x - 2 x e^x + 2 e^x + C = (x^2 - 2x + 2) e^x + C \quad \blacksquare$$

公式 4.5

$$\int \frac{dx}{\sqrt{a^2 - x^2}} = \arcsin \frac{x}{a} + C \qquad (a > 0)$$

証明 $x = au$ つまり $u = \dfrac{x}{a}$ とおくと, $\dfrac{dx}{du} = a$ より $dx = a \, du$ となるから,

$$\int \frac{dx}{\sqrt{a^2 - x^2}} = \int \frac{1}{\sqrt{a^2 - a^2 u^2}} \cdot a \, du = \int \frac{du}{\sqrt{1 - u^2}}$$

$$= \arcsin u + C = \arcsin \frac{x}{a} + C$$

公式 4.6
$$\int \frac{dx}{a^2 + x^2} = \frac{1}{a} \arctan \frac{x}{a} + C \qquad (a \neq 0)$$

証明 $x = au$ つまり $u = \dfrac{x}{a}$ とおくと, $\dfrac{dx}{du} = a$ より $dx = a\,du$ となるから,
$$\int \frac{dx}{a^2 + x^2} = \int \frac{1}{a^2 + a^2 u^2} \cdot a\,du = \frac{1}{a} \int \frac{1}{1 + u^2}\,du$$
$$= \frac{1}{a} \arctan u + C = \frac{1}{a} \arctan \frac{x}{a} + C$$

例題 4.9 不定積分 $\displaystyle\int \frac{1}{x^2 + 2x + 5}\,dx$ を求めよ.

解答 分母の 2 次式を平方完成すると,
$$x^2 + 2x + 5 = (x+1)^2 + 4 = (x+1)^2 + 2^2$$
となる. ここで, $u = x+1$ とおくと $dx = du$ である. よって, 公式 4.6 を適用すると,
$$\int \frac{1}{x^2 + 2x + 5}\,dx = \int \frac{1}{u^2 + 2^2}\,du = \frac{1}{2} \arctan \frac{u}{2} + C = \frac{1}{2} \arctan \frac{x+1}{2} + C$$

公式 4.7 [$\arcsin x$ の積分]
$$\int \arcsin x\,dx = x \arcsin x + \sqrt{1 - x^2} + C$$

証明 $\arcsin x = 1 \cdot \arcsin x$ と考えて, $f(x) = \arcsin x$, $g'(x) = 1$ として部分積分法を適用すると, $g(x) = x$ として
$$\int \arcsin x\,dx = \int (x)' \arcsin x\,dx = x \arcsin x - \int x(\arcsin x)'\,dx$$
$$= x \arcsin x - \int \frac{x}{\sqrt{1 - x^2}}\,dx$$
最後の積分の部分の計算は, $u = 1 - x^2$ とおくと, $\dfrac{du}{dx} = -2x$ より $dx = -\dfrac{1}{2x}\,du$ となるから, 置換積分法より
$$\int \frac{x}{\sqrt{1 - x^2}}\,dx = \int \frac{x}{\sqrt{u}} \left(-\frac{1}{2x}\right) du = -\frac{1}{2} \int u^{-\frac{1}{2}}\,du$$
$$= -\frac{1}{2} \cdot \frac{1}{-\frac{1}{2} + 1} u^{-\frac{1}{2} + 1} + C = -u^{\frac{1}{2}} + C = -\sqrt{1 - x^2} + C$$
これを代入すれば, 求める式が得られる.

注. 上の証明では，最後に積分定数の部分を $-C$ から $+C$ に書き換えている．C は任意の定数なので，0 でない定数を掛けたり加えたりしても任意の定数を表すことになるので，同じ文字 C で表すことにする．

例題 4.10 不定積分 $\displaystyle\int e^x \sin x\,dx$ と $\displaystyle\int e^x \cos x\,dx$ を求めよ．

解答 $I = \displaystyle\int e^x \sin x\,dx$, $J = \displaystyle\int e^x \cos x\,dx$ とおく．
$f(x) = \sin x$, $g'(x) = e^x$ として部分積分法を適用すると，$g(x) = e^x$ として
$$I = \int e^x \sin x\,dx = \int (e^x)' \sin x\,dx = e^x \sin x - \int e^x (\sin x)'\,dx$$
$$= e^x \sin x - \int e^x \cos x\,dx = e^x \sin x - J$$
同様に，$f(x) = \cos x$, $g'(x) = e^x$ として部分積分法を適用すると，$g(x) = e^x$ として
$$J = \int e^x \cos x\,dx = \int (e^x)' \cos x\,dx = e^x \cos x - \int e^x (\cos x)'\,dx$$
$$= e^x \cos x + \int e^x \sin x\,dx = e^x \cos x + I$$
よって，
$$I = e^x \sin x - J$$
$$I = -e^x \cos x + J$$
この 2 つの式の和と差をとって整理すれば，
$$I = \frac{1}{2} e^x (\sin x - \cos x) + C$$
$$J = \frac{1}{2} e^x (\sin x + \cos x) + C$$
を得る． ∎

問 4.5 次の不定積分を求めよ．
(1) $\displaystyle\int x^2 \sin x\,dx$ (2) $\displaystyle\int e^x \sin ax\,dx$ $(a \neq 0)$
(3) $\displaystyle\int \frac{dx}{\sqrt{4-x^2}}$ (4) $\displaystyle\int \frac{dx}{x^2 + 4x + 8}$ (5) $\displaystyle\int \arctan x\,dx$

4.7 有理関数の不定積分

この節では，有理関数の不定積分の求め方を考える．**有理関数**とは，$f(x)$ と $g(x)$ を多項式として，$\dfrac{f(x)}{g(x)}$ の形に表すことができる関数である．次の例は，これまでの知識で積分が計算できる場合である．

例． (1) $\displaystyle\int \frac{1}{x}\,dx = \log|x| + C$

$\displaystyle\int \frac{1}{x-a}\,dx = \log|x-a| + C$ （$u = x-a$ とおいて置換積分）

(2) $\displaystyle\int \frac{1}{x^2}\,dx = \int x^{-2}\,dx = \frac{1}{-2+1}x^{-2+1} + C = -\frac{1}{x} + C$

$\displaystyle\int \frac{1}{(x-a)^2}\,dx = -\frac{1}{x-a} + C$ （$u = x-a$ とおいて置換積分）

(3) $\displaystyle\int \frac{x^3 - x^2 + x + 1}{x^2}\,dx = \int \left(x - 1 + \frac{1}{x} + \frac{1}{x^2}\right) dx$
$\displaystyle\qquad\qquad = \frac{1}{2}x^2 - x + \log|x| - \frac{1}{x} + C$

(4) $\displaystyle\int \frac{1}{x^2+1}\,dx = \arctan x + C$

(5) $\displaystyle\int \frac{x}{x^2+1}\,dx = \int \frac{1}{2}\frac{2x}{x^2+1}\,dx = \frac{1}{2}\int \frac{(x^2+1)'}{x^2+1}\,dx$
$\displaystyle\qquad\qquad = \frac{1}{2}\log(x^2+1) + C$

問 4.6 上の例を確かめよ．

4.7.1 一般の場合の計算法

一般に，有理関数 $\dfrac{f(x)}{g(x)}$ の不定積分を求める計算は，次の 4 つのステップに分けられる．

Step 1. 多項式の割り算を行う．
Step 2. 分母を因数分解する．
Step 3. 部分分数分解を行う．
Step 4. 分解されたすべての項を積分し，和をとる．

以下に，各ステップについて例に即して解説する．

例として，$I = \displaystyle\int \frac{x^4 - 4x^2 + 5x - 2}{x^3 - 2x^2}\,dx$ の不定積分を考えよう．

Step 1. 分母 $g(x)$ の最高次の係数は 1 としておく．分子 $f(x)$ の次数が分母 $g(x)$ の次数以上であるときは，$f(x)$ を $g(x)$ で割った商を $Q(x)$, 余りを $R(x)$ として，
$$\frac{f(x)}{g(x)} = Q(x) + \frac{R(x)}{g(x)}$$
の形にする．多項式 $Q(x)$ の不定積分の方法は既知であるから，以下は $\dfrac{R(x)}{g(x)}$ の部分の積分を考える．

例では，

$$\begin{array}{r}
x+2 \\
x^3-2x^2 \overline{\smash{)}\, x^4 -4x^2+5x-2} \\
\underline{x^4-2x^3 } \\
2x^3-4x^2+5x-2 \\
\underline{2x^3-4x^2 } \\
5x-2
\end{array}$$

よって，$\dfrac{x^4-4x^2+5x-2}{x^3-2x^2} = x+2+\dfrac{5x-2}{x^3-2x^2}$

Step 2. 分母 $g(x)$ を $x-a$ の形の 1 次式と，実数の範囲で因数分解できない x^2+bx+c の形の 2 次式のいくつかの積に因数分解する．

例では，$x^3-2x^2 = x^2(x-2)$

Step 3. $\dfrac{R(x)}{g(x)}$ を，$\dfrac{A}{(x-a)^n}$ と $\dfrac{Bx+C}{(x^2+bx+c)^m}$ （ただし，A, B, C は定数）の形の式の和に表す．これを**部分分数分解**という．
$g(x)$ の因子に $(x-a)^n$ があれば，
$$\frac{A_1}{(x-a)^n} + \frac{A_2}{(x-a)^{n-1}} + \cdots + \frac{A_n}{x-a},$$
$(x^2+bx+c)^m$ があれば，
$$\frac{B_1x+C_1}{(x^2+bx+c)^m} + \frac{B_2x+C_2}{(x^2+bx+c)^{m-1}} + \cdots + \frac{B_mx+C_m}{x^2+bx+c}$$
の形の項が現れる．

例では，
$$\frac{5x-2}{x^2(x-2)} = \frac{A_1}{x^2} + \frac{A_2}{x} + \frac{A_3}{x-2}$$
とおく．右辺を再び通分すれば，
$$\frac{5x-2}{x^2(x-2)} = \frac{A_1(x-2) + A_2 x(x-2) + A_3 x^2}{x^2(x-2)}$$
$$= \frac{(A_2+A_3)x^2 + (A_1-2A_2)x - 2A_1}{x^2(x-2)}$$
分子の係数を比較すれば，
$$\begin{cases} A_2 + A_3 = 0 & \cdots ① \\ A_1 - 2A_2 = 5 & \cdots ② \\ -2A_1 = -2 & \cdots ③ \end{cases}$$
この連立1次方程式を解く．③ より $A_1 = 1$，② に代入して $A_2 = -2$，① に代入して $A_3 = 2$ を得る．

したがって，
$$\frac{5x-2}{x^2(x-2)} = \frac{1}{x^2} + \frac{-2}{x} + \frac{2}{x-2}$$

Step 4. 分解されたすべての項をそれぞれ積分して和をとる．

例では，次のように計算して不定積分を求めることができる．
$$I = \int \frac{x^4 - 4x^2 + 5x - 2}{x^2(x-2)} dx$$
$$= \int \left(x + 2 + \frac{1}{x^2} + \frac{-2}{x} + \frac{2}{x-2} \right) dx$$
$$= \int (x+2)\, dx + \int \frac{1}{x^2}\, dx - 2\int \frac{1}{x}\, dx + 2\int \frac{1}{x-2}\, dx$$
$$= \frac{1}{2}x^2 + 2x - \frac{1}{x} - 2\log|x| + 2\log|x-2| + C$$
$$= \frac{1}{2}x^2 + 2x - \frac{1}{x} + 2\log\left|\frac{x-2}{x}\right| + C$$

4.7.2 典型的な計算例

例題 4.11 不定積分 $\displaystyle\int \frac{1}{x^2-1}\,dx$ を求めよ.

解答 分母を因数分解すると，
$$\frac{1}{x^2-1} = \frac{1}{(x-1)(x+1)}$$
となるので，
$$\frac{1}{x^2-1} = \frac{A}{x-1} + \frac{B}{x+1}$$
とおき，右辺を再び通分すれば，
$$\frac{1}{x^2-1} = \frac{A(x+1)+B(x-1)}{x^2-1} = \frac{(A+B)x+(A-B)}{x^2-1} \quad \cdots ①$$
①式の分子は等しいから，
$$1 = (A+B)x+(A-B)$$
この式はすべての x に対して成り立つ恒等式であるから，係数を比較すると，
$$\begin{cases} A+B=0 \\ A-B=1 \end{cases}$$
この連立1次方程式を解くと
$$A = \frac{1}{2}, \quad B = -\frac{1}{2}$$
となる．したがって，
$$\int \frac{1}{x^2-1}\,dx = \int \left(\frac{\frac{1}{2}}{x-1} + \frac{-\frac{1}{2}}{x+1}\right) dx = \frac{1}{2}\int \left(\frac{1}{x-1} - \frac{1}{x+1}\right) dx$$
$$= \frac{1}{2}(\log|x-1| - \log|x+1|) + C = \frac{1}{2}\log\left|\frac{x-1}{x+1}\right| + C$$

注． 上の解答で，A, B の値を求めるには，次のようにしてもよい．

①の分子は等しいから，
$$1 = A(x+1) + B(x-1)$$
この式はすべての x に対して成り立つ恒等式であるから，
$$x=1 \text{ を代入して } 1 = 2A, \text{ よって } A = \frac{1}{2}$$
$$x=-1 \text{ を代入して } 1 = -2B, \text{ よって } B = -\frac{1}{2}$$

例題 4.12 不定積分 $\displaystyle\int \frac{3x+2}{x(x+1)(x+2)}\,dx$ を求めよ.

解答
$$\frac{3x+2}{x(x+1)(x+2)} = \frac{A}{x} + \frac{B}{x+1} + \frac{C}{x+2}$$

とおき，右辺を再び通分すれば，

$$\frac{3x+2}{x(x+1)(x+2)} = \frac{A(x+1)(x+2) + Bx(x+2) + Cx(x+1)}{x(x+1)(x+2)}$$
$$= \frac{(A+B+C)x^2 + (3A+2B+C)x + 2A}{x(x+1)(x+2)}$$

分子の係数を比較して，
$$\begin{cases} A + B + C = 0 \\ 3A + 2B + C = 3 \\ 2A = 2 \end{cases}$$

この連立 1 次方程式を解くと
$$A = 1, \quad B = 1, \quad C = -2$$

となる．よって，
$$\int \frac{3x+2}{x(x+1)(x+2)}\, dx = \int \left(\frac{1}{x} + \frac{1}{x+1} + \frac{-2}{x+2} \right) dx$$
$$= \log|x| + \log|x+1| - 2\log|x+2| + C = \log\left|\frac{x(x+1)}{(x+2)^2}\right| + C$$

例題 4.13 不定積分 $\displaystyle \int \frac{x+1}{x(x^2+1)}\, dx$ を求めよ．

解答
$$\frac{x+1}{x(x^2+1)} = \frac{A}{x} + \frac{Bx+C}{x^2+1}$$

とおき，右辺を再び通分すれば，
$$\frac{x+1}{x(x^2+1)} = \frac{A(x^2+1) + Bx^2 + Cx}{x(x^2+1)} = \frac{(A+B)x^2 + Cx + A}{x(x^2+1)}$$

分子の係数を比較して，
$$\begin{cases} A + B = 0 \\ C = 1 \\ A = 1 \end{cases}$$

これより，$B = -1$ となる．よって，
$$\int \frac{x+1}{x(x^2+1)}\, dx = \int \left(\frac{1}{x} + \frac{-x+1}{x^2+1} \right) dx = \int \left\{ \frac{1}{x} - \frac{1}{2}\frac{(x^2+1)'}{x^2+1} + \frac{1}{x^2+1} \right\} dx$$
$$= \log|x| - \frac{1}{2}\log(x^2+1) + \arctan x + C$$
$$= \frac{1}{2}\log\frac{x^2}{x^2+1} + \arctan x + C$$

4.7 有理関数の不定積分

例題 4.14 不定積分 $\displaystyle\int \frac{x^2}{(x+1)^3}\, dx$ を求めよ．

[解答]
$$\frac{x^2}{(x+1)^3} = \frac{A}{(x+1)^3} + \frac{B}{(x+1)^2} + \frac{C}{x+1}$$

とおき，右辺を再び通分すれば，
$$\frac{x^2}{(x+1)^3} = \frac{A + B(x+1) + C(x+1)^2}{(x+1)^3}$$
$$= \frac{Cx^2 + (B+2C)x + (A+B+C)}{(x+1)^3}$$

分子の係数を比較して，
$$\begin{cases} C = 1 \\ B + 2C = 0 \\ A + B + C = 0 \end{cases}$$

この連立 1 次方程式を解くと
$$A = 1,\ B = -2,\ C = 1$$

となる．よって，
$$\int \frac{x^2}{(x+1)^3}\, dx = \int \left\{ \frac{1}{(x+1)^3} + \frac{-2}{(x+1)^2} + \frac{1}{x+1} \right\} dx$$
$$= \frac{1}{-2}\frac{1}{(x+1)^2} - 2\left(-\frac{1}{x+1}\right) + \log|x+1| + C$$
$$= -\frac{1}{2(x+1)^2} + \frac{2}{x+1} + \log|x+1| + C$$

例題 4.15 ★ 不定積分 $\displaystyle\int \frac{1}{(x^2+1)^2}\, dx$ を求めよ．

[解答]
$$\frac{1}{(x^2+1)^2} = \frac{(x^2+1) - x^2}{(x^2+1)^2} = \frac{1}{x^2+1} - \frac{x^2}{(x^2+1)^2}$$

より，
$$\int \frac{1}{(x^2+1)^2}\, dx = \int \left\{ \frac{1}{x^2+1} - \frac{x^2}{(x^2+1)^2} \right\} dx$$
$$= \arctan x - \int x \cdot \frac{x}{(x^2+1)^2}\, dx$$

ここで，最後の項について，$f(x) = x,\ g'(x) = \dfrac{x}{(x^2+1)^2}$ として部分積分法を適用する．まず，$g(x)$ を求めるために，$x^2 + 1 = u$ とおいて置換積分を行う．$2x\, dx = du$

より，
$$g(x) = \int \frac{x}{(x^2+1)^2}\,dx = \int \frac{1}{2}(x^2+1)^{-2} 2x\,dx$$
$$= \frac{1}{2}\int u^{-2}\,du = -\frac{1}{2}u^{-1} + C$$
$$= -\frac{1}{2(x^2+1)} + C$$

したがって，
$$\int x \cdot \frac{x}{(x^2+1)^2}\,dx = x\left\{-\frac{1}{2(x^2+1)}\right\} - \int (x)'\left\{-\frac{1}{2(x^2+1)}\right\}dx$$
$$= -\frac{x}{2(x^2+1)} + \frac{1}{2}\int \frac{1}{x^2+1}\,dx$$
$$= -\frac{x}{2(x^2+1)} + \frac{1}{2}\arctan x + C$$

ゆえに，
$$\int \frac{1}{(x^2+1)^2}\,dx = \arctan x - \left\{-\frac{x}{2(x^2+1)} + \frac{1}{2}\arctan x + C\right\}$$
$$= \frac{1}{2}\left(\frac{x}{x^2+1} + \arctan x\right) + C$$

問 4.7 次の不定積分を求めよ．
(1) $\displaystyle\int \frac{1}{x^2-4}\,dx$　(2) $\displaystyle\int \frac{x+1}{x^2+x-2}\,dx$　(3) $\displaystyle\int \frac{2x^2-x+1}{x(x^2-1)}\,dx$
(4) $\displaystyle\int \frac{x^2-1}{x^2+1}\,dx$　(5) $\displaystyle\int \frac{x^2-x-1}{x(x^2+1)}\,dx$　(6)★ $\displaystyle\int \frac{1}{(x^2+1)^3}\,dx$

4.8　三角関数の有理式の不定積分

$\sin x$ や $\cos x$ の有理式の不定積分は，三角関数の性質を使って式を変形したり，$u = \sin x$ または $u = \cos x$ とおいて置換積分すると計算できることがある．

例題 4.16 不定積分 $\displaystyle\int \frac{1+\sin^2 x}{1-\sin^2 x}\,dx$ を求めよ．

解答
$$\int \frac{1+\sin^2 x}{1-\sin^2 x}\,dx = \int \frac{2-(1-\sin^2 x)}{1-\sin^2 x}\,dx = \int \left(\frac{2}{1-\sin^2 x} - 1\right)dx$$
$$= \int \left(\frac{2}{\cos^2 x} - 1\right)dx = 2\tan x - x + C$$

4.8 三角関数の有理式の不定積分

例題 4.17 不定積分 $\int \dfrac{\sin x}{\cos^2 x}\, dx$ を求めよ.

解答 $u = \cos x$ とおくと, $\dfrac{du}{dx} = -\sin x$ より $dx = -\dfrac{1}{\sin x}\, du$ となるから

$$\int \frac{\sin x}{\cos^2 x}\, dx = \int \frac{\sin x}{u^2} \cdot \frac{1}{-\sin x}\, du = -\int u^{-2}\, du$$

$$= -\frac{1}{-2+1} u^{-2+1} + C = u^{-1} + C = \frac{1}{\cos x} + C$$

これで計算できない場合は, 次の方法を使うと, 計算が複雑になることはあるが必ず積分が求まる.

定理 4.7 $f(u, v)$ を u, v の有理式 (分数式) とする. このとき, 不定積分

$$\int f(\sin x, \cos x)\, dx$$

は,

$$t = \tan \frac{x}{2}$$

とおくと,

$$\sin x = \frac{2t}{1+t^2},\ \cos x = \frac{1-t^2}{1+t^2},\ dx = \frac{2}{1+t^2}\, dt$$

となり, 次の形の t の有理関数の積分となる.

$$\int f(\sin x, \cos x)\, dx = \int f\left(\frac{2t}{1+t^2}, \frac{1-t^2}{1+t^2}\right) \frac{2}{1+t^2}\, dt$$

証明 $\dfrac{x}{2} = \theta$ とおくと $\dfrac{\sin\theta}{\cos\theta} = \tan\theta = t$ で, 倍角の公式 (公式 2.12) より,

$\cos x = \cos 2\theta = \cos^2\theta - \sin^2\theta = \cos^2\theta(1-t^2)$

$$= \frac{1-t^2}{\frac{1}{\cos^2\theta}} = \frac{1-t^2}{\frac{\cos^2\theta + \sin^2\theta}{\cos^2\theta}} = \frac{1-t^2}{1+\left(\frac{\sin\theta}{\cos\theta}\right)^2} = \frac{1-t^2}{1+t^2}$$

$\sin x = \sin 2\theta = 2\sin\theta\cos\theta = 2\dfrac{\sin\theta}{\cos\theta}\cos^2\theta$

$$= 2t\frac{1}{\frac{1}{\cos^2\theta}} = \frac{2t}{\frac{\cos^2\theta + \sin^2\theta}{\cos^2\theta}} = \frac{2t}{1+\left(\frac{\sin^2\theta}{\cos\theta}\right)^2} = \frac{2t}{1+t^2}$$

また, $\dfrac{x}{2} = \arctan t$ の両辺を t で微分すると $\dfrac{1}{2}\dfrac{dx}{dt} = \dfrac{1}{1+t^2}$ となるから,

$$\frac{dx}{dt} = \frac{2}{1+t^2}$$

したがって, 置換積分法 (定理 4.5) より, 定理の式が得られる.

例題 4.18
不定積分 $\displaystyle\int \frac{1}{\sin x}\, dx$ を求めよ.

解答 $t = \tan \dfrac{x}{2}$ とおいて定理 4.7 を適用すると,

$$\int \frac{1}{\sin x}\, dx = \int \frac{1}{\frac{2t}{1+t^2}} \cdot \frac{2}{1+t^2}\, dt = \int \frac{1}{t}\, dt = \log|t| + C = \log\left|\tan\frac{x}{2}\right| + C$$

問 4.8 次の不定積分を求めよ.
(1) $\displaystyle\int \frac{1}{1+\cos x}\, dx$ (2) $\displaystyle\int \frac{1}{\cos x}\, dx$ (3) $\displaystyle\int \frac{\sin x}{1+\sin x}\, dx$

4.9 無理式の不定積分

根号の入った式の不定積分は, 適当な置換積分によって計算できることがある. この節では, その典型的な例をいくつかとり上げる.

例題 4.19
不定積分 $\displaystyle\int \frac{1}{x\sqrt{1-x}}\, dx$ を求めよ.

解答 $\sqrt{1-x} = u$ とおくと, $1 - x = u^2$ より
$$x = 1 - u^2, \qquad dx = -2u\, du$$
よって, 置換積分法を適用して,

$$\int \frac{1}{x\sqrt{1-x}}\, dx = \int \frac{1}{(1-u^2)u} \cdot (-2u)\, du = 2\int \frac{1}{u^2-1}\, du$$
$$= 2\int \frac{1}{2}\left(\frac{1}{u-1} - \frac{1}{u+1}\right) du = \log|u-1| - \log|u+1| + C$$
$$= \log\left|\frac{u-1}{u+1}\right| + C = \log\left|\frac{\sqrt{1-x}-1}{\sqrt{1-x}+1}\right| + C$$

例題 4.20
不定積分 $\displaystyle\int \frac{1}{\sqrt{x^2+a}}\, dx$ を求めよ.

 $\sqrt{x^2+a} = u - x$ とおくと, $x^2 + a = u^2 - 2ux + x^2$ より
$$x = \frac{u^2 - a}{2u}, \qquad dx = \frac{u^2 + a}{2u^2}\, du$$
また,
$$\sqrt{x^2 + a} = u - x = u - \frac{u^2 - a}{2u} = \frac{u^2 + a}{2u}$$

となるから，置換積分法より
$$\int \frac{1}{\sqrt{x^2+a}}\,dx = \int \frac{2u}{u^2+a}\cdot\frac{u^2+a}{2u^2}\,du = \int \frac{1}{u}\,du$$
$$= \log|u| + C = \log\left|x+\sqrt{x^2+a}\right| + C$$

例題 4.21 ★ 不定積分 $\displaystyle\int \sqrt{\frac{x+3}{x+1}}\,dx$ を求めよ．

解答 $\sqrt{\dfrac{x+3}{x+1}} = u$ とおいて置換積分法を行う．
$u^2 = \dfrac{x+3}{x+1} = 1 + \dfrac{2}{x+1}$ より $u^2 - 1 = \dfrac{2}{x+1}$，よって，$x+1 = \dfrac{2}{u^2-1}$
これより，
$$dx = \frac{-4u}{(u^2-1)^2}\,du$$
したがって，
$$\int \sqrt{\frac{x+3}{x+1}}\,dx = \int u\cdot\frac{-4u}{(u^2-1)^2}\,du = \int \frac{-4u^2}{(u^2-1)^2}\,du$$
よって，変数が u の有理式の積分に帰着されたので，4.7 節の方針で計算していく．はじめに，被積分関数の部分分数分解を行う．

分母を因数分解すると $(u^2-1)^2 = (u+1)^2(u-1)^2$ となるので，
$$\frac{-4u^2}{(u^2-1)^2} = \frac{A}{(u+1)^2} + \frac{B}{u+1} + \frac{C}{(u-1)^2} + \frac{D}{u-1}$$
とおき，右辺を再び通分して分子の係数を比較すると，
$$\begin{cases} B\phantom{{}+A-2C}+D = 0 \\ A-B+C+D = -4 \\ -2A-B+2C-D = 0 \\ A+B+C-D = 0 \end{cases}$$
この連立 1 次方程式を解くと
$$A = -1,\ B = 1,\ C = -1,\ D = -1$$
となる．よって，
$$\int \sqrt{\frac{x+3}{x+1}}\,dx = \int \left\{\frac{-1}{(u+1)^2} + \frac{1}{u+1} + \frac{-1}{(u-1)^2} + \frac{-1}{u-1}\right\}du$$
$$= \frac{1}{u+1} + \log|u+1| + \frac{1}{u-1} - \log|u-1| + C$$
$$= \frac{1}{u+1} + \frac{1}{u-1} + \log\left|\frac{u+1}{u-1}\right| + C$$

$$= \frac{2u}{u^2-1} + \log\left|\frac{u^2+2u+1}{u^2-1}\right| + C$$

$$= \frac{2\sqrt{\frac{x+3}{x+1}}}{\left(\sqrt{\frac{x+3}{x+1}}\right)^2-1} + \log\left|\frac{\left(\sqrt{\frac{x+3}{x+1}}\right)^2+2\sqrt{\frac{x+3}{x+1}}+1}{\left(\sqrt{\frac{x+3}{x+1}}\right)^2-1}\right| + C$$

$$= (x+1)\sqrt{\frac{x+3}{x+1}} + \log\left|x+2+(x+1)\sqrt{\frac{x+3}{x+1}}\right| + C \qquad \blacksquare$$

以上の例の一般化として,次のような形の関数の積分は,置換積分法によって有理関数の積分に帰着することができる.

被積分関数の形	置換の方法
x と $\sqrt[n]{ax+b}$ の有理式	$u = \sqrt[n]{ax+b}$
x と $\sqrt{\dfrac{ax+b}{cx+d}}$ の有理式	$u = \sqrt{\dfrac{ax+b}{cx+d}}$
x と $\sqrt{ax^2+bx+c}$ の有理式 ($a>0$)	$\sqrt{ax^2+bx+c} = u - \sqrt{a}\,x$

また,次のような形の関数の積分は,三角関数で置換することによって,三角関数の有理式の積分 (4.8 節) に帰着する方法もある.

被積分関数の形	置換の方法
x と $\sqrt{a^2-x^2}$ の有理式 ($a>0$)	$x = a\sin t \quad \left(-\dfrac{\pi}{2} \leqq t \leqq \dfrac{\pi}{2}\right)$
x と $\sqrt{x^2+a^2}$ の有理式 ($a>0$)	$x = a\tan t \quad \left(-\dfrac{\pi}{2} < t < \dfrac{\pi}{2}\right)$
x と $\sqrt{x^2-a^2}$ の有理式 ($a>0$)	$x = \dfrac{a}{\cos t} \quad \left(0 \leqq t \leqq \pi, t \neq \dfrac{\pi}{2}\right)$

問 4.9 次の不定積分を求めよ.

(1) $\displaystyle\int \frac{1}{(x-1)\sqrt{2-x}}\,dx$ 　　(2) $\displaystyle\int \frac{1}{\sqrt{4x^2+1}}\,dx$ 　　(3)★ $\displaystyle\int \sqrt{\frac{x+5}{x+1}}\,dx$

5 定積分

5.1 定積分の定義と基本性質

閉区間 $[a,b]$, つまり $a \leqq x \leqq b$ の範囲で定義された関数 $f(x)$ を考える. a と b の間に $a = x_0 < x_1 < x_2 < \cdots < x_n = b$ となるように点 $x_0, x_1, x_2, \ldots, x_n$ をとり, 区間 $[a,b]$ を小区間 $[x_0, x_1], [x_1, x_2], \ldots, [x_{n-1}, x_n]$ に分割する. 各小区間 $[x_{k-1}, x_k]$ から任意の 1 点 p_k をとると,
$$f(p_k)(x_k - x_{k-1})$$
の値は 図 5.1 では太枠の長方形の面積になる.

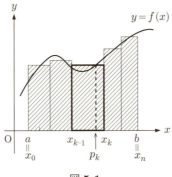

図 5.1

この値 $f(p_k)(x_k - x_{k-1})$ について, k を 1 から n まで動かして和をとると,
$$S_n = \sum_{k=1}^{n} f(p_k)(x_k - x_{k-1})$$
は図 5.1 の斜線部分の面積を表す. この和 S_n は, 区間 $[a,b]$ の分割の仕方と点 p_k のとり方を変えれば変化するが, もし, $[a,b]$ の分割を限りなく細かくしていって, 各小区間の幅を限りなく 0 に近づくようにするとき, S_n の値が

- 分割を細かくしていく仕方

- 各小区間 $[x_{k-1}, x_k]$ 内の点 p_k のとり方

によらない一定の極限値 I に近づくとき, $f(x)$ は $[a, b]$ において **積分可能** であるという. また, この極限値 I を

$$I = \int_a^b f(x)\,dx$$

と表し, $f(x)$ の a から b までの **定積分** という.

図 5.1 の斜線部分の上端は, 分割を細かくしていくと極限的には曲線 $y = f(x)$ に近づいていく (図 5.2).

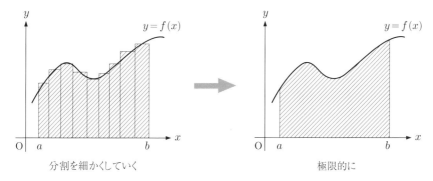

図 5.2 分割を細かくしていくときの極限

よって, $[a, b]$ において $f(x) \geqq 0$ ならば, $\int_a^b f(x)\,dx$ は, $a \leqq x \leqq b$ の範囲で曲線 $y = f(x)$ と x 軸によって囲まれた部分の面積を表す. 一方, $f(x) \leqq 0$ となる x の範囲では,

$$f(p_k)(x_k - x_{k-1}) \leqq 0$$

となるので, 定積分の値は実際の面積にマイナスの符号をつけた値になる (図 5.3).

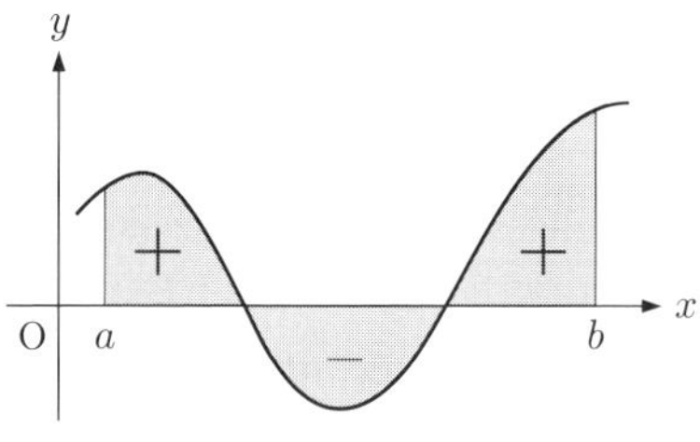

図 5.3 定積分の値の符号

さらに,

$$\int_b^a f(x)\,dx = -\int_a^b f(x)\,dx$$

$$\int_a^a f(x)\,dx = 0$$

と定める.これより,2つの数 a, b の大小に関係なく定積分 $\displaystyle\int_a^b f(x)\,dx$ が定義されたことになる.a をこの定積分の**下端**,b を**上端**という.また,この定積分の値を求めることを,$f(x)$ を a から b まで**積分する**という.

注. 定積分の場合は,変数の文字を変えても同じ値になる.たとえば,

$$\int_a^b f(x)\,dx = \int_a^b f(t)\,dt$$

定積分の定義から,積分可能な関数 $f(x)$, $g(x)$ に対して次が成り立つことがわかる.

定理 5.1 [定積分の基本性質]

(1) $\displaystyle\int_a^b \{f(x) \pm g(x)\}\,dx = \int_a^b f(x)\,dx \pm \int_a^b g(x)\,dx$ （複号同順）

(2) $\displaystyle\int_a^b kf(x)\,dx = k\int_a^b f(x)\,dx$ （k は定数）

(3) $\displaystyle\int_a^b f(x)\,dx = \int_a^c f(x)\,dx + \int_c^b f(x)\,dx$

(4) 区間 $[a,b]$ において,つねに $f(x) \leqq g(x)$ ならば,

$$\int_a^b f(x)\,dx \leqq \int_a^b g(x)\,dx$$

5.2 積分可能な関数

この節では,連続関数は積分可能であることの証明の概略を述べる.多項式関数,有理関数,三角関数,指数関数,対数関数などは定義域において連続であるから,これらの関数はすべて積分可能であることがわかる.

定理 5.2 [連続関数の積分可能性] $f(x)$ が $[a,b]$ で連続ならば,$f(x)$ は $[a,b]$ において積分可能である.

証明　5.1 節のはじめの定積分の定義において, 小区間 $[x_{k-1}, x_k]$ における $f(x)$ の最大値を M_k, 最小値を m_k とすると,

$$m_k(x_k - x_{k-1}) \leqq f(p_k)(x_k - x_{k-1}) \leqq M_k(x_k - x_{k-1})$$

となるから,

$$\sum_{k=1}^{n} m_k(x_k - x_{k-1}) \leqq \sum_{k=1}^{n} f(p_k)(x_k - x_{k-1}) \leqq \sum_{k=1}^{n} M_k(x_k - x_{k-1})$$

が成り立つ.

図 5.4 では, うすずみ色の部分の面積が $\displaystyle\sum_{k=1}^{n} M_k(x_k - x_{k-1})$ であり, その中の斜線部分の面積が $\displaystyle\sum_{k=1}^{n} m_k(x_k - x_{k-1})$ である. $[a, b]$ の分割を細かくしていくと, この不等式の左端の項は増加し, 右端の項は減少していく. よって, 右端と左端の項の差が 0 に近づくことを示せば, 間にはさまれた $\displaystyle\sum_{k=1}^{n} f(p_k)(x_k - x_{k-1})$ は, 区間の分割を限りなく細かくしていったときに一定の極限値をもつ, すなわち, この極限値として定積分

$$\int_a^b f(x)\,dx$$

が存在することが証明される.

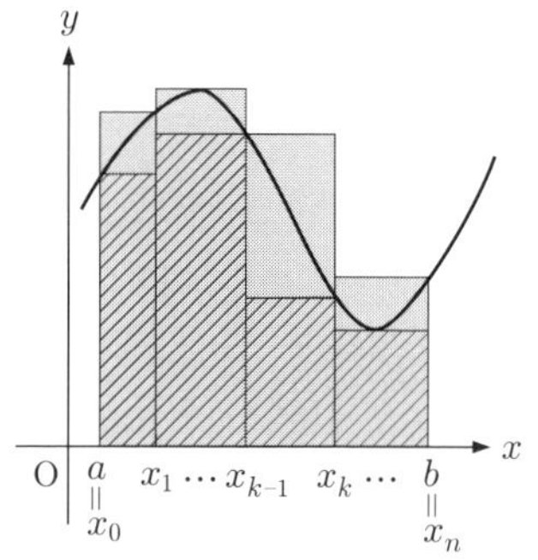

図 **5.4**

各小区間における $f(x)$ の最大値と最小値の差 $M_1 - m_1, M_2 - m_2, \ldots, M_n - m_n$ の中の最大のものを s とおくと

$$\begin{aligned}
&\sum_{k=1}^{n} M_k(x_k - x_{k-1}) - \sum_{k=1}^{n} m_k(x_k - x_{k-1}) \\
&\quad = \sum_{k=1}^{n} (M_k - m_k)(x_k - x_{k-1}) \\
&\quad \leqq \sum_{k=1}^{n} s(x_k - x_{k-1}) = s\sum_{k=1}^{n} (x_k - x_{k-1}) = s(b - a)
\end{aligned}$$

となる. $f(x)$ が連続であることから, $[a, b]$ の分割を限りなく細かくしていくと, s は限りなく 0 に近づくことがわかるので (連続関数の一様連続性という性質), 示すべきことが証明された. ▮

5.3 定積分と不定積分の関係

定積分と不定積分は，定義自体は関連がないが，関数が連続であるときは密接な関係があり，これを利用して定理 5.4 の定積分の計算法が得られる．

$f(t)$ が積分可能であるとき，$f(t)$ の a から x までの積分

$$\int_a^x f(t)\,dt$$

は，積分の上端 x の値によって変化するから，x を変数とする関数と考えることができるので，

$$S(x) = \int_a^x f(t)\,dt$$

とおく．このとき，定積分と不定積分の関係を示す次の定理が成り立つ．

定理 5.3 [微分積分学の基本定理]　$f(x)$ が連続ならば，

$$S(x) = \int_a^x f(t)\,dt$$

は $f(x)$ の原始関数の 1 つである．すなわち，

$$S'(x) = \frac{d}{dx}\int_a^x f(t)\,dt = f(x)$$

証明　$f(x)$ は連続であるから，

$$S(x) = \int_a^x f(t)\,dt$$

が定義され，x を変数とする関数となっている．導関数の定義 (公式 3.4) より，

$$S'(x) = \lim_{h\to 0}\frac{S(x+h)-S(x)}{h} = \lim_{h\to 0}\frac{1}{h}\left\{\int_a^{x+h} f(t)\,dt - \int_a^x f(t)\,dt\right\}$$

$$= \lim_{h\to 0}\frac{1}{h}\int_x^{x+h} f(t)\,dt \qquad [\text{定理 5.1 (3)}]$$

ここで，$h>0$ とすると，区間 $[x, x+h]$ における $f(t)$ の最大値を M，最小値を m とすると，$[x, x+h]$ において

$$m \leqq f(t) \leqq M$$

であるから，定理 5.1 (4) より

$$mh = \int_x^{x+h} m\,dt \leqq \int_x^{x+h} f(t)\,dt \leqq \int_x^{x+h} M\,dt = Mh$$

よって，

$$m \leqq \frac{1}{h}\int_x^{x+h} f(t)\,dt \leqq M$$

となる．$f(x)$ は連続関数であるから，$h \to +0$ のとき，m も M も $f(x)$ に近づくので，
$$\lim_{h \to +0} \frac{1}{h} \int_x^{x+h} f(t)\, dt = f(x)$$
$h < 0$ のときも同様に，区間 $[x+h, x]$ において考えることにより，$h \to 0$ のときの極限は
$$S'(x) = \lim_{h \to 0} \frac{1}{h} \int_x^{x+h} f(t)\, dt = f(x)$$
∎

一般に，関数 $F(x)$ に対して
$$\Big[F(x)\Big]_a^b = F(b) - F(a)$$
と定義する．次の定理は，定積分の具体的な計算法を与える．

定理 5.4 [定積分の計算法] $f(x)$ が $[a,b]$ で連続ならば，$F(x)$ を $f(x)$ の任意の原始関数とするとき，
$$\int_a^b f(x)\, dx = \Big[F(x)\Big]_a^b = F(b) - F(a)$$

証明 定理 5.3 より，
$$S(x) = \int_a^x f(t)\, dt$$
も $f(x)$ の原始関数である．よって，定理 4.1 より，
$$F(x) = S(x) + C \quad (C \text{ は定数})$$
と表される．したがって，
$$F(b) - F(a) = \{S(b) + C\} - \{S(a) + C\}$$
$$= S(b) - S(a) = \int_a^b f(t)\, dt - \int_a^a f(t)\, dt$$
$$= \int_a^b f(t)\, dt = \int_a^b f(x)\, dx$$
∎

例． (1) $\displaystyle\int_{-1}^{3} (x^3 - 2x + 3)\, dx = \left[\frac{1}{4}x^4 - x^2 + 3x\right]_{-1}^{3}$
$$= \left(\frac{3^4}{4} - 3^2 + 3 \cdot 3\right) - \left\{\frac{(-1)^4}{4} - (-1)^2 + 3 \cdot (-1)\right\} = 24$$

(2) $\displaystyle\int_0^{\frac{\pi}{2}} \cos x\, dx = \Big[\sin x\Big]_0^{\frac{\pi}{2}} = \sin \frac{\pi}{2} - \sin 0 = 1$

(3) $\displaystyle\int_1^2 \frac{1}{x}\, dx = \Big[\log |x|\Big]_1^2 = \log 2 - \log 1 = \log 2$

問 5.1 次の定積分の値を求めよ.

(1) $\displaystyle\int_1^2 (x^3 + 2x - 1)\, dx$

(2) $\displaystyle\int_0^\pi \sin x\, dx$

(3) $\displaystyle\int_0^1 (e^x - e^{-x})\, dx$

(4) $\displaystyle\int_0^x \cos t\, dt$

(5) $\displaystyle\int_1^4 \left(\sqrt{x} - \dfrac{1}{\sqrt{x}}\right) dx$

(6)★ $\displaystyle\int_0^1 \dfrac{1}{1+x^2}\, dx$

5.4 定積分の置換積分法

定理 4.4 または定理 4.5 を適用して置換積分を行うとき, 定積分の場合は次の定理により, 元の変数に戻さずに計算することができる.

定理 5.5 [定積分の置換積分法] $x = g(t)$ とおくとき, $a = g(\alpha)$, $b = g(\beta)$ ならば,
$$\int_a^b f(x)\, dx = \int_\alpha^\beta f(g(t))g'(t)\, dt$$

証明 $F(x)$ を $f(x)$ の原始関数の 1 つとすると,
$$F'(x) = f(x)$$
よって, 合成関数の微分法 (定理 3.7) より
$$\frac{d}{dt}F(g(t)) = F'(g(t))g'(t) = f(g(t))g'(t)$$
となるから, $F(g(t))$ は $f(g(t))g'(t)$ の原始関数の 1 つである. したがって
$$\int_a^b f(x)\, dx = F(b) - F(a) = F(g(\beta)) - F(g(\alpha)) = \int_\alpha^\beta f(g(t))g'(t)\, dt$$ ■

例題 5.1 定積分 $\displaystyle\int_{-1}^1 (2x+1)^4\, dx$ の値を求めよ.

解答 $t = 2x + 1$ とおくと, $\dfrac{dt}{dx} = 2$ より $dx = \dfrac{1}{2}dt$.
また, $x = -1$ のとき $t = -1$, $x = 1$ のとき $t = 3$ である. この x と t との積分区間の関係を次のように表す.
$$\begin{cases} x: & -1 \longrightarrow 1 \\ t: & -1 \longrightarrow 3 \end{cases}$$

これより,
$$\int_{-1}^{1}(2x+1)^4 dx = \int_{-1}^{3} t^4 \cdot \frac{1}{2} \, dt = \frac{1}{2}\left[\frac{1}{5}t^5\right]_{-1}^{3} = \frac{1}{10}\left\{3^5-(-1)^5\right\} = \frac{122}{5}$$ ∎

例題 5.2 定積分 $\displaystyle\int_0^1 x\sqrt{1-x}\,dx$ の値を求めよ.

解答 $1-x=t$ とおくと
$$\begin{cases} x: & 0 \longrightarrow 1 \\ t: & 1 \longrightarrow 0 \end{cases}$$
また, $x=1-t$ であり, $dx=-dt$. よって,
$$\int_0^1 x\sqrt{1-x}\,dx = \int_1^0 (1-t)\sqrt{t}\cdot(-1)\,dt = \int_0^1 (1-t)\sqrt{t}\,dt = \int_0^1 (\sqrt{t} - t\sqrt{t})\,dt$$
$$= \int_0^1 (t^{\frac{1}{2}} - t^{\frac{3}{2}})\,dt = \left[\frac{1}{\frac{1}{2}+1}t^{\frac{1}{2}+1} - \frac{1}{\frac{3}{2}+1}t^{\frac{3}{2}+1}\right]_0^1$$
$$= \frac{2}{3} - \frac{2}{5} = \frac{4}{15}$$

[別解] $\sqrt{1-x}=t$ とおくと
$$\begin{cases} x: & 0 \longrightarrow 1 \\ t: & 1 \longrightarrow 0 \end{cases}$$
また, $1-x=t^2$ より $x=1-t^2$ であるので, $dx=-2t\,dt$. よって,
$$\int_0^1 x\sqrt{1-x}\,dx = \int_1^0 (1-t^2)t\cdot(-2t)\,dt = 2\int_0^1 (1-t^2)t^2\,dt$$
$$= 2\int_0^1 (t^2-t^4)\,dt = 2\left[\frac{1}{3}t^3 - \frac{1}{5}t^5\right]_0^1 = 2\left(\frac{1}{3} - \frac{1}{5}\right) = \frac{4}{15}$$ ∎

注. この例のように,置換をしたときは,被積分関数に元の変数の x が残らないようにしてから積分する必要がある.

例題 5.3 定積分 $\displaystyle\int_{\frac{\pi}{4}}^{\frac{\pi}{2}} \cos^3 x \sin x\,dx$ の値を求めよ.

解答 $\cos x = t$ とおくと
$$\begin{cases} x: & \dfrac{\pi}{4} \longrightarrow \dfrac{\pi}{2} \\ t: & \dfrac{\sqrt{2}}{2} \longrightarrow 0 \end{cases}$$

また，$\dfrac{dt}{dx} = -\sin x$ より $dx = -\dfrac{1}{\sin x} dt$. よって，

$$\int_{\frac{\pi}{4}}^{\frac{\pi}{2}} \cos^3 x \sin x \, dx = \int_{\frac{\sqrt{2}}{2}}^{0} t^3 \sin x \cdot \left(-\frac{1}{\sin x}\right) dt = \int_{0}^{\frac{\sqrt{2}}{2}} t^3 \, dt$$

$$= \left[\frac{t^4}{4}\right]_0^{\frac{\sqrt{2}}{2}} = \frac{1}{4}\left(\frac{\sqrt{2}}{2}\right)^4 = \frac{1}{16}$$

例題 5.4 ★ 定積分 $\displaystyle\int_0^a \sqrt{a^2 - x^2}\, dx$ の値を求めよ．ただし，$a > 0$ とする．

解答 $x = a\sin\theta$ とおくと，

$$\begin{cases} x: & 0 \longrightarrow a \\ \theta: & 0 \longrightarrow \dfrac{\pi}{2} \end{cases}$$

また，$\dfrac{dx}{d\theta} = a\cos\theta$ より $dx = a\cos\theta\, d\theta$. さらに，$0 \leqq \theta \leqq \dfrac{\pi}{2}$ の範囲で $\cos\theta \geqq 0$ であるから，

$$\sqrt{a^2 - x^2} = \sqrt{a^2 - a^2\sin^2\theta} = \sqrt{a^2\cos^2\theta} = a\cos\theta$$

ゆえに，

$$\int_0^a \sqrt{a^2 - x^2}\, dx = \int_0^{\frac{\pi}{2}} a\cos\theta \cdot a\cos\theta\, d\theta = a^2 \int_0^{\frac{\pi}{2}} \cos^2\theta\, d\theta$$

$$= a^2 \int_0^{\frac{\pi}{2}} \frac{1 + \cos 2\theta}{2}\, d\theta = \frac{a^2}{2}\left[\theta + \frac{1}{2}\sin 2\theta\right]_0^{\frac{\pi}{2}} = \frac{1}{4}\pi a^2$$

問 5.2 定理 5.5 を用いて次の定積分の値を求めよ．

(1) $\displaystyle\int_1^2 (2x - 3)^5\, dx$　　(2) $\displaystyle\int_0^{\frac{\pi}{2}} \sin\left(\frac{1}{3}x + \frac{\pi}{6}\right) dx$

(3) $\displaystyle\int_0^{\frac{\pi}{2}} \sin^2 x \cos x\, dx$　　(4) $\displaystyle\int_{-1}^1 x\sqrt{1 + x}\, dx$

(5)★ $\displaystyle\int_0^{\sqrt{2}} \sqrt{4 - x^2}\, dx$

5.5　定積分の部分積分法

不定積分で学んだ部分積分法 (定理 4.6) は，定積分の場合には次の形になる．

定理 5.6 [定積分の部分積分法]

$$\int_a^b f(x)g'(x)\,dx = \Big[f(x)g(x)\Big]_a^b - \int_a^b f'(x)g(x)\,dx$$

証明 積の微分公式 (定理 3.4)
$$\{f(x)g(x)\}' = f'(x)g(x) + f(x)g'(x)$$
において,両辺の a から b までの積分を行うと,定理 5.4 より,
$$\Big[f(x)g(x)\Big]_a^b = \int_a^b f'(x)g(x)\,dx + \int_a^b f(x)g'(x)\,dx$$
であるから,移項すれば定理の式が得られる.

注. (1) 右辺の第 1 項において,$\Big[f(x)g(x)\Big]_a^b = f(b)g(b) - f(a)g(a)$ と,$f(x)g(x)$ に b と a を代入して差をとることを忘れないこと.

(2) $g'(x)$ とする関数のとり方の優先順位は,不定積分における部分積分のときと同じである.

例題 5.5 定積分 $\displaystyle\int_0^\pi x\sin x\,dx$ の値を求めよ.

解答 $f(x) = x$, $g'(x) = \sin x$ として定理を適用すると,$g(x) = -\cos x$ として
$$\int_0^\pi x\sin x\,dx = \int_0^\pi x(-\cos x)'\,dx = \Big[x(-\cos x)\Big]_0^\pi - \int_0^\pi (x)'(-\cos x)\,dx$$
$$= (-\pi\cos\pi + 0\cdot\cos 0) + \int_0^\pi \cos x\,dx = \pi + \Big[\sin x\Big]_0^\pi$$
$$= \pi + \sin\pi - \sin 0 = \pi$$

例題 5.6 定積分 $\displaystyle\int_1^e \log x\,dx$ の値を求めよ.

解答 $\log x = 1\cdot\log x$ と考えて,$f(x) = \log x$, $g'(x) = 1$ として定理を適用すると,$g(x) = x$ として
$$\int_1^e \log x\,dx = \int_1^e (x)'\log x\,dx = \Big[x\log x\Big]_1^e - \int_1^e x(\log x)'\,dx$$
$$= (e\log e - 1\cdot\log 1) - \int_1^e x\cdot\frac{1}{x}\,dx = e\cdot 1 - 1\cdot 0 - \Big[x\Big]_1^e$$
$$= e - (e - 1) = 1$$

例題 5.7 定積分 $\int_\alpha^\beta (x-\alpha)(x-\beta)\,dx$ の値を求めよ (ただし, α, β は定数).

解答 $f(x) = x - \alpha$, $g'(x) = x - \beta$ として定理を適用すると, $g(x) = \dfrac{1}{2}(x-\beta)^2$ として

$$\begin{aligned}
\int_\alpha^\beta (x-\alpha)(x-\beta)\,dx &= \int_\alpha^\beta (x-\alpha)\left\{\frac{1}{2}(x-\beta)^2\right\}'dx \\
&= \left[(x-\alpha)\frac{1}{2}(x-\beta)^2\right]_\alpha^\beta - \int_\alpha^\beta (x-\alpha)'\frac{1}{2}(x-\beta)^2\,dx \\
&= 0 - \frac{1}{2}\left[\frac{1}{3}(x-\beta)^3\right]_\alpha^\beta = \frac{1}{6}(\alpha-\beta)^3 = -\frac{1}{6}(\beta-\alpha)^3 \quad \blacksquare
\end{aligned}$$

問 5.3 次の定積分の値を求めよ.

(1) $\int_0^{\frac{\pi}{2}} x\cos x\,dx$ (2) $\int_0^1 xe^x\,dx$ (3) $\int_1^2 x\log x\,dx$

(4)★ $\int_0^\pi e^x \sin x\,dx$

5.6 ★ 定積分のいろいろな例

ここでは, 少し複雑な定積分の例を述べる.

例題 5.8 定積分 $\int_0^1 \arctan x\,dx$ の値を求めよ.

解答 部分積分法を適用して,

$$\begin{aligned}
\int_0^1 \arctan x\,dx &= \int_0^1 (x)' \arctan x\,dx = \left[x\arctan x\right]_0^1 - \int_0^1 x(\arctan x)'\,dx \\
&= \arctan 1 - \int_0^1 \frac{x}{1+x^2}\,dx
\end{aligned}$$

ここで,

$$\arctan 1 = \frac{\pi}{4}$$

であり, また,

$$\begin{aligned}
\int_0^1 \frac{x}{1+x^2}\,dx &= \frac{1}{2}\int_0^1 \frac{(1+x^2)'}{1+x^2}\,dx = \frac{1}{2}\left[\log(1+x^2)\right]_0^1 \quad [\text{公式 4.3}] \\
&= \frac{1}{2}(\log 2 - \log 1) = \frac{1}{2}\log 2
\end{aligned}$$

であるから，
$$\int_0^1 \arctan x \, dx = \frac{\pi}{4} - \frac{1}{2}\log 2$$

例題 5.9 次の定積分の等式を示せ．
$$\int_0^{\frac{\pi}{2}} \sin^n x \, dx = \int_0^{\frac{\pi}{2}} \cos^n x \, dx$$
$$= \begin{cases} \dfrac{n-1}{n} \cdot \dfrac{n-3}{n-2} \cdots \cdots \dfrac{3}{4} \cdot \dfrac{1}{2} \cdot \dfrac{\pi}{2} & (n \text{ は偶数で}, n \geqq 2) \\ \dfrac{n-1}{n} \cdot \dfrac{n-3}{n-2} \cdots \cdots \dfrac{4}{5} \cdot \dfrac{2}{3} & (n \text{ は奇数で}, n \geqq 3) \end{cases}$$

解答 $x = \dfrac{\pi}{2} - t$ とおくと $dx = -dt$ で，
$$\begin{cases} x : & 0 \to \dfrac{\pi}{2} \\ t : & \dfrac{\pi}{2} \to 0 \end{cases}$$
であるから，
$$\int_0^{\frac{\pi}{2}} \sin^n x \, dx = \int_{\frac{\pi}{2}}^0 \sin^n\left(\frac{\pi}{2} - t\right) \cdot (-1) \, dt = -\int_{\frac{\pi}{2}}^0 \cos^n t \, dt$$
$$= \int_0^{\frac{\pi}{2}} \cos^n t \, dt = \int_0^{\frac{\pi}{2}} \cos^n x \, dx$$
よって，1 番目の等式が証明された．次に，
$$I_n = \int_0^{\frac{\pi}{2}} \sin^n x \, dx$$
とおくと，部分積分法より
$$I_n = \int_0^{\frac{\pi}{2}} \sin^{n-1} x \, (-\cos x)' \, dx$$
$$= -\left[\sin^{n-1} x \cos x\right]_0^{\frac{\pi}{2}} + \int_0^{\frac{\pi}{2}} (\sin^{n-1} x)' \cos x \, dx$$
$$= (n-1) \int_0^{\frac{\pi}{2}} \sin^{n-2} x \cos^2 x \, dx$$
$$= (n-1) \int_0^{\frac{\pi}{2}} \sin^{n-2} x \, (1 - \sin^2 x) \, dx$$
$$= (n-1) \left\{ \int_0^{\frac{\pi}{2}} \sin^{n-2} x \, dx - \int_0^{\frac{\pi}{2}} \sin^n x \, dx \right\}$$
$$= (n-1)(I_{n-2} - I_n)$$

ゆえに，
$$I_n = \frac{n-1}{n} I_{n-2}$$

ここで，
$$I_0 = \int_0^{\frac{\pi}{2}} 1\, dx = \Big[x\Big]_0^{\frac{\pi}{2}} = \frac{\pi}{2}$$
$$I_1 = \int_0^{\frac{\pi}{2}} \sin x\, dx = \Big[-\cos x\Big]_0^{\frac{\pi}{2}} = -\cos\frac{\pi}{2} + \cos 0 = 1$$

であるから，求める式が得られる．

問 5.4 次の定積分の値を求めよ．
(1) $\displaystyle\int_0^{\frac{1}{2}} \frac{\arcsin x}{\sqrt{1-x^2}}\, dx$ 　　(2) $\displaystyle\int_0^{\frac{\pi}{2}} \frac{\sin x + \cos x}{e^x}\, dx$

5.7 定積分の応用

5.7.1 面積の計算

5.1 節の定積分の定義より，区間 $[a,b]$ において $f(x) \geqq 0$ ならば，定積分 $\displaystyle\int_a^b f(x)\, dx$ の値は，曲線 $y = f(x)$ と x 軸，および 2 直線 $x = a$, $x = b$ によって囲まれた部分の面積を表している．これを一般化して，次の定理が得られる．

定理 5.7 [2 曲線間の面積] 2 つの関数 $f(x), g(x)$ が区間 $[a,b]$ において連続で，$f(x) \geqq g(x)$ であるならば，2 曲線 $y = f(x)$, $y = g(x)$ と 2 直線 $x = a$, $x = b$ とで囲まれた部分の面積 S は
$$S = \int_a^b \{f(x) - g(x)\}\, dx$$

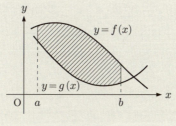

図 5.5

証明 $f(x) \geqq g(x) \geqq 0$ のときは, 面積 S を求めるには, 区間 $[a,b]$ において曲線 $y = f(x)$ と x 軸とで囲まれた部分の面積から, 曲線 $y = g(x)$ と x 軸とで囲まれた部分の面積を引けばよいから,

$$S = \int_a^b f(x)\,dx - \int_a^b g(x)\,dx$$
$$= \int_a^b \{f(x) - g(x)\}\,dx$$

$g(x) \leqq 0$ のときも, 定数 m を, $[a,b]$ において $g(x) + m \geqq 0$ となるように十分大きくとると, $[a,b]$ において 2 曲線 $y = f(x)$, $y = g(x)$ で囲まれた部分と, 2 曲線 $y = f(x) + m$, $y = g(x) + m$ で囲まれた部分の面積は等しいから,

$$S = \int_a^b \Big(\{f(x) + m\} - \{g(x) + m\}\Big)\,dx$$
$$= \int_a^b \{f(x) - g(x)\}\,dx \quad \blacksquare$$

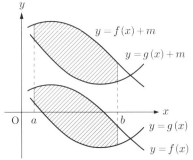

図 5.6

例題 5.10 放物線 $y = x^2$ と x 軸および直線 $x = 1$ で囲まれた部分の面積 S を求めよ.

解答 図 5.7 の斜線部分の面積であるから,

$$S = \int_0^1 x^2\,dx = \left[\frac{1}{3}x^3\right]_0^1 = \frac{1}{3}$$

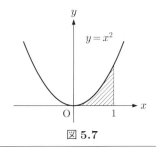

図 5.7

例題 5.11 放物線 $y = x^2$ と直線 $y = x + 2$ で囲まれた部分の面積 S を求めよ.

解答 この放物線と直線の交点の x 座標は, 方程式

$$x^2 = x + 2$$

の解である. 移項して因数分解すると,

$$x^2 - x - 2 = 0$$
$$(x+1)(x-2) = 0$$

よって, $x = -1, 2$ である.

区間 $[-1, 2]$ では $x^2 \leqq x + 2$ であるから,

$$\begin{aligned}
S &= \int_{-1}^{2} \{(x+2) - x^2\} \, dx \\
&= \left[\frac{1}{2}x^2 + 2x - \frac{1}{3}x^3\right]_{-1}^{2} \\
&= 2 + 4 - \frac{8}{3} - \left(\frac{1}{2} - 2 + \frac{1}{3}\right) \\
&= \frac{9}{2}
\end{aligned}$$

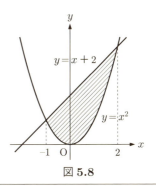

図 5.8

例題 5.12 曲線 $y = x^3 - 3x$ と直線 $y = x$ で囲まれた部分の面積 S を求めよ.

解答 この曲線と直線の交点の x 座標は, 方程式
$$x^3 - 3x = x$$
の解である. 移項して因数分解すると,
$$x^3 - 3x - x = 0$$
$$x(x+2)(x-2) = 0$$
よって, $x = 0, -2, 2$ である.

区間 $[-2, 0]$ では $x^3 - 3x \geqq x$, 区間 $[0, 2]$ では $x \geqq x^3 - 3x$ であるから, 面積は 2 つの部分に分けて計算して,

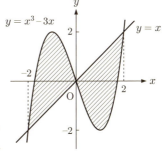

図 5.9

$$\begin{aligned}
S &= \int_{-2}^{0} \{(x^3 - 3x) - x\} \, dx + \int_{0}^{2} \{x - (x^3 - 3x)\} \, dx \\
&= \left[\frac{1}{4}x^4 - 2x^2\right]_{-2}^{0} + \left[2x^2 - \frac{1}{4}x^4\right]_{0}^{2} = -(4 - 8) + (8 - 4) = 8
\end{aligned}$$

例題 5.13 区間 $[0, \pi]$ において, 2 曲線 $y = \sin x$, $y = \cos x$ と 2 直線 $x = 0$, $x = \pi$ とで囲まれた部分の面積 S を求めよ.

解答 $[0, \pi]$ における曲線 $y = \sin x$ と曲線 $y = \cos x$ の交点の x 座標は, 方程式
$$\sin x = \cos x$$
の $0 \leqq x \leqq \pi$ の範囲の解である. よって, $x = \dfrac{\pi}{4}$ である.

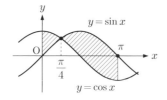

図 5.10

区間 $\left[0, \dfrac{\pi}{4}\right]$ では $\cos x \geqq \sin x$, 区間 $\left[\dfrac{\pi}{4}, \pi\right]$ では $\sin x \geqq \cos x$ であるから, 面積は 2 つの部分に分けて計算して,

$$
\begin{aligned}
S &= \int_0^{\frac{\pi}{4}} (\cos x - \sin x)\, dx + \int_{\frac{\pi}{4}}^{\pi} (\sin x - \cos x)\, dx \\
&= \Big[\sin x + \cos x\Big]_0^{\frac{\pi}{4}} + \Big[-\cos x - \sin x\Big]_{\frac{\pi}{4}}^{\pi} \\
&= \left\{\sin \frac{\pi}{4} + \cos \frac{\pi}{4} - (\sin 0 + \cos 0)\right\} + \left\{-\cos \pi - \sin \pi - \left(-\cos \frac{\pi}{4} - \sin \frac{\pi}{4}\right)\right\} \\
&= \frac{\sqrt{2}}{2} + \frac{\sqrt{2}}{2} - (0+1) - (-1) - 0 - \left(-\frac{\sqrt{2}}{2} - \frac{\sqrt{2}}{2}\right) = 2\sqrt{2}
\end{aligned}
$$

問 5.5 次の曲線と直線で囲まれた部分を斜線で図示し, 面積を求めよ.
(1) 放物線 $y = x^2$ と x 軸および直線 $x = 2$ で囲まれた部分
(2) $0 \leqq x \leqq \pi$ の範囲で, 曲線 $y = \sin x$ と x 軸で囲まれた部分
(3) 放物線 $y = x^2$ と直線 $y = 2x + 3$ で囲まれた部分
(4) 曲線 $y = x^3 - 2x$ と直線 $y = -x$ で囲まれた部分
(5) 2 曲線 $y = e^x, y = e^{-x}$ と直線 $x = 1$ で囲まれた部分
(6) $-\pi \leqq x \leqq \pi$ の範囲で, 曲線 $y = \cos x$ と直線 $y = \dfrac{1}{2}$ で囲まれた部分

5.7.2 体積の計算

(1) 断面積と体積

定理 5.8 [断面積による体積の計算法] $[a, b]$ を空間内の x 軸上の区間とし, 2 平面 α, β は x 軸と垂直であり, x 軸との交点の座標はそれぞれ a, b であるとする. 図 5.11 のように, 2 平面 α, β の間にある立体の体積を V とする. この立体を, x 軸と座標が x の点で垂直に交わる平面 γ で切ったとき, 切り口の断面

積を x の関数として $S(x)$ とおく．このとき，$S(x)$ が連続ならば，

$$V = \int_a^b S(x)\,dx$$

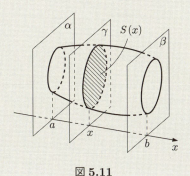

図 5.11

証明 a と b の間に $a = x_0 < x_1 < x_2 < \cdots < x_n = b$ となるように点 $x_0, x_1, x_2, \ldots, x_n$ をとり，区間 $[a,b]$ を小区間 $[x_0, x_1], [x_1, x_2], \ldots, [x_{n-1}, x_n]$ に分割する．この立体の $x_{k-1} \leqq x \leqq x_k$ の範囲の部分の体積を V_k とする．さらに，小区間 $[x_{k-1}, x_k]$ における $S(x)$ の最大値を M_k，最小値を m_k とすると，

$$m_k(x_k - x_{k-1}) \leqq V_k \leqq M_k(x_k - x_{k-1})$$

となるから，

$$\sum_{k=1}^n m_k(x_k - x_{k-1}) \leqq V \leqq \sum_{k=1}^n M_k(x_k - x_{k-1})$$

が成り立つ．

区間 $[a,b]$ の分割を限りなく細かくしていったとき，$S(x)$ が連続であることから，定理 5.2 の証明と同様にして，上の不等式の右端と左端の差が 0 に近づき，その極限値は $\int_a^b S(x)\,dx$ であることがわかるので，

$$V = \int_a^b S(x)\,dx$$

が成り立つ．

例題 5.14 図 5.12 のように，底面の半径が a である円柱から，底面の中心 O を通り，底面と $45°$ の角度をなす平面によって切り取られた立体の体積 V を求めよ．

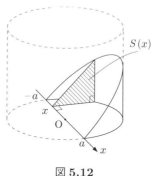

図 5.12

解答 この立体を，図 5.12 のように，x 軸と座標が x の点で垂直に交わる平面で切ったときの断面は，直角をはさむ 2 辺の長さが $\sqrt{a^2 - x^2}$ の直角 2 等辺三角形であるから，断面積を $S(x)$ とおくと

$$S(x) = \frac{1}{2}\sqrt{a^2 - x^2} \cdot \sqrt{a^2 - x^2} = \frac{1}{2}(a^2 - x^2) \quad (-a \leqq x \leqq a)$$

よって，定理 5.8 より，

$$V = \int_{-a}^{a} S(x)\,dx = \int_{-a}^{a} \frac{1}{2}(a^2 - x^2)\,dx = \frac{1}{2}\left[a^2 x - \frac{1}{3}x^3\right]_{-a}^{a}$$
$$= \frac{1}{2}\left\{a^3 - \frac{1}{3}a^3 - \left(-a^3 + \frac{1}{3}a^3\right)\right\} = \frac{2}{3}a^3$$

(2) 回転体の体積

定理 5.8 を応用して，次のように，回転体の体積を求めることができる．

定理 5.9 [回転体の体積] $[a, b]$ において $f(x)$ が連続であるとき，曲線 $y = f(x)$ と x 軸，および 2 直線 $x = a$, $x = b$ で囲まれた図形を x 軸のまわりに 1 回転してできる立体の体積を V とすると，

$$V = \pi \int_{a}^{b} \{f(x)\}^2\,dx$$

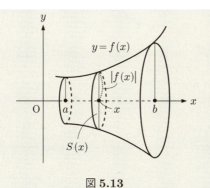

図 5.13

証明 この回転体を，x 軸と座標が x の点で垂直に交わる平面で切ったときの断面は半径が $|f(x)|$ の円であるから，断面積は $\pi\{f(x)\}^2$ である．定理 5.8 を適用すれば，求める式が得られる． ∎

例題 5.15 底面の半径が a で高さが h の円錐の体積を V とする．円錐を回転体と見ることによって V を求めよ．

解答 この円錐は，直角をはさむ 2 辺の長さが h と a の直角三角形を，長さが h の辺を軸に 1 回転してできる．図 5.14 のように，円錐の頂点を原点 O とし，底面の中心を点 $(h,0)$ におくと，この円錐は，直線 $y = \dfrac{a}{h}x$ と x 軸，および直線 $x = h$ で囲まれた図形を x 軸のまわりに 1 回転してできた立体なので，その体積は定理 5.9 より，

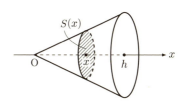

図 5.14

$$V = \pi \int_0^h \left(\frac{a}{h}x\right)^2 dx = \frac{\pi a^2}{h^2} \left[\frac{x^3}{3}\right]_0^h = \frac{\pi a^2}{h^2} \cdot \frac{h^3}{3} = \frac{1}{3}\pi a^2 h$$

∎

問 5.6 次の立体の体積を求めよ．
(1) 曲線 $y = x^2 - 1$ と x 軸で囲まれた図形を x 軸のまわりに 1 回転してできる立体
(2) 曲線 $y = e^x$ と x 軸，および 2 直線 $x = 1$, $x = -1$ で囲まれた図形を x 軸のまわりに 1 回転してできる立体
(3) $0 \leqq x \leqq \pi$ の範囲で，曲線 $y = \sin x$ と x 軸で囲まれた図形を x 軸のまわりに 1 回転してできる立体

(4)★ 次の不等式を満たす領域を y 軸のまわりに 1 回転してできる立体：
$x^2 \leqq y \leqq x^2 + a$, $y \leqq 2$ (ただし，a は定数で $0 < a < 2$)

問 5.7★　円環状 (ドーナツ型) の立体の体積を求める公式を求めよ．ただし，この立体は，平面上の点 A を中心とする半径 r の円を，点 A からの距離が d (ただし，$d > r$) である直線を軸に 1 回転してできるものとする．

5.8　広義積分

これまでの定積分は，関数が定義されている区間 $[a,b]$ において考えていた．この節では，定積分の定義を拡張し，関数が定義されない点を含む区間や，無限の長さの区間で積分することを考える．これらを**広義積分**という．

5.8.1　関数が定義されない点を含む積分

関数 $f(x)$ が区間 $[a,b]$ において，有限個の点を除いて定義されているとする．定理 5.1 より，定積分は積分区間を分割して計算し，和をとればよいから，関数が定義されない点は区間の一方の端だけである場合を考えればよい．

$f(x)$ が，$a < x \leqq b$ の範囲，すなわち区間 $(a,b]$ で定義されていて，任意の小さい正の数 $\varepsilon > 0$ に対して定積分 $\int_{a+\varepsilon}^{b} f(x)\,dx$ が定義されるとする．このとき，さらに，右側極限

$$\lim_{\varepsilon \to +0} \int_{a+\varepsilon}^{b} f(x)\,dx$$

が存在して有限の値であるとき，

$$\int_{a}^{b} f(x)\,dx = \lim_{\varepsilon \to +0} \int_{a+\varepsilon}^{b} f(x)\,dx$$

と定義して，$f(x)$ の $[a,b]$ における**広義積分**という (図 5.15)．

有限の極限値をもたないときは，広義積分は存在しないという．

$f(x)$ が，区間 $[a,b)$ で定義されているときも同様に，

$$\int_{a}^{b} f(x)\,dx = \lim_{\varepsilon \to +0} \int_{a}^{b-\varepsilon} f(x)\,dx$$

として広義積分を定義する (図 5.16)．

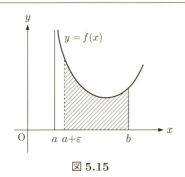
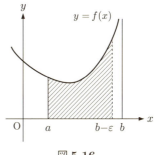

図 5.15 図 5.16

つまり，広義積分とは，普通の定積分が存在する範囲で積分し，積分区間を広げていって極限を考えることである．

例題 5.16 広義積分 $\displaystyle\int_0^1 \frac{1}{\sqrt{x}}\,dx$ を求めよ．

[解答] 区間 $[0,1]$ において，関数 $\dfrac{1}{\sqrt{x}}$ は $x=0$ を除いて定義されて連続であるから，$\varepsilon>0$ のとき $[\varepsilon,1]$ において積分可能である．そして，

$$\int_\varepsilon^1 \frac{1}{\sqrt{x}}\,dx = \int_\varepsilon^1 x^{-\frac{1}{2}}\,dx = \left[\frac{1}{-\frac{1}{2}+1}x^{-\frac{1}{2}+1}\right]_\varepsilon^1 = 2(1-\sqrt{\varepsilon})$$

したがって， $\displaystyle\int_0^1 \frac{1}{\sqrt{x}}\,dx = \lim_{\varepsilon\to+0}\int_\varepsilon^1 \frac{1}{\sqrt{x}}\,dx = 2$ ∎

例題 5.17 広義積分 $\displaystyle\int_0^1 \frac{1}{x}\,dx$ を求めよ．

[解答] 区間 $[0,1]$ において，関数 $\dfrac{1}{x}$ は $x=0$ を除いて定義されて連続であるから，$\varepsilon>0$ のとき $[\varepsilon,1]$ において積分可能である．そして，

$$\int_\varepsilon^1 \frac{1}{x}\,dx = \Big[\log x\Big]_\varepsilon^1 = \log 1 - \log\varepsilon = -\log\varepsilon$$

ここで，$\displaystyle\lim_{\varepsilon\to+0}\log\varepsilon = -\infty$ であるから，広義積分 $\displaystyle\int_0^1 \frac{1}{x}\,dx$ は存在しない． ∎

一般に次が成り立つ．

定理 5.10
$$\int_0^1 \frac{1}{x^\alpha}\,dx = \begin{cases} \dfrac{1}{1-\alpha} & (\alpha < 1 \text{ のとき}) \\ \text{存在しない} & (\alpha \geqq 1 \text{ のとき}) \end{cases}$$

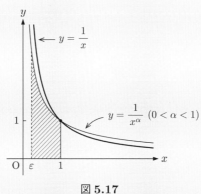

図 5.17

証明 被積分関数は，$x=0$ を除けば定義されて連続である．
$\alpha \neq 1$ のとき，$\varepsilon > 0$ として
$$\int_\varepsilon^1 \frac{1}{x^\alpha}\,dx = \int_\varepsilon^1 x^{-\alpha}\,dx = \frac{1}{1-\alpha}\left[x^{1-\alpha}\right]_\varepsilon^1 = \frac{1}{1-\alpha}(1-\varepsilon^{1-\alpha})$$
ここで，
$$\lim_{\varepsilon \to +0} \varepsilon^{1-\alpha} = \begin{cases} 0 & (1-\alpha > 0 \text{ のとき}) \\ \infty & (1-\alpha < 0 \text{ のとき}) \end{cases}$$
であるから，
$$\lim_{\varepsilon \to +0}\int_\varepsilon^1 \frac{1}{x^\alpha}\,dx = \frac{1}{1-\alpha}\left(1 - \lim_{\varepsilon \to +0}\varepsilon^{1-\alpha}\right) = \begin{cases} \dfrac{1}{1-\alpha} & (\alpha < 1 \text{ のとき}) \\ \infty & (\alpha > 1 \text{ のとき}) \end{cases}$$
$\alpha = 1$ のときは 例題 5.17 であるから，あわせて定理が証明される． ■

例題 5.18 ★ 広義積分 $\displaystyle\int_0^1 \log x\,dx$ を求めよ．

解答 $\varepsilon > 0$ のとき，部分積分法 (例題 4.7 参照) より，
$$\int_\varepsilon^1 \log x\,dx = \Big[x\log x - x\Big]_\varepsilon^1 = 1 \cdot \log 1 - 1 - (\varepsilon \log \varepsilon - \varepsilon) = -1 - \varepsilon \log \varepsilon + \varepsilon$$
ここで，ロピタルの定理 (公式 3.12) より，
$$\lim_{x \to +0} x \log x = \lim_{x \to +0} \frac{\log x}{\frac{1}{x}} = \lim_{x \to +0} \frac{(\log x)'}{\left(\frac{1}{x}\right)'} = \lim_{x \to +0} \frac{\frac{1}{x}}{-\frac{1}{x^2}} = \lim_{x \to +0}(-x) = 0$$

となるので,
$$\int_0^1 \log x\,dx = \lim_{\varepsilon \to +0} \int_\varepsilon^1 \log x\,dx = -1$$

問 5.8 次の広義積分を求めよ.
(1) $\displaystyle\int_0^1 \frac{1}{\sqrt[3]{x^2}}\,dx$ (2) $\displaystyle\int_0^1 \frac{1}{\sqrt{1-x}}\,dx$ (3) $\displaystyle\int_0^2 \frac{1}{4-x^2}\,dx$
(4)★ $\displaystyle\int_0^1 x \log x\,dx$ (5)★ $\displaystyle\int_0^1 \frac{1}{\sqrt{1-x^2}}\,dx$

5.8.2 無限積分

ここでは, 積分区間が無限の長さになる積分を定義する. 区間 $[a, \infty)$ において定義された関数 $f(x)$ が, $a < R$ を満たす任意の実数 R に対して, $[a, R]$ において積分可能であるとき,
$$\int_a^\infty f(x)\,dx = \lim_{R \to \infty} \int_a^R f(x)\,dx$$
と定義する (図 5.18). 同様に,
$$\int_{-\infty}^b f(x)\,dx = \lim_{T \to -\infty} \int_T^b f(x)\,dx$$
$$\int_{-\infty}^\infty f(x)\,dx = \lim_{\substack{R \to \infty \\ T \to -\infty}} \int_T^R f(x)\,dx$$
と定義する (図 5.19, 図 5.20). いずれも**無限積分**という.

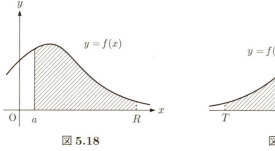

図 5.18

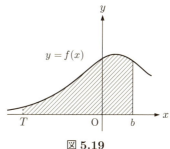

図 5.19

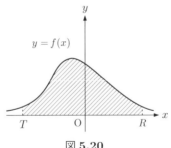

図 5.20

例題 5.19 無限積分 $\int_1^\infty \dfrac{1}{x^2}\,dx$ を求めよ．

解答 $R > 0$ のとき，
$$\int_1^R \frac{1}{x^2}\,dx = \int_1^R x^{-2}\,dx = \left[\frac{1}{-2+1}x^{-2+1}\right]_1^R = \left[-\frac{1}{x}\right]_1^R = -\frac{1}{R}+1$$
したがって，
$$\int_1^\infty \frac{1}{x^2}\,dx = \lim_{R\to\infty}\int_1^R \frac{1}{x^2}\,dx = 1$$

例題 5.20 無限積分 $\int_1^\infty \dfrac{1}{x}\,dx$ を求めよ．

解答 $R > 0$ のとき，
$$\int_1^R \frac{1}{x}\,dx = \Big[\log x\Big]_1^R = \log R - \log 1 = \log R$$
ここで，$\lim\limits_{R\to\infty}\log R = \infty$ であるから，$\int_1^\infty \dfrac{1}{x}\,dx$ は存在しない．

一般に次が成り立つ.

定理 5.11
$$\int_1^\infty \frac{1}{x^\alpha}\,dx = \begin{cases} \dfrac{1}{\alpha-1} & (\alpha > 1 \text{ のとき}) \\ \text{存在しない} & (\alpha \leqq 1 \text{ のとき}) \end{cases}$$

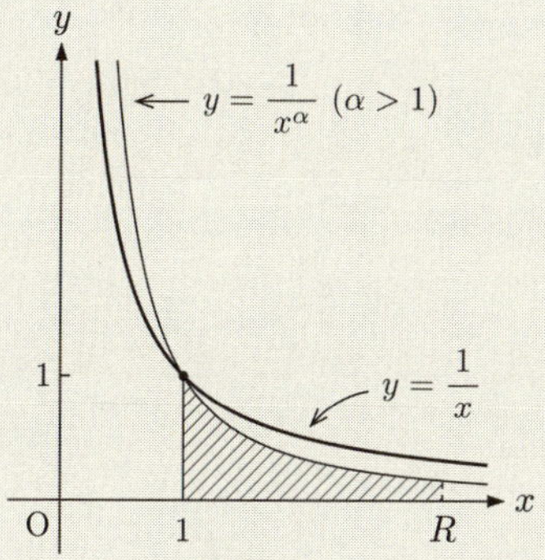

図 5.21

証明 $\alpha \neq 1$ のとき, $R > 0$ として,
$$\int_1^R \frac{1}{x^\alpha}\,dx = \int_1^R x^{-\alpha}\,dx = \frac{1}{1-\alpha}\Big[x^{1-\alpha}\Big]_1^R = \frac{1}{1-\alpha}(R^{1-\alpha}-1)$$

ここで,
$$\lim_{R\to\infty} R^{1-\alpha} = \begin{cases} 0 & (1-\alpha < 0 \text{ のとき}) \\ \infty & (1-\alpha > 0 \text{ のとき}) \end{cases}$$

であるから,
$$\lim_{R\to\infty}\int_1^R \frac{1}{x^\alpha}\,dx = \frac{1}{1-\alpha}\left(\lim_{R\to\infty} R^{1-\alpha}-1\right) = \begin{cases} \dfrac{1}{\alpha-1} & (\alpha > 1 \text{ のとき}) \\ \infty & (\alpha < 1 \text{ のとき}) \end{cases}$$

$\alpha = 1$ のときは例題 5.20 であるから, あわせて定理が証明される. ∎

例題 5.21 ★ 無限積分 $\displaystyle\int_0^\infty \frac{1}{x^2+1}\,dx$ を求めよ.

解答 $\displaystyle\int_0^R \frac{1}{x^2+1}\,dx = \Big[\arctan x\Big]_0^R = \arctan R - \arctan 0 = \arctan R$

において, 公式 3.2 により $\displaystyle\lim_{R\to\infty} \arctan R = \frac{\pi}{2}$ であるから,
$$\int_0^\infty \frac{1}{x^2+1}\,dx = \lim_{R\to\infty}\int_0^R \frac{1}{x^2+1}\,dx = \frac{\pi}{2}$$
∎

例題 5.22 ★ 無限積分 $\displaystyle\int_0^\infty xe^{-x}\,dx$ を求めよ.

解答 部分積分法 (問 4.4 参照) より,

$$\int_0^R xe^{-x}\,dx = \int_0^R x\left(-e^{-x}\right)'\,dx = \left[-xe^{-x}\right]_0^R + \int_0^R e^{-x}\,dx$$

$$= -Re^{-R} + 0 + \left[-e^{-x}\right]_0^R = -\frac{R}{e^R} - \frac{1}{e^R} + 1$$

ここで, $\displaystyle\lim_{R\to\infty} e^R = \infty$ より, $\displaystyle\lim_{R\to\infty}\frac{1}{e^R} = 0$ であり, また, ロピタルの定理 (公式 3.13) より,

$$\lim_{x\to\infty}\frac{x}{e^x} = \lim_{x\to\infty}\frac{(x)'}{(e^x)'} = \lim_{x\to\infty}\frac{1}{e^x} = 0$$

となるので,

$$\int_0^\infty xe^{-x}\,dx = \lim_{R\to\infty}\int_0^R xe^{-x}\,dx = 1$$

注. 例題 5.21 と例題 5.22 の被積分関数のグラフの概形は次のようになる.

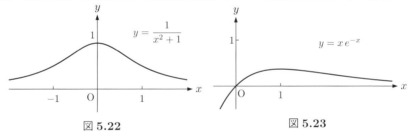

図 5.22　　　　　図 5.23

問 5.9 次の無限積分を求めよ.

(1) $\displaystyle\int_1^\infty \frac{1}{x\sqrt{x}}\,dx$ 　　(2) $\displaystyle\int_1^\infty \frac{1}{x(x+1)}\,dx$ 　　(3) $\displaystyle\int_0^\infty \frac{x}{1+x^2}\,dx$

(4)★ $\displaystyle\int_{-\infty}^\infty \frac{1}{x^2+1}\,dx$ 　　(5)★ $\displaystyle\int_0^\infty e^{-x}\sin x\,dx$

6 偏微分

6.1 2変数関数

6.1.1 2変数関数

2つの変数 x, y の式, たとえば
$$2x + 3y - 5$$
を考えると, x と y にはいろいろな数や文字や式を代入できる. $(x, y) = (2, -3)$ を代入すれば, $2 \times 2 + 3 \times (-3) - 5 = -10$ が得られ, $(x, y) = (2t, -t-1)$ を代入すれば, $2 \times 2t + 3 \times (-t-1) - 5 = t - 8$ が得られる. ここで, $2x + 3y - 5$ を $f(x, y)$ と書くと, これらの関係は
$$f(2, -3) = -10, \quad f(2t, -t-1) = t - 8$$
と表すことができる. 一般に, 2つの変数 x, y に値や式などをそれぞれ1つ代入すると, 代入した値や式に対応して値や式が1つ決まるとき, この対応を **2変数関数** という. 変数は x と y で表すことが多いが, 他の文字を使うこともある.

1変数関数において, x のとりうる値の範囲を定義域, 対応する y のとりうる値の範囲を値域というが, 2変数関数においても同様に, 変数の組 (x, y) のとりうる範囲を **定義域** といい, 対応する $f(x, y)$ のとりうる値の範囲を **値域** という. 1変数関数の定義域は, 一般的に $[a, b]$ のように区間で表すが, 2変数関数の定義域については, xy 平面上の領域となる.

例. (1) $f(x, y) = x + y$ の定義域は xy 平面全体, 値域は実数全体.
(2) $f(x, y) = e^{-x^2 - y^2}$ の定義域は xy 平面全体, 値域は $(0, 1]$.
(3) $f(x, y) = \dfrac{x^2}{x+y}$ の定義域は $\{(x, y) | x + y \neq 0\}$, 値域は実数全体.
(4) $f(x, y) = \sqrt{1 - x^2 - y^2}$ の定義域は $\{(x, y) | x^2 + y^2 \leqq 1\}$, 値域は $[0, 1]$.

同様に, 3つの変数 x, y, z の式から **3 変数関数** $f(x, y, z)$ や, さらに一般に, n 個の変数 $x_1, x_2, \ldots, x_n$ の式から $\boldsymbol{n}$ **変数関数** $f(x_1, x_2, \ldots, x_n)$ を定義することができる.

xy 平面の原点 O を通り, xy 平面に垂直な方向に z 軸を定める. これにより, xyz 空間が定まる. xyz 空間の点は x, y, z の3つの座標の組 (x, y, z) として表される. 2 変数関数 $f(x, y)$ に対して, xyz 空間内で $z = f(x, y)$ を満たす点 (x, y, z) の集まりを $z = f(x, y)$ の**グラフ**という. グラフは一般に xyz 空間の曲面となる. たとえば,

$$z = x + y, \quad z = \sin(xy), \quad z = e^{-x^2 - y^2}$$

などのグラフは次のようになる.

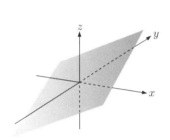

図 **6.1** $z = x + y$ のグラフ

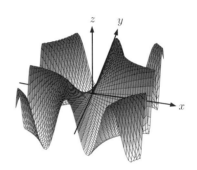

図 **6.2** $z = \sin(xy)$ のグラフ

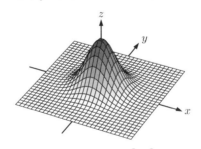

図 **6.3** $z = e^{-x^2 - y^2}$ のグラフ

6.1.2 2 変数関数の極限

関数 $f(x, y)$ において, 定義域 D 内の点 (x, y) が点 (a, b) 以外の点をとりながら点 (a, b) に限りなく近づくとき, その近づき方によらず $f(x, y)$ の値が一定の値 α に限りなく近づくとする. このとき, (x, y) が (a, b) に近づくときの

$f(x,y)$ の**極限値**は α であるといい,

$$\lim_{(x,y)\to(a,b)} f(x,y) = \alpha \quad \text{または} \quad (x,y)\to(a,b) \text{ のとき } f(x,y)\to\alpha$$

と表す．極限値が存在するかどうかは, (x,y) が (a,b) に近づくすべての近づき方について考える必要がある．

例． (1) $f(x,y) = \dfrac{x^3}{x^2+y^2}$ は $(0,0)$ 以外で定義される関数であるが, $(0,0)$ において極限値が存在する．実際,

$$\lim_{(x,y)\to(0,0)} \left|\frac{x^3}{x^2+y^2}\right| = \lim_{(x,y)\to(0,0)} \left|\frac{x^2}{x^2+y^2}\right| |x| \leqq \lim_{(x,y)\to(0,0)} |x| = 0$$

より

$$\lim_{(x,y)\to(0,0)} \frac{x^3}{x^2+y^2} = 0$$

(2) $f(x,y) = \dfrac{x^2}{x^2+y^2}$ は $(0,0)$ 以外が定義域であり, $(0,0)$ において極限値が存在しない．なぜならば, (x,y) が x 軸上で $(0,0)$ に近づく場合は

$$\lim_{(x,0)\to(0,0)} \frac{x^2}{x^2+0} = \lim_{x\to 0} 1 = 1$$

であり, (x,y) が y 軸上で $(0,0)$ に近づく場合は

$$\lim_{(0,y)\to(0,0)} \frac{0}{0+y^2} = \lim_{y\to 0} 0 = 0$$

であるから, (x,y) を $(0,0)$ に近づける近づけ方によって $f(x,y)$ は異なる値に近づく．

2 変数関数の極限についても, 1 変数の場合と同様な公式が成立する．

定理 6.1 [2 変数関数の極限値の性質] 関数 $f(x,y), g(x,y)$ が点 (a,b) において極限値 $\lim_{(x,y)\to(a,b)} f(x,y) = \alpha$, $\lim_{(x,y)\to(a,b)} g(x,y) = \beta$ をもつならば,

(1) $\lim_{(x,y)\to(a,b)} \{f(x,y) \pm g(x,y)\} = \alpha \pm \beta$ （複号同順）

(2) $\lim_{(x,y)\to(a,b)} f(x,y)g(x,y) = \alpha\beta$

(3) $\beta \neq 0$ ならば $\lim_{(x,y)\to(a,b)} \dfrac{f(x,y)}{g(x,y)} = \dfrac{\alpha}{\beta}$

(4) k を定数とすると, $\lim_{(x,y)\to(a,b)} kf(x,y) = k\alpha$

6.1.3 2変数関数の連続性

2変数関数の連続性についても,1変数関数と同じように定義できる.関数 $f(x,y)$ が定義域内の点 (a,b) において
$$\lim_{(x,y)\to(a,b)} f(x,y) = f(a,b)$$
が成り立つとき,$f(x,y)$ は点 (a,b) で**連続**であるという.また,$f(x,y)$ がある領域 D に含まれるすべての点で連続であるとき,$f(x,y)$ は D で**連続**であるという.

3変数関数や,一般の n 変数関数についても,同様にして極限や連続性を定義できる.

6.2 偏導関数

6.2.1 偏微分係数

関数 $f(x,y) = \sin(x + xy + y^2)$ を考える.図 6.4 は $z = \sin(x + xy + y^2)$ のグラフであるが,たとえば y の値を 0 に固定した場合,関数は $f(x,0) = \sin x$ であり (図 6.5),y の値を 1 に固定した場合,関数は $f(x,1) = \sin(2x+1)$ となる (図 6.6).このように 2 変数関数であっても,どちらかの変数を固定すれば 1 変数関数として扱うことができる.

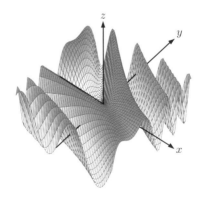

図 **6.4** $z = \sin(x + xy + y^2)$ のグラフ

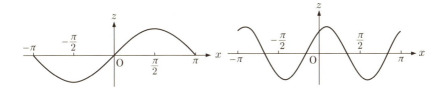

図 **6.5** $z = \sin x$ のグラフ   図 **6.6** $z = \sin(2x+1)$ のグラフ

一般に, 2 変数関数 $f(x,y)$ が与えられたとき, 定義域内の点 (a,b) に対して, y の値を b に固定した関数 $f(x,b)$ を考える. $f(x,b)$ の $x = a$ における微分係数

$$\lim_{h \to 0} \frac{f(a+h,b) - f(a,b)}{h}$$

が存在するとき, その値を $f_x(a,b)$ で表し, 点 (a,b) における $f(x,y)$ の **x に関する偏微分係数**という. また, 関数 $f(x,y)$ は点 (a,b) において x に関して**偏微分可能**であるという. 同様にして, x の値を a に固定した関数 $f(a,y)$ を考える. $f(a,y)$ の $y = b$ における微分係数

$$\lim_{h \to 0} \frac{f(a,b+h) - f(a,b)}{h}$$

が存在するとき, その値を $f_y(a,b)$ で表し, 点 (a,b) における $f(x,y)$ の **y に関する偏微分係数**という. また, 関数 $f(x,y)$ は点 (a,b) において y に関して**偏微分可能**であるという.

6.2.2 偏導関数

関数 $f(x,y)$ が定義域 D の任意の点 (a,b) において, x に関して偏微分可能であるとする. このとき, 偏微分係数 $f_x(a,b)$ は点 (a,b) を定めると値が決まるので, a と b を変数とする関数と考えられる. そこで, (a,b) を (x,y) に置き換えて得られる関数 $f_x(x,y)$ を $f(x,y)$ の **x に関する偏導関数**という. 同様に, D 上の任意の点 (a,b) で y に関して偏微分可能であるとき, $f(x,y)$ の **y に関する偏導関数** $f_y(x,y)$ を定義する.

> **公式 6.1** [$f(x, y)$ の偏導関数]
>
> $$f_x(x, y) = \lim_{h \to 0} \frac{f(x+h, y) - f(x, y)}{h}$$
>
> $$f_y(x, y) = \lim_{h \to 0} \frac{f(x, y+h) - f(x, y)}{h}$$

$z = f(x, y)$ とおくとき, x に関する偏導関数は $f_x(x, y)$ 以外に

$$z_x, \ \frac{\partial z}{\partial x}, \ \frac{\partial f(x, y)}{\partial x}, \ \frac{\partial f}{\partial x}(x, y), \ \frac{\partial}{\partial x} f(x, y)$$

などと表される. 同様にして, y に関する偏導関数 $f_y(x, y)$ は,

$$z_y, \ \frac{\partial z}{\partial y}, \ \frac{\partial f(x, y)}{\partial y}, \ \frac{\partial f}{\partial y}(x, y), \ \frac{\partial}{\partial y} f(x, y)$$

などと表すことができる. また, 偏導関数を求めることを**偏微分する**という.

x に関する偏導関数を求める場合, y を定数と見て, x について微分すればよい. よって, 1 変数の微分の定理や公式をそのまま使うことができる. y に関する偏導関数についても同様である.

例題 6.1　$z = x^4 y^2 - 3xy + 6y^5$ の偏導関数を求めよ.

解答　x に関する偏導関数は, y を定数として考えればよいので,

$$\begin{aligned} z_x &= \frac{\partial}{\partial x} \left(x^4 y^2 - 3xy + 6y^5 \right) \\ &= y^2 \times \left(\frac{\partial}{\partial x} x^4 \right) - 3y \times \left(\frac{\partial}{\partial x} x \right) + 6y^5 \times \left(\frac{\partial}{\partial x} 1 \right) \\ &= y^2 \times 4x^3 - 3y \times 1 + 6y^5 \times 0 = 4x^3 y^2 - 3y \end{aligned}$$

同様に, y に関する偏導関数は,

$$\begin{aligned} z_y &= \frac{\partial}{\partial y} \left(x^4 y^2 - 3xy + 6y^5 \right) \\ &= x^4 \times \left(\frac{\partial}{\partial y} y^2 \right) - 3x \times \left(\frac{\partial}{\partial y} y \right) + 6 \times \left(\frac{\partial}{\partial y} y^5 \right) \\ &= x^4 \times 2y - 3x \times 1 + 6 \times 5y^4 = 2x^4 y - 3x + 30y^4 \end{aligned}$$

例題 6.2　$z = (x^2 + xy)(xy^3 + y^4 + 5)$ の偏導関数を求めよ.

解答　x に関する偏導関数は, 積の微分公式を用いて

$$z_x = \frac{\partial}{\partial x} \left\{ (x^2 + xy)(xy^3 + y^4 + 5) \right\}$$

$$= \left\{ \frac{\partial}{\partial x}(x^2+xy) \right\}(xy^3+y^4+5) + (x^2+xy)\left\{ \frac{\partial}{\partial x}(xy^3+y^4+5) \right\}$$
$$= (2x+y)(xy^3+y^4+5) + (x^2+xy)y^3 = 3x^2y^3 + 4xy^4 + 10x + y^5 + 5y$$

y に関する偏導関数は，
$$z_y = \frac{\partial}{\partial y}\left\{ (x^2+xy)(xy^3+y^4+5) \right\}$$
$$= \left\{ \frac{\partial}{\partial y}(x^2+xy) \right\}(xy^3+y^4+5) + (x^2+xy)\left\{ \frac{\partial}{\partial y}(xy^3+y^4+5) \right\}$$
$$= x(xy^3+y^4+5) + (x^2+xy)(3xy^2+4y^3) = 3x^3y^2 + 8x^2y^3 + 5xy^4 + 5x$$

例題 6.3　$z = \dfrac{x^2}{x+y}$ の偏導関数を求めよ．

解答　x に関する偏導関数は，商の微分公式を用いて
$$z_x = \frac{\partial}{\partial x}\left(\frac{x^2}{x+y} \right) = \frac{\left(\frac{\partial}{\partial x}x^2 \right)(x+y) - x^2\left\{ \frac{\partial}{\partial x}(x+y) \right\}}{(x+y)^2}$$
$$= \frac{2x\cdot(x+y) - x^2\cdot 1}{(x+y)^2} = \frac{x^2+2xy}{(x+y)^2}$$

y に関する偏導関数は，
$$z_y = \frac{\partial}{\partial y}\left(\frac{x^2}{x+y} \right) = \frac{\left(\frac{\partial}{\partial y}x^2 \right)(x+y) - x^2\left\{ \frac{\partial}{\partial y}(x+y) \right\}}{(x+y)^2}$$
$$= \frac{0\cdot(x+y) - x^2\cdot 1}{(x+y)^2} = -\frac{x^2}{(x+y)^2}$$

例題 6.4　$z = \sin(x+xy+y^2)$ の偏導関数を求めよ．

解答　x に関する偏導関数は，合成関数の微分公式を用いて
$$z_x = \frac{\partial}{\partial x}\left\{ \sin(x+xy+y^2) \right\} = \left\{ \cos(x+xy+y^2) \right\}\left\{ \frac{\partial}{\partial x}(x+xy+y^2) \right\}$$
$$= \left\{ \cos(x+xy+y^2) \right\}(1+y) = (1+y)\cos(x+xy+y^2)$$

y に関する偏導関数は，
$$z_y = \frac{\partial}{\partial y}\left\{ \sin(x+xy+y^2) \right\} = \left\{ \cos(x+xy+y^2) \right\}\left\{ \frac{\partial}{\partial y}(x+xy+y^2) \right\}$$
$$= \left\{ \cos(x+xy+y^2) \right\}(x+2y) = (x+2y)\cos(x+xy+y^2)$$

問 6.1　次の関数を z としたとき，偏導関数 z_x, z_y を求めよ．

(1) $x^3 + 2xy^2 + 6y^4$　(2) $(x^5 - 2xy)(x - y^5)$　(3) $\dfrac{1}{x^2+y}$

(4) $\dfrac{y}{2x+y^2}$　(5) $(x^2y^3 - 5)^3$　(6) $\sin(x+y)$

(7) $\tan(x^3 y)$　(8) $\cos^2(x^2 - y + 6)$　(9) $e^{x^4 - xy^2}$

(10) $\log(x+y^2)$　(11) $e^{x\sin y}$　(12) $\arctan(2x-y)$

6.3 全微分
6.3.1 全微分可能性
2変数関数 $z = f(x,y)$ が点 (a,b) において**全微分可能**であるとは, 定数 A, B が存在して,
$$f(a+h, b+k) - f(a,b) = Ah + Bk + \varepsilon \quad \cdots\cdots\cdots\cdots\cdots (*)$$
$$\lim_{(h,k)\to(0,0)} \frac{\varepsilon}{\sqrt{h^2+k^2}} = 0$$
が成り立つことである. 領域 D 上のすべての点で全微分可能であるとき, $f(x,y)$ は D で**全微分可能**であるという.

$f(x,y)$ が点 (a,b) において全微分可能であるとき,
$$\lim_{(h,k)\to(0,0)} \{f(a+h, b+k) - f(a,b)\} = \lim_{(h,k)\to(0,0)} (Ah + Bk + \varepsilon) = 0$$
であるから, $f(x,y)$ は点 (a,b) で連続である. さらに, $(*)$ において $k=0$ を代入すると
$$f(a+h, b) - f(a,b) = Ah + \varepsilon, \ \lim_{h\to 0} \frac{\varepsilon}{h} = 0$$
であるから,
$$f_x(a,b) = \lim_{h\to 0} \frac{f(a+h, b) - f(a,b)}{h} = \lim_{h\to 0} \frac{Ah + \varepsilon}{h} = A$$
同様に, $h=0$ を代入すると $B = f_y(a,b)$ が得られる. 以上より, 次の定理の (1) が証明された.

定理 6.2 [全微分可能性と偏微分可能性]
(1) $z = f(x,y)$ が点 (a,b) において全微分可能であるとき
  ・$f(x,y)$ は点 (a,b) で連続である.
  ・$f(x,y)$ は点 (a,b) において偏微分可能で, $(*)$ における A, B の値は
$$A = f_x(a,b), \ B = f_y(a,b)$$
(2) $z = f(x,y)$ が点 (a,b) で連続な偏導関数をもつとき, 関数 $f(x,y)$ は点 (a,b) において全微分可能である.

証明 (2) を示す. 点 (a,b) において
$$f(a+h, b+k) - f(a,b) = \{f(a+h, b+k) - f(a, b+k)\} + \{f(a, b+k) - f(a,b)\}$$
と表すことができる. ここで, それぞれの { } の中の式に対して, 1変数関数の平均値

の定理 (定理 3.15) を用いると
$$f(a+h, b+k) - f(a,b) = hf_x(a+sh, b+k) + kf_y(a, b+tk)$$
を満たす s, t が $0 < s < 1$, $0 < t < 1$ で存在する. また, 偏導関数が連続であることから
$$f_x(a+sh, b+k) = f_x(a,b) + \varepsilon_1, \quad f_y(a, b+tk) = f_y(a,b) + \varepsilon_2$$
とおけば, $h \to 0$, $k \to 0$ のとき, $\varepsilon_1 \to 0$, $\varepsilon_2 \to 0$ である. よって
$$f(a+h, b+k) - f(a,b) = hf_x(a,b) + kf_y(a,b) + h\varepsilon_1 + k\varepsilon_2$$
において,
$$\lim_{(h,k) \to (0,0)} \frac{|h\varepsilon_1 + k\varepsilon_2|}{\sqrt{h^2+k^2}} \leq \lim_{(h,k) \to (0,0)} \left(\left| \frac{h}{\sqrt{h^2+k^2}} \right| |\varepsilon_1| + \left| \frac{k}{\sqrt{h^2+k^2}} \right| |\varepsilon_2| \right)$$
$$\leq \lim_{(h,k) \to (0,0)} (|\varepsilon_1| + |\varepsilon_2|) = 0$$
したがって, 関数 $f(x,y)$ は点 (a,b) において全微分可能である. ∎

6.3.2 接平面と全微分可能性

関数 $z = f(x,y)$ が偏微分可能なとき, 曲面 $z = f(x,y)$ 上の点 $(a, b, f(a,b))$ における接平面が存在するための条件を考える. 一般に, 点 $(a, b, f(a,b))$ を通る平面 H は, A, B を定数として
$$H : z = A(x-a) + B(y-b) + f(a,b)$$
の形で表される. ここで, 曲面 $z = f(x,y)$ と平面 H が条件:
$$\lim_{(x,y) \to (a,b)} \frac{f(x,y) - \{A(x-a) + B(y-b) + f(a,b)\}}{\sqrt{(x-a)^2 + (y-b)^2}} = 0 \quad \cdots\cdots (**)$$
を満たすときに, 平面 H を $z = f(x,y)$ の点 $(a, b, f(a,b))$ における**接平面**という.

$(**)$ の式において, $x = a+h$, $y = b+k$ と置き換えると
$$\lim_{(h,k) \to (0,0)} \frac{f(a+h, b+k) - \{Ah + Bk + f(a,b)\}}{\sqrt{h^2+k^2}} = 0$$
であり,
$$\varepsilon = f(a+h, b+k) - \{Ah + Bk + f(a,b)\}$$

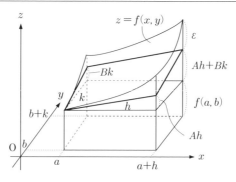

図 **6.7** 全微分可能性と接平面

とおくと, (*) と (**) が同等の条件であることがわかる. よって, 定理 6.2 と合わせて次の定理が得られる.

定理 6.3 [全微分可能性と接平面] 曲面 $z = f(x, y)$ が点 $(a, b, f(a, b))$ において接平面をもつための条件は, 関数 $f(x, y)$ が点 (a, b) において全微分可能であることである. この条件を満たすとき, 点 $(a, b, f(a, b))$ における接平面の方程式は

$$z = f_x(a,b)(x-a) + f_y(a,b)(y-b) + f(a,b)$$

である.

問 6.2 次の関数によって定義される曲面上の点 $(1, 2, f(1, 2))$ における接平面の方程式を求めよ.
(1) $f(x, y) = x^3 - 3xy^2 + 5y^3$
(2) $f(x, y) = \dfrac{y}{x^2 - y}$
(3) $f(x, y) = \log(1 - 2x + y)$

6.3.3 全微分

2 変数関数 $z = f(x, y)$ の点 (a, b) における偏微分係数は, x もしくは y のみが少し変化したときに $f(x, y)$ の値がどの程度変化するかを表している. これに対し, x と y の値がそれぞれ少し変化したときに $f(x, y)$ の値がどの程度変化するかを表しているのが全微分である.

関数 $z = f(x, y)$ が点 (a, b) において全微分可能であるとする. このとき, x

が a から $a+h$, y が b から $b+k$ に変化したときの z の変化量を Δz とすると,
$$\Delta z = f_x(a,b)h + f_y(a,b)k + \varepsilon, \quad \lim_{(h,k) \to (0,0)} \frac{\varepsilon}{\sqrt{h^2+k^2}} = 0$$
と書けるので, Δz の値は $f_x(a,b)h + f_y(a,b)k$ で近似できる. 近似した式において, h を dx で置き換え, k を dy で置き換えた式
$$f_x(a,b)\,dx + f_y(a,b)\,dy$$
を $z = f(x,y)$ の点 (a,b) における**全微分**といい, $df(a,b)$ で表す. つまり,
$$df(a,b) = f_x(a,b)\,dx + f_y(a,b)\,dy$$
点 (a,b) を動かして考えるとき, (a,b) を (x,y) に書き換えて
$$df(x,y) = f_x(x,y)\,dx + f_y(x,y)\,dy$$
と表し, $z = f(x,y)$ の**全微分**という. $df(x,y)$ を dz とも表す.

例. 関数 $z = 3x^2y + 5x$ の全微分は, $z_x = 6xy + 5$, $z_y = 3x^2$ であるから
$$dz = (6xy+5)\,dx + 3x^2\,dy$$

▎**問 6.3** 問 6.1 の関数の全微分 dz を求めよ.

6.4　高次偏導関数

1 変数のときと同様に, 2 変数関数においても偏導関数の偏導関数を考えることができる. つまり, $z = f(x,y)$ の偏導関数がさらに偏微分可能であるとき, 偏導関数を偏微分した関数を元の関数 $z = f(x,y)$ の**第 2 次偏導関数**という. 第 2 次偏導関数は x, y の組み合わせで 4 つあり, 次のように表す.

- $(z_x)_x$ は z_{xx}, $f_{xx}(x,y)$, $\dfrac{\partial^2 z}{\partial x^2}$, $\dfrac{\partial^2 f(x,y)}{\partial x^2}$, $\dfrac{\partial^2 f}{\partial x^2}(x,y)$, $\dfrac{\partial^2}{\partial x^2}f(x,y)$

- $(z_x)_y$ は z_{xy}, $f_{xy}(x,y)$, $\dfrac{\partial^2 z}{\partial y \partial x}$, $\dfrac{\partial^2 f(x,y)}{\partial y \partial x}$, $\dfrac{\partial^2 f}{\partial y \partial x}(x,y)$, $\dfrac{\partial^2}{\partial y \partial x}f(x,y)$

- $(z_y)_x$ は z_{yx}, $f_{yx}(x,y)$, $\dfrac{\partial^2 z}{\partial x \partial y}$, $\dfrac{\partial^2 f(x,y)}{\partial x \partial y}$, $\dfrac{\partial^2 f}{\partial x \partial y}(x,y)$, $\dfrac{\partial^2}{\partial x \partial y}f(x,y)$

- $(z_y)_y$ は z_{yy}, $f_{yy}(x,y)$, $\dfrac{\partial^2 z}{\partial y^2}$, $\dfrac{\partial^2 f(x,y)}{\partial y^2}$, $\dfrac{\partial^2 f}{\partial y^2}(x,y)$, $\dfrac{\partial^2}{\partial y^2}f(x,y)$

注. (1) 一般には，$z_{xy} = z_{yx}$ とは限らない．

(2) z_{xy} は $(z_x)_y$ の意味なので，z を $x \to y$ の順に偏微分する．これに対して，$\dfrac{\partial^2 z}{\partial x \partial y}$ は $\dfrac{\partial}{\partial x}\left(\dfrac{\partial z}{\partial y}\right)$ の意味なので，z を $y \to x$ の順に偏微分する．表記法によって偏微分する順番が異なるので注意すること．

例題 6.5 $z = x^4 y^2 - 3xy + 6y^5$ の第 2 次偏導関数を求めよ．

解答 例題 6.1 の結果を用いて
$$z_{xx} = \frac{\partial}{\partial x}\left(4x^3 y^2 - 3y\right) = 4y^2 \cdot 3x^2 - 3y \cdot 0 = 12x^2 y^2$$
$$z_{xy} = \frac{\partial}{\partial y}\left(4x^3 y^2 - 3y\right) = 4x^3 \cdot 2y - 3 \cdot 1 = 8x^3 y - 3$$

同様に，$z_{yx} = 8x^3 y - 3$，$z_{yy} = 2x^4 + 120y^3$．

例題 6.6 $z = \dfrac{x^2}{x+y}$ の第 2 次偏導関数を求めよ．

解答 例題 6.3 の結果を用いて
$$z_{xx} = \frac{\partial}{\partial x}\left\{\frac{x^2 + 2xy}{(x+y)^2}\right\}$$
$$= \frac{(2x+2y)\cdot(x+y)^2 - (x^2+2xy)\cdot 2(x+y)}{(x+y)^4} = \frac{2y^2}{(x+y)^3}$$

$$z_{xy} = \frac{\partial}{\partial y}\left\{\frac{x^2 + 2xy}{(x+y)^2}\right\}$$
$$= \frac{2x\cdot(x+y)^2 - (x^2+2xy)\cdot 2(x+y)}{(x+y)^4} = -\frac{2xy}{(x+y)^3}$$

同様に，$z_{yx} = -\dfrac{2xy}{(x+y)^3}$，$z_{yy} = \dfrac{2x^2}{(x+y)^3}$．

例題 6.7 $z = \sin(x + xy + y^2)$ の第 2 次偏導関数を求めよ．

解答 例題 6.4 の結果を用いて
$$z_{xx} = \frac{\partial}{\partial x}\left\{(1+y)\cos(x+xy+y^2)\right\} = -(1+y)^2 \sin(x+xy+y^2)$$
$$z_{xy} = \frac{\partial}{\partial y}\left\{(1+y)\cos(x+xy+y^2)\right\}$$

$$= \cos(x+xy+y^2) - (1+y)(x+2y)\sin(x+xy+y^2)$$
同様に,$z_{yx} = \cos(x+xy+y^2) - (1+y)(x+2y)\sin(x+xy+y^2),$
$$z_{yy} = 2\cos(x+xy+y^2) - (x+2y)^2\sin(x+xy+y^2)$$

問 6.4 問 6.1 の関数の第 2 次偏導関数を求めよ.

例題 6.5, 例題 6.6, 例題 6.7 や問 6.4 では $z_{xy} = z_{yx}$ が成立しているが,一般に次が成り立つ.

定理 6.4 [偏微分の順序交換] 関数 $f(x,y)$ の第 2 次偏導関数 $f_{xy}(x,y)$, $f_{yx}(x,y)$ が存在して連続であるとき,
$$f_{xy}(x,y) = f_{yx}(x,y)$$
が成り立つ.

証明 任意の点 (a,b) に対し,$f_{xy}(a,b) = f_{yx}(a,b)$ であることを示す.
h と k を 0 に十分近い正の数とする.このとき
$$A = f(a+h, b+k) - f(a+h, b) - f(a, b+k) + f(a, b)$$
とおき,A を 2 通りの方法で表すことを考える.
まず,$p(x) = f(x, b+k) - f(x, b)$ とおくと
$$A = p(a+h) - p(a)$$
である.区間 $[a, a+h]$ において,関数 $p(x)$ に平均値の定理を適用すると,
$$p(a+h) - p(a) = p'(a+sh)h$$
となる s が $0 < s < 1$ で存在する.ここで,$p'(x) = f_x(x, b+k) - f_x(x, b)$ であるから
$$A = \{f_x(a+sh, b+k) - f_x(a+sh, b)\}h$$
である.ここで,さらに $q(y) = f_x(a+sh, y)$ とおくと
$$A = \{q(b+k) - q(b)\}h$$
である.区間 $[b, b+k]$ において,関数 $q(y)$ に平均値の定理を適用すると,
$$q(b+k) - q(b) = q'(b+tk)k$$
となる t が $0 < t < 1$ で存在する.ここで,$q'(y) = f_{xy}(a+sh, y)$ であるから
$$A = f_{xy}(a+sh, b+tk)hk \quad \cdots\cdots\cdots ①$$
を得る.
次に,$g(y) = f(a+h, y) - f(a, y)$ とおくと,
$$A = g(b+k) - g(b)$$

である. 以下, 上と同様の手順で

$$A = f_{yx}(a + s^*h, b + t^*k)hk \qquad \cdots\cdots\cdots ②$$

となる s^*, t^* が $0 < s^* < 1$, $0 < t^* < 1$ で存在することがわかる.

①, ② より,

$$f_{xy}(a + sh, b + tk)hk = f_{yx}(a + s^*h, b + t^*k)hk$$

が得られる. $hk \neq 0$ であるから, 両辺を hk で割り, $h \to 0$, $k \to 0$ を考えると, $f_{xy}(x, y)$ と $f_{yx}(x, y)$ の連続性から

$$f_{xy}(a, b) = f_{yx}(a, b)$$

が成り立つ. ∎

多項式や三角関数, 指数関数, 対数関数などは, 定義域において定理の条件を満たしているので, $f_{xy}(x, y) = f_{yx}(x, y)$ が成立している.

第 2 次偏導関数が偏微分可能であれば, **第 3 次偏導関数**が定義可能であり, 以下同様に, **第 n 次偏導関数**を定義することができる. 表記法についても第 2 次偏導関数と同様である. 2 次以上の偏導関数をまとめて**高次偏導関数**という.

例. $z = x^4y^2 - 3xy + 6y^5$ について, 例題 6.5 の結果を用いると,

$$z_{xxy} = \frac{\partial}{\partial y}\left\{\frac{\partial}{\partial x}\left(\frac{\partial}{\partial x}z\right)\right\} = \frac{\partial}{\partial y}(12x^2y^2) = 24x^2y$$

$$z_{yxx} = \frac{\partial}{\partial x}\left\{\frac{\partial}{\partial x}\left(\frac{\partial}{\partial y}z\right)\right\} = \frac{\partial}{\partial x}(8x^3y - 3) = 24x^2y$$

問 6.5 関数 $z = f(x, y)$ の第 3 次偏導関数が存在して連続であるとき, 定理 6.4 を適用して, $z_{xxy} = z_{xyx} = z_{yxx}$ であることを証明せよ.

一般に, 第 n 次偏導関数が存在し, 連続であれば, 定理 6.4 を繰り返し用いることによって, 第 n 次偏導関数は偏微分する順序には依存せず, x と y でそれぞれ何回偏微分を行ったかのみに依存することがわかる.

6.4.1 合成関数の偏微分

2 変数関数の合成関数について, 次の 2 つの定理が成り立つ.

定理 6.5 [2 変数合成関数の微分] 関数 $z = f(x, y)$ は連続な偏導関数をもつとする. 変数 x, y が変数 t の関数 $x = \phi(t)$, $y = \psi(t)$ で表されており, $\phi(t)$, $\psi(t)$

は微分可能であるとする．このとき，合成関数 $z = f(\phi(t), \psi(t))$ を t で微分すると

$$\frac{dz}{dt} = \frac{\partial z}{\partial x}\frac{dx}{dt} + \frac{\partial z}{\partial y}\frac{dy}{dt}$$

が成り立つ．

証明 t が Δt だけ変化したときの x, y, z の変化量を $\Delta x, \Delta y, \Delta z$ とする．このとき，

$$\begin{aligned}\Delta z &= f(x + \Delta x, y + \Delta y) - f(x, y)\\&= \{f(x + \Delta x, y + \Delta y) - f(x, y + \Delta y)\} + \{f(x, y + \Delta y) - f(x, y)\}\end{aligned}$$

と表すことができる．ここで，それぞれの { } の中の式に対して平均値の定理を用いると

$$\Delta z = \Delta x f_x(x + \alpha \Delta x, y + \Delta y) + \Delta y f_y(x, y + \beta \Delta y)$$

を満たす α, β が $0 < \alpha < 1$, $0 < \beta < 1$ で存在する．この式の両辺を Δt で割ると

$$\frac{\Delta z}{\Delta t} = f_x(x + \alpha \Delta x, y + \Delta y)\frac{\Delta x}{\Delta t} + f_y(x, y + \beta \Delta y)\frac{\Delta y}{\Delta t}$$

となる．ここで，$\Delta t \to 0$ のとき $\Delta x \to 0$, $\Delta y \to 0$ であり，$f_x(x, y), f_y(x, y)$ が連続であるから

$$\frac{dz}{dt} = \frac{\partial z}{\partial x}\frac{dx}{dt} + \frac{\partial z}{\partial y}\frac{dy}{dt}$$

である． ■

定理 6.6 [合成関数の偏微分] 関数 $z = f(x, y)$ は連続な偏導関数をもつとする．さらに，変数 x, y が変数 u, v の関数

$$x = \phi(u, v),\ y = \psi(u, v)$$

で表され，$\phi(u, v), \psi(u, v)$ が偏微分可能とする．このとき，合成関数 $z = f(\phi(u, v), \psi(u, v))$ の偏導関数は

$$\begin{cases}\dfrac{\partial z}{\partial u} = \dfrac{\partial z}{\partial x}\dfrac{\partial x}{\partial u} + \dfrac{\partial z}{\partial y}\dfrac{\partial y}{\partial u}\\[2mm]\dfrac{\partial z}{\partial v} = \dfrac{\partial z}{\partial x}\dfrac{\partial x}{\partial v} + \dfrac{\partial z}{\partial y}\dfrac{\partial y}{\partial v}\end{cases}$$

である．

証明 z を u で偏微分する場合，v は定数として扱うので，定理 6.5 の微分を偏微分と考えればよい．z を v で偏微分する場合も同様である． ■

2変数関数においてよく使われる変数変換の1つに**極座標変換**がある．極座標変換は，図 6.8 のように xy 平面上の点 $P(x,y)$ を，原点からの距離 r と x 軸の正の方向とのなす角 θ によって表す方法である．(r,θ) を点 P の**極座標**という．

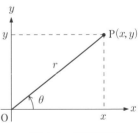

図 **6.8** 極座標変換

三角関数の定義より，
$$\cos\theta = \frac{x}{r},\ \sin\theta = \frac{y}{r}$$
であるから
$$x = r\cos\theta,\ y = r\sin\theta$$
のように変換できる．これより
$$x_r = \cos\theta,\ x_\theta = -r\sin\theta,\ y_r = \sin\theta,\ y_\theta = r\cos\theta$$
であるから，定理 6.6 より次の公式が成り立つ．

公式 6.2 [極座標変換における合成関数の偏微分]

関数 $z = f(x,y)$ において極座標変換 $x = r\cos\theta, y = r\sin\theta$ を行うと，
$$\begin{cases} z_r = z_x \cos\theta + z_y \sin\theta \\ z_\theta = -z_x\, r\sin\theta + z_y\, r\cos\theta \end{cases}$$

例題 6.8 $z = x^2 + y^2$ に対して極座標変換し，z_r, z_θ を求めよ．

解答 公式 6.2 を使って偏導関数を求めると
$$z_x = 2x = 2r\cos\theta,\quad z_y = 2y = 2r\sin\theta$$
より，
$$z_r = 2r\cos\theta\cos\theta + 2r\sin\theta\sin\theta = 2r$$
$$z_\theta = -2r\cos\theta\, r\sin\theta + 2r\sin\theta\, r\cos\theta = 0$$

注． この例題の z を r と θ で表すと，$z = r^2\cos^2\theta + r^2\sin^2\theta = r^2$ なので，偏導関数は $z_r = 2r,\ z_\theta = 0$ と結果は一致する．

公式 6.3

関数 $z = f(x,y)$ を極座標変換したとき，次の関係式が成り立つ．

(1) $z_x^{\,2} + z_y^{\,2} = z_r^{\,2} + \dfrac{1}{r^2}z_\theta^{\,2}$　　(2) $z_{xx} + z_{yy} = z_{rr} + \dfrac{1}{r}z_r + \dfrac{1}{r^2}z_{\theta\theta}$

証明 (1) 公式 6.2 を適用すると,
$$z_r{}^2 + \frac{1}{r^2}z_\theta{}^2 = (z_x\cos\theta + z_y\sin\theta)^2 + \frac{1}{r^2}(-z_x r\sin\theta + z_y r\cos\theta)^2$$
$$= z_x{}^2\cos^2\theta + 2z_x z_y\cos\theta\sin\theta + z_y{}^2\sin^2\theta$$
$$+ z_x{}^2\sin^2\theta - 2z_x z_y\cos\theta\sin\theta + z_y{}^2\cos^2\theta$$
$$= z_x{}^2(\cos^2\theta + \sin^2\theta) + z_y{}^2(\cos^2\theta + \sin^2\theta) = z_x{}^2 + z_y{}^2$$

(2) 公式 6.2 の結果を z_x, z_y について解くと
$$\begin{cases} z_x = z_r\cos\theta - \dfrac{1}{r}z_\theta\sin\theta \\ z_y = z_r\sin\theta + \dfrac{1}{r}z_\theta\cos\theta \end{cases}$$

である. この結果を z_{xx}, z_{yy} に適用すると
$$z_{xx} = \frac{\partial}{\partial x}z_x = \left(\frac{\partial}{\partial r}z_x\right)\cos\theta - \frac{1}{r}\left(\frac{\partial}{\partial \theta}z_x\right)\sin\theta$$
$$= \left\{\frac{\partial}{\partial r}\left(z_r\cos\theta - \frac{1}{r}z_\theta\sin\theta\right)\right\}\cos\theta - \frac{1}{r}\left\{\frac{\partial}{\partial \theta}\left(z_r\cos\theta - \frac{1}{r}z_\theta\sin\theta\right)\right\}\sin\theta$$
$$= z_{rr}\cos^2\theta + \frac{1}{r^2}z_\theta\sin\theta\cos\theta - \frac{1}{r}z_{r\theta}\sin\theta\cos\theta$$
$$- \frac{1}{r}z_{r\theta}\sin\theta\cos\theta + \frac{1}{r}z_r\sin^2\theta + \frac{1}{r^2}z_{\theta\theta}\sin^2\theta + \frac{1}{r^2}z_\theta\sin\theta\cos\theta$$

$$z_{yy} = \frac{\partial}{\partial y}z_y = \left(\frac{\partial}{\partial r}z_y\right)\sin\theta + \frac{1}{r}\left(\frac{\partial}{\partial \theta}z_y\right)\cos\theta$$
$$= \left\{\frac{\partial}{\partial r}\left(z_r\sin\theta + \frac{1}{r}z_\theta\cos\theta\right)\right\}\sin\theta + \frac{1}{r}\left\{\frac{\partial}{\partial \theta}\left(z_r\sin\theta + \frac{1}{r}z_\theta\cos\theta\right)\right\}\cos\theta$$
$$= z_{rr}\sin^2\theta - \frac{1}{r^2}z_\theta\sin\theta\cos\theta + \frac{1}{r}z_{r\theta}\sin\theta\cos\theta$$
$$+ \frac{1}{r}z_{r\theta}\sin\theta\cos\theta + \frac{1}{r}z_r\cos^2\theta + \frac{1}{r^2}z_{\theta\theta}\cos^2\theta - \frac{1}{r^2}z_\theta\sin\theta\cos\theta$$

である. よって
$$z_{xx} + z_{yy} = z_{rr} + \frac{1}{r}z_r + \frac{1}{r^2}z_{\theta\theta}$$
∎

問 6.6 関数 $z = f(x, y)$ に対して次の変換を行ったとき, 偏導関数 z_u, z_v を z_x, z_y を用いて表せ.

(1) $\begin{cases} x = u + v \\ y = u - v \end{cases}$ (2) $\begin{cases} x = 2u - 5v \\ y = 3u + 7v \end{cases}$ (3) $\begin{cases} x = u + v \\ y = uv \end{cases}$

6.5 平均値の定理とテイラーの定理

定理 6.7 [2 変数関数の平均値の定理] 関数 $f(x,y)$ は連続な偏導関数をもつとする．このとき，点 (a,b) と点 $(a+h, b+k)$ を結ぶ線分が $f(x,y)$ の定義域に含まれているならば，

$$f(a+h, b+k) - f(a,b) = f_x(a+\theta h, b+\theta k)h + f_y(a+\theta h, b+\theta k)k$$

を満たす θ が $0 < \theta < 1$ に存在する．

証明 $g(t) = f(a+ht, b+kt)$ とおくと，

$$g(1) - g(0) = f(a+h, b+k) - f(a,b)$$

である．$g(t)$ に 1 変数関数の平均値の定理 (定理 3.15) を適用すると，$g(1) - g(0) = g'(\theta)$ を満たす θ が $0 < \theta < 1$ に存在することがわかる (図 6.9 参照)．

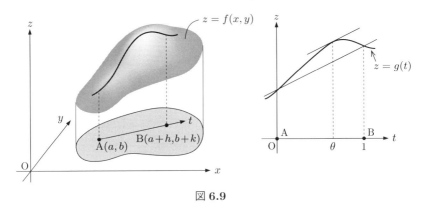

図 6.9

ここで，定理 6.5 より，

$$g'(t) = f_x(a+ht, b+kt)\frac{d(a+ht)}{dt} + f_y(a+ht, b+kt)\frac{d(b+kt)}{dt}$$
$$= f_x(a+ht, b+kt)h + f_y(a+ht, b+kt)k$$

であるから，$t = \theta$ を代入すれば定理が得られる． ∎

2 変数関数のテイラーの定理は 1 変数関数のときよりも複雑になるが，はじめに，後で必要な第 2 次偏導関数までの形を述べる．

定理 6.8 [2 変数関数のテイラーの定理 (第 2 次偏導関数までの場合)]
関数 $f(x,y)$ は連続な第 2 次偏導関数をもつとする．このとき，点 (a,b) と

点 $(a+h, b+k)$ を結ぶ線分が $f(x,y)$ の定義域に含まれているならば,
$$f(a+h, b+k) = f(a,b) + f_x(a,b)h + f_y(a,b)k$$
$$+ \frac{1}{2}\big\{f_{xx}(a+\theta h, b+\theta k)h^2 + 2f_{xy}(a+\theta h, b+\theta k)hk$$
$$+ f_{yy}(a+\theta h, b+\theta k)k^2\big\}$$
を満たす θ が $0 < \theta < 1$ に存在する.

証明 定理 6.7 の証明と同様に, $g(t) = f(a+ht, b+kt)$ とおく. 1 変数関数のテイラーの定理 (定理 3.22) を適用すると, $g(1) = g(0) + g'(0) + \dfrac{g''(\theta)}{2!}$ を満たす θ が $0 < \theta < 1$ に存在することがわかる. ここで, 定理 6.5 と定理 6.4 より,
$$g''(t) = \frac{d}{dt}g'(t)$$
$$= \{f_{xx}(a+ht, b+kt)h + f_{yx}(a+ht, b+kt)k\}h$$
$$+ \{f_{xy}(a+ht, b+kt)h + f_{yy}(a+ht, b+kt)k\}k$$
$$= f_{xx}(a+ht, b+kt)h^2 + 2f_{xy}(a+ht, b+kt)hk + f_{yy}(a+ht, b+kt)k^2$$
であるから, $t = \theta$ を代入すれば定理が得られる. ∎

一般の場合のテイラーの定理のために, 記号の準備をする. 関数 $f(x,y)$ が r 回偏微分可能であるとき,
$$\left(h\frac{\partial}{\partial x} + k\frac{\partial}{\partial y}\right)^0 f(x,y) = f(x,y)$$
$$\left(h\frac{\partial}{\partial x} + k\frac{\partial}{\partial y}\right) f(x,y) = h\left\{\frac{\partial}{\partial x}f(x,y)\right\} + k\left\{\frac{\partial}{\partial y}f(x,y)\right\}$$
$$= \frac{\partial f(x,y)}{\partial x}h + \frac{\partial f(x,y)}{\partial y}k$$
$$\left(h\frac{\partial}{\partial x} + k\frac{\partial}{\partial y}\right)^2 f(x,y) = \left(h\frac{\partial}{\partial x} + k\frac{\partial}{\partial y}\right)\left\{\left(h\frac{\partial}{\partial x} + k\frac{\partial}{\partial y}\right)f(x,y)\right\}$$
$$= h\frac{\partial}{\partial x}\left\{\frac{\partial f(x,y)}{\partial x}h + \frac{\partial f(x,y)}{\partial y}k\right\}$$
$$+ k\frac{\partial}{\partial y}\left\{\frac{\partial f(x,y)}{\partial x}h + \frac{\partial f(x,y)}{\partial y}k\right\}$$
$$= \frac{\partial^2 f(x,y)}{\partial x^2}h^2 + 2\frac{\partial^2 f(x,y)}{\partial x \partial y}hk + \frac{\partial^2 f(x,y)}{\partial y^2}k^2$$

⋮

$$\left(h\frac{\partial}{\partial x}+k\frac{\partial}{\partial y}\right)^r f(x,y) = \left(h\frac{\partial}{\partial x}+k\frac{\partial}{\partial y}\right)\left\{\left(h\frac{\partial}{\partial x}+k\frac{\partial}{\partial y}\right)^{r-1} f(x,y)\right\}$$

と定める．このとき，二項係数 ${}_r\mathrm{C}_i = \dfrac{r!}{i!(r-i)!}$ を用いて

$$\left(h\frac{\partial}{\partial x}+k\frac{\partial}{\partial y}\right)^r f(x,y) = \sum_{i=0}^{r} {}_r\mathrm{C}_i \frac{\partial^r f(x,y)}{\partial x^i \partial y^{r-i}} h^i k^{r-i}$$

が成り立つ．また，$\left(h\dfrac{\partial}{\partial x}+k\dfrac{\partial}{\partial y}\right)^r f(p,q)$ は，$\left(h\dfrac{\partial}{\partial x}+k\dfrac{\partial}{\partial y}\right)^r f(x,y)$ に $x=p, y=q$ を代入した値を意味する．

関数 $f(x,y)$ が連続な第 $n+1$ 次偏導関数をもち，点 (a,b) と点 $(a+h,b+k)$ を結ぶ線分は $f(x,y)$ の定義領域に含まれているとする．定理 6.7, 定理 6.8 の証明と同様に $g(t) = f(a+ht, b+kt)$ とおき，1 変数関数のマクローリンの定理（定理 3.23）を適用すると，

$$g(1) = g(0) + g'(0) + \frac{g''(0)}{2!} + \cdots + \frac{g^{(n)}(0)}{n!} + \frac{g^{(n+1)}(\theta)}{(n+1)!}$$

を満たす θ が $0 < \theta < 1$ に存在することがわかる．ここで，$0 \leqq r \leqq n+1$ に対して，$g^{(r)}(t)$ を上の記号で表すと

$$g^{(r)}(t) = \left(h\frac{\partial}{\partial x}+k\frac{\partial}{\partial y}\right)^r f(a+ht, b+kt)$$

となるので，次の定理が得られる．

定理 6.9 [2 変数関数のテイラーの定理（一般の場合）] 関数 $f(x,y)$ は連続な第 $n+1$ 次偏導関数をもつとする．このとき，点 (a,b) と点 $(a+h,b+k)$ を結ぶ線分が $f(x,y)$ の定義域に含まれているとすると，

$$f(a+h, b+k) = \sum_{r=0}^{n} \frac{1}{r!}\left(h\frac{\partial}{\partial x}+k\frac{\partial}{\partial y}\right)^r f(a,b) + R_{n+1}$$

$$= f(a,b) + \{f_x(a,b)h + f_y(a,b)k\}$$

$$+ \frac{1}{2!}\{f_{xx}(a,b)h^2 + 2f_{xy}(a,b)hk + f_{yy}(a,b)k^2\}$$

$$+ \frac{1}{3!}\{f_{xxx}(a,b)h^3 + 3f_{xxy}(a,b)h^2 k + 3f_{xyy}(a,b)hk^2 + f_{yyy}(a,b)k^3\}$$

$$+ \cdots$$

$$+ \frac{1}{n!}\{f_{xx\cdots x}(a,b)h^n + nf_{xx\cdots xy}(a,b)h^{n-1}k + \cdots + f_{yy\cdots y}(a,b)k^n\}$$
$$+ R_{n+1}$$

とおけば，
$$R_{n+1} = \frac{1}{(n+1)!}\left(h\frac{\partial}{\partial x} + k\frac{\partial}{\partial y}\right)^{n+1} f(a+\theta h, b+\theta k)$$

を満たす θ が $0 < \theta < 1$ に存在する．

テイラーの定理における R_{n+1} を**剰余項**という．

定理 6.9 において，$(a,b) = (0,0)$ の場合に $h = x$, $k = y$ と置き換えると，次の定理が得られる．

定理 6.10 [2 変数関数のマクローリンの定理] 関数 $f(x,y)$ は原点 $(0,0)$ の近くで定義され，連続な第 $n+1$ 次偏導関数をもつとする．このとき，$(0,0)$ に十分近い (x,y) に対して，

$$f(x,y) = \sum_{r=0}^{n} \frac{1}{r!}\left(x\frac{\partial}{\partial x} + y\frac{\partial}{\partial y}\right)^r f(0,0) + R_{n+1}$$
$$= f(0,0) + \{f_x(0,0)x + f_y(0,0)y\}$$
$$+ \frac{1}{2!}\{f_{xx}(0,0)x^2 + 2f_{xy}(0,0)xy + f_{yy}(0,0)y^2\}$$
$$+ \frac{1}{3!}\{f_{xxx}(0,0)x^3 + 3f_{xxy}(0,0)x^2y + 3f_{xyy}(0,0)xy^2 + f_{yyy}(0,0)y^3\}$$
$$+ \cdots$$
$$+ \frac{1}{n!}\{f_{xx\cdots x}(0,0)x^n + nf_{xx\cdots xy}(0,0)x^{n-1}y + \cdots + f_{yy\cdots y}(0,0)y^n\}$$
$$+ R_{n+1}$$

とおけば，
$$R_{n+1} = \frac{1}{(n+1)!}\left(x\frac{\partial}{\partial x} + y\frac{\partial}{\partial y}\right)^{n+1} f(\theta x, \theta y)$$

を満たす θ が $0 < \theta < 1$ に存在する．

関数 $f(x,y)$ を定理 6.10 の形に表すことを，$f(x,y)$ を n 次の項まで**マクローリン展開**するという．剰余項は明示しないで R_{n+1} とだけ書くこともある．

例題 6.9 関数 $f(x,y) = e^x \cos y$ を3次の項までマクローリン展開せよ．

解答 3次までの偏導関数を求めると，
$$f_x(x,y) = f_{xx}(x,y) = f_{xxx}(x,y) = e^x \cos y$$
$$f_y(x,y) = f_{xy}(x,y) = f_{xxy}(x,y) = -e^x \sin y$$
$$f_{yy}(x,y) = f_{xyy}(x,y) = -e^x \cos y$$
$$f_{yyy}(x,y) = e^x \sin y$$

したがって，
$$f_x(0,0) = f_{xx}(0,0) = f_{xxx}(0,0) = 1, \quad f_y(0,0) = f_{xy}(0,0) = f_{xxy}(0,0) = 0$$
$$f_{yy}(0,0) = f_{xyy}(0,0) = -1, \quad f_{yyy}(0,0) = 0$$

また，$f(0,0) = 1$ であるから，定理 6.10 より
$$f(x,y) = 1 + x + \frac{1}{2}x^2 - \frac{1}{2}y^2 + \frac{1}{6}x^3 - \frac{1}{2}xy^2 + R_4$$

問 6.7 次の関数を3次の項までマクローリン展開せよ．
(1) $f(x,y) = e^x \sin y$ \qquad (2) $f(x,y) = \log(1+x+y)$

6.6　2変数関数の極値

2変数関数 $f(x,y)$ が，点 (a,b) の近くのすべての点 (x,y)（ただし，$(x,y) \neq (a,b)$）に対して，つねに $f(x,y) > f(a,b)$ を満たすとき，$f(x,y)$ は点 (a,b) で**極小**であるといい，$f(a,b)$ を**極小値**という．同様に，点 (a,b) の近くのすべての点 (x,y)（ただし，$(x,y) \neq (a,b)$）に対して，つねに $f(x,y) < f(a,b)$ を満たすとき，$f(x,y)$ は点 (a,b) で**極大**であるといい，$f(a,b)$ を**極大値**という．極大値と極小値をまとめて**極値**という．

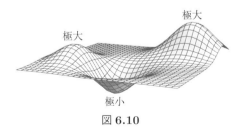

図 6.10

h と k が0に十分近く，同時には0にならないとき，
$$f(a+h, b+k) - f(a,b)$$

の符号がつねに正であれば, $f(x,y)$ は (a,b) で極小となり, 符号がつねに負であれば極大となる. よって, 1 変数関数の極大・極小に関する定理 (定理 3.19) と同様に考えると, 関数 $f(x,y)$ が偏微分可能で点 (a,b) で極値をとるならば, $f_x(a,b) = f_y(a,b) = 0$ が成り立つ. しかし, $f_x(a,b) = f_y(a,b) = 0$ となる点 (a,b) において, つねに極値をとるとは限らない. そのため, 極値をとるかどうかの判定を行う必要がある.

関数 $f(x,y)$ が連続な第 2 次偏導関数をもつとし, 点 (a,b) において
$$f_x(a,b) = 0, \quad f_y(a,b) = 0$$
が成り立つとする. このとき, 定理 6.8 より

$$f(a+h, b+k) - f(a,b)$$
$$= \frac{1}{2}\{f_{xx}(a+\theta h, b+\theta k)h^2 + 2f_{xy}(a+\theta h, b+\theta k)hk$$
$$+ f_{yy}(a+\theta h, b+\theta k)k^2\}$$

を満たす θ が $0 < \theta < 1$ に存在する.

$$A = f_{xx}(a,b), \ B = f_{xy}(a,b), \ C = f_{yy}(a,b)$$

とおくと, h, k が小さいとき, $\{\ \}$ の中の式が一定の符号をとるためには
$$Ah^2 + 2Bhk + Ck^2$$
が一定の符号をとればよい. そこで, $Ah^2 + 2Bhk + Ck^2$ が一定の符号をとるための条件を求める.

$$Ah^2 + 2Bhk + Ck^2 = A\left(h + \frac{Bk}{A}\right)^2 + \frac{1}{A}(AC - B^2)k^2$$

なので, $Ah^2 + 2Bhk + Ck^2$ は,

・$AC - B^2 > 0$ のとき, さらに $A > 0$ ならば, つねに正の値をとる
・$AC - B^2 > 0$ のとき, さらに $A < 0$ ならば, つねに負の値をとる
・$AC - B^2 < 0$ のとき, 正の値にも負の値にもなる

以上の結果をまとめると次の定理を得る.

定理 6.11 [2 変数関数の極大・極小] 関数 $f(x,y)$ は連続な第 2 次偏導関数をもつとする. このとき, 次のことが成り立つ.

(1) 点 (a,b) において $f(x,y)$ が極値をとるならば, $f_x(a,b) = 0, f_y(a,b) = 0$

である.

(2) 点 (a,b) において $f_x(a,b) = 0$, $f_y(a,b) = 0$ であるとする.
$$\Delta(x,y) = f_{xx}(x,y)f_{yy}(x,y) - \{f_{xy}(x,y)\}^2$$
とおくとき, $f(x,y)$ は点 (a,b) において

・$\Delta(a,b) > 0$ であれば極値をとる. さらに

$f_{xx}(a,b) > 0$ であれば極小値であり,

$f_{xx}(a,b) < 0$ であれば極大値である.

・$\Delta(a,b) < 0$ であれば極値をとらない.

注. $\Delta(a,b) = 0$ のときは, 点 (a,b) において極値をとるかどうかをこの定理から判定することができない.

例題 6.10 $f(x,y) = x^2 - 2xy + 3y^2 - 2x$ の極値を求めよ.

解答 $f_x(x,y) = 2x - 2y - 2$, $f_y(x,y) = -2x + 6y$ であるから, 極値をとる点の候補は, x と y の連立方程式
$$\begin{cases} 2x - 2y - 2 = 0 \\ -2x + 6y = 0 \end{cases}$$
を解くことによって得られる. 実際に連立方程式を解くと, $(x,y) = \left(\dfrac{3}{2}, \dfrac{1}{2}\right)$ が極値をとる点の候補である. また, 第 2 次偏導関数は
$$f_{xx}(x,y) = 2, \quad f_{yy}(x,y) = 6, \quad f_{xy}(x,y) = -2$$
であるから,
$$\Delta(x,y) = f_{xx}(x,y)f_{yy}(x,y) - \{f_{xy}(x,y)\}^2 = 2 \cdot 6 - (-2)^2 = 8 \ (\text{定数関数})$$
である. よって, $\Delta\left(\dfrac{3}{2}, \dfrac{1}{2}\right) = 8 > 0$ となるため, 点 $\left(\dfrac{3}{2}, \dfrac{1}{2}\right)$ において極値をもつ. さらに, $f_{xx}\left(\dfrac{3}{2}, \dfrac{1}{2}\right) = 2 > 0$ なので, $f(x,y)$ は点 $\left(\dfrac{3}{2}, \dfrac{1}{2}\right)$ において極小値 $f\left(\dfrac{3}{2}, \dfrac{1}{2}\right) = -\dfrac{3}{2}$ をとる. ∎

例題 6.11 $f(x,y) = x^2 - y^2$ の極値を求めよ.

解答 $f_x(x,y) = 2x$, $f_y(x,y) = -2y$ より, 極値をとる点の候補は, 連立方程式
$$\begin{cases} 2x = 0 \\ -2y = 0 \end{cases}$$

の解である $(0,0)$ のみである.また,第 2 次偏導関数は
$$f_{xx}(x,y) = 2,\ f_{yy}(x,y) = -2,\ f_{xy}(x,y) = 0$$
であるから,
$$\Delta(x,y) = 2 \cdot (-2) - 0^2 = -4 \quad (定数関数)$$
である.よって,$\Delta(0,0) = -4 < 0$ となり,$f(x,y)$ は点 $(0,0)$ において極値をとらない(図 6.11).

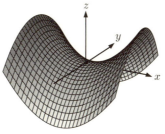

図 **6.11** $z = x^2 - y^2$ のグラフ

例題 6.12 $f(x,y) = x^3 - 6xy + xy^2$ の極値を求めよ.

[解答] $f_x(x,y) = 3x^2 - 6y + y^2$,$f_y(x,y) = -6x + 2xy$ より,極値をとる点の候補は,連立方程式
$$\begin{cases} 3x^2 - 6y + y^2 = 0 & \cdots ① \\ -6x + 2xy = 0 & \cdots ② \end{cases}$$
を解くことによって得られる.② より,$-2x(3-y) = 0$ となるので,$x = 0$ または $y = 3$ である.$x = 0$ を ① に代入すると,$y(y-6) = 0$ より $y = 0, 6$ である.また,$y = 3$ を ① に代入すると,$x^2 = 3$ より $x = \pm\sqrt{3}$ である.したがって,$(0,0), (0,6), (\sqrt{3}, 3), (-\sqrt{3}, 3)$ の 4 点が極値をとる点の候補である.また,第 2 次偏導関数は
$$f_{xx}(x,y) = 6x,\ f_{yy}(x,y) = 2x,\ f_{xy} = -6 + 2y$$
であるから,
$$\Delta(x,y) = 12x^2 - (-6 + 2y)^2$$
である.よって,極値をとる点の候補を代入して

- $(0,0)$ において,$\Delta(0,0) = -36 < 0$ なので,極値をとらない.
- $(0,6)$ において,$\Delta(0,6) = -36 < 0$ なので,極値をとらない.
- $(\sqrt{3},3)$ において,$\Delta(\sqrt{3},3) = 36 > 0$ なので,極値をとる.
  さらに $f_{xx}(\sqrt{3},3) = 6\sqrt{3} > 0$ なので,極小である.
- $(-\sqrt{3},3)$ において,$\Delta(-\sqrt{3},3) = 36 > 0$ なので極値となる.
  さらに $f_{xx}(-\sqrt{3},3) = -6\sqrt{3} < 0$ なので極大である.

以上をまとめると,$f(x,y)$ は,点 $(\sqrt{3},3)$ において極小値 $f(\sqrt{3},3) = -6\sqrt{3}$ をとり,点 $(-\sqrt{3},3)$ において極大値 $f(-\sqrt{3},3) = 6\sqrt{3}$ をとる.

例題 6.13 $f(x,y) = e^{-x^2-y^2}$ の極値を求めよ.

[解答] $f_x(x,y) = -2xe^{-x^2-y^2}$,$f_y(x,y) = -2ye^{-x^2-y^2}$ より,極値をとる点の候補は,連立方程式

$$\begin{cases} -2xe^{-x^2-y^2} = 0 \\ -2ye^{-x^2-y^2} = 0 \end{cases}$$

の解である $(0,0)$ のみである.また,第 2 次偏導関数は

$$f_{xx}(x,y) = (4x^2-2)e^{-x^2-y^2},\quad f_{yy}(x,y) = (4y^2-2)e^{-x^2-y^2}$$

$$f_{xy}(x,y) = 4xye^{-x^2-y^2}$$

であるから,

$$\Delta(x,y) = \left\{(4x^2-2)e^{-x^2-y^2}\right\}\left\{(4y^2-2)e^{-x^2-y^2}\right\} - \left(4xye^{-x^2-y^2}\right)^2$$

である.よって,$\Delta(0,0) = (-2) \cdot (-2) - 0 = 4 > 0$ なので,$f(x,y)$ は点 $(0,0)$ において極値をとる.さらに,$f_{xx}(0,0) = -2 < 0$ なので,$f(x,y)$ は点 $(0,0)$ において極大値 $f(0,0) = 1$ をとる (p.138, 図 6.3).

問 6.8 次の関数の極値を求めよ.
(1) $x^3 + xy^2 - 3x$
(2) $x^2 - 5xy + 4y^2 - 2x + 5y$
(3) $x^3 - 3xy + 3y^2 - 15x$
(4) $2x^2 + 3xy - xy^3$
(5) $\dfrac{4x - xy^2}{1 + x^2}$
(6) $e^x + e^y - e^{x+y}$

6.7 陰関数

6.7.1 陰関数とは

x と y の関係が,2 変数関数 $f(x,y)$ を用いて

$$f(x,y) = 0$$

で与えられているとする．この関係式に x を変数とする関数 $y = \phi(x)$ を代入したとき，恒等的に $f(x, \phi(x)) = 0$ が成り立つとき，$\phi(x)$ を $f(x,y) = 0$ が定める**陰関数**という．

気をつける点として，$f(x,y) = 0$ を満たす関数 $\phi(x)$ は複数存在することがある．たとえば，$x^2 + y^2 - 1 = 0$ が定める陰関数を考えると，$y = \sqrt{1-x^2}$ と $y = -\sqrt{1-x^2}$ の2つが条件を満たしている．

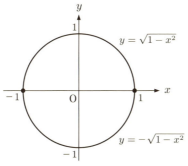

図 **6.12** $x^2 + y^2 - 1 = 0$

6.7.2 陰関数定理

$f(x,y) = 0$ が定める陰関数の導関数は，次の定理によって求めることができる．

定理 6.12 [陰関数定理] 関数 $f(x,y)$ はある領域 D で連続な偏導関数をもつとする．この領域内の点 (a,b) において
$$f(a,b) = 0 \quad \text{かつ} \quad f_y(a,b) \neq 0$$
が成立しているとする．このとき，a の近くで定義された関数 $y = \phi(x)$ で次の条件を満たすものがただ1つ存在する．

(1) $b = \phi(a)$
(2) 恒等的に $f(x, \phi(x)) = 0$ が成り立つ
(3) $\phi(x)$ は微分可能である

このとき，$y = \phi(x)$ の導関数 $\phi'(x)$ は次の式で与えられる．
$$\phi'(x) = \frac{dy}{dx} = -\frac{f_x(x,y)}{f_y(x,y)}$$

証明 ここでは，条件を満たす $y = \phi(x)$ が存在すると仮定して，導関数を求める．
$z = f(x, y) = f(x, \phi(x)) = 0$ として定理 6.5 を用いると
$$\frac{dz}{dx} = \frac{\partial z}{\partial x}\frac{dx}{dx} + \frac{\partial z}{\partial y}\frac{dy}{dx} = \frac{\partial z}{\partial x} + \frac{\partial z}{\partial y}\frac{dy}{dx} = 0$$
であるから，$\dfrac{\partial z}{\partial y} \neq 0$ ならば，
$$\frac{dy}{dx} = -\frac{\frac{\partial z}{\partial x}}{\frac{\partial z}{\partial y}} = -\frac{f_x(x, y)}{f_y(x, y)}$$
が成り立つ． ∎

例． $f(x, y) = x^2 + y^2 - 2^2$, $(a, b) = (0, 2)$ とする．$f(0, 2) = 0$ であり，また，$f_y(x, y) = 2y$ より $f_y(0, 2) = 4 \neq 0$ であるから，陰関数定理より，$(0, 2)$ において条件を満たす $y = \phi(x)$ が存在し，
$$\phi'(x) = -\frac{f_x(x, y)}{f_y(x, y)} = -\frac{2x}{2y} = -\frac{x}{y}$$
である．実際，$\phi(x) = \sqrt{4 - x^2}$ と定義すると，条件 (1)〜(3) を満たしていて，
$$\phi'(x) = \left(\sqrt{4 - x^2}\right)' = \left\{(4 - x^2)^{\frac{1}{2}}\right\}' = -\frac{x}{\sqrt{4 - x^2}} = -\frac{x}{y}$$
となるので，陰関数定理を使った結果と一致する．$(a, b) = (0, -2)$ のときも同様に求めることができる．

注． 上の例のように $\phi(x)$ が具体的に求められることはまれである．

例題 6.14 $x^3 - 3xy + y^3 = 0$ が定める陰関数のグラフにおいて，点 $\left(\dfrac{3}{2}, \dfrac{3}{2}\right)$ における接線の方程式を求めよ．

解答 $f(x, y) = x^3 - 3xy + y^3$ とおくと，点 $\left(\dfrac{3}{2}, \dfrac{3}{2}\right)$ は，定理 6.12 の仮定を満たしている．よって，定理の条件 (1)〜(3) を満たす $\phi(x)$ が存在し，
$$\phi'(x) = -\frac{3x^2 - 3y}{-3x + 3y^2} = \frac{x^2 - y}{x - y^2}$$
である．$\phi'\left(\dfrac{3}{2}\right)$ の値は $(x, y) = \left(\dfrac{3}{2}, \dfrac{3}{2}\right)$ を代入して
$$\phi'\left(\frac{3}{2}\right) = \frac{(\frac{3}{2})^2 - \frac{3}{2}}{\frac{3}{2} - (\frac{3}{2})^2} = -1$$

である．よって求める接線は，$\left(\dfrac{3}{2}, \dfrac{3}{2}\right)$ を通り，傾き -1 の直線であるから，その方程式は
$$y = -x + 3$$
である．

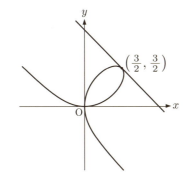

図 **6.13** $x^3 - 3xy + y^3 = 0$ と $y = -x + 3$

> 問 **6.9** 次の式が定める陰関数のグラフにおいて，指定された点における接線の方程式を求めよ．
> (1) $x^2 + y^2 - 4 = 0$, $(\sqrt{3}, 1)$ 　　(2) $x^2 - 2xy + 3y^2 - 8 = 0$, $\left(2, -\dfrac{2}{3}\right)$

> 例題 **6.15** 陰関数定理を用いて，$x^2 + xy + y^2 - 3 = 0$ が定める陰関数の極値を調べよ．

解答 関数 $f(x, y) = x^2 + xy + y^2 - 3$ とおくと，
$$f_x(x, y) = 2x + y, \quad f_y(x, y) = x + 2y$$
であるから，陰関数 $y = \phi(x)$ の導関数は，定理 6.12 より
$$\phi'(x) = \dfrac{dy}{dx} = -\dfrac{f_x(x, y)}{f_y(x, y)} = -\dfrac{2x + y}{x + 2y}$$
である．極値をとる点の候補は $\phi'(x) = 0$ を満たす点なので，$2x + y = 0$ を満たしている．連立方程式
$$\begin{cases} x^2 + xy + y^2 - 3 = 0 \\ 2x + y = 0 \end{cases}$$
の解は $(x, y) = (1, -2), (-1, 2)$ であるから，$x = \pm 1$ が極値をとる点の候補である．候補の点における極大・極小を判定するため，定理 3.21 を適用する．$\phi''(x)$ は，$\phi'(x)$ の式において y を $\phi(x)$ で置き換えて微分すると
$$\phi''(x) = \dfrac{d}{dx}\left\{-\dfrac{2x + \phi(x)}{x + 2\phi(x)}\right\}$$

$$= -\frac{\{2+\phi'(x)\}\{x+2\phi(x)\} - \{2x+\phi(x)\}\{1+2\phi'(x)\}}{\{x+2\phi(x)\}^2}$$

$$= -\frac{3\phi(x) - 3x\phi'(x)}{\{x+2\phi(x)\}^2}$$

となる．極値をとる点の候補 $x=1$ において，$\phi(1)=-2$, $\phi'(1)=0$ であるから，

$$\phi''(1) = -\frac{-6-0}{(1-4)^2} = \frac{2}{3} > 0$$

となる．よって $x=1$ のとき，$\phi(x)$ は極小値 $\phi(1)=-2$ をとる．同様に，$x=-1$ のとき極大値 $\phi(-1)=2$ をとる．

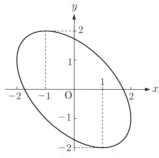

図 **6.14** $x^2 + xy + y^2 - 3 = 0$

問 6.10 陰関数定理を用いて，次の式が定める陰関数の極値を調べよ．
(1) $x^2 - 2xy + 3y^2 - 8 = 0$　　(2) ★ $x^3 - 3xy + y^3 = 0$

6.7.3 ラグランジュの未定係数法

関数 $z=f(x,y)$ について，条件 $g(x,y)=0$ のもとでの極値を求める問題を考える．$g(x,y)=0$ を満たす点 (a,b) において，$g_y(a,b) \neq 0$ ならば，定理 6.12 より，$g(x,\phi(x))=0$, $\phi(a)=b$ を満たす関数 $y=\phi(x)$ が存在して微分可能である．よって，$y=\phi(x)$ を $z=f(x,y)$ に代入して得られる 1 変数関数 $z=f(x,\phi(x))$ の極値を求めればよい．

定理 6.5 を用いると，$z=f(x,y)$ と $y=\phi(x)$ の合成関数の導関数について

$$\frac{dz}{dx} = f_x(x,y)\frac{dx}{dx} + f_y(x,y)\frac{dy}{dx}$$

が成り立つ．一方，定理 6.12 より

$$\frac{dy}{dx} = -\frac{g_x(x,y)}{g_y(x,y)}$$

である．よって，点 (a,b) において $z = f(x, \phi(x))$ が極値をとるとすると，$\dfrac{dz}{dx} = 0$ より，

$$f_x(a,b) - f_y(a,b) \frac{g_x(a,b)}{g_y(a,b)} = 0$$

である．したがって，$g_x(a,b) \neq 0$ ならば，

$$\frac{f_y(a,b)}{g_y(a,b)} = \frac{f_x(a,b)}{g_x(a,b)}$$

であるから，この値を λ とおく．$g_x(a,b) = 0$ のときは，

$$\lambda = \frac{f_y(a,b)}{g_y(a,b)}$$

とおく．いずれの場合も

$$\begin{cases} f_x(a,b) - \lambda g_x(a,b) = 0 \\ f_y(a,b) - \lambda g_y(a,b) = 0 \end{cases}$$

が成り立つ．$g_y(a,b) = 0$ であっても $g_x(a,b) \neq 0$ であれば，$f(\psi(y), y) = 0$ を満たす関数 $x = \psi(y)$ を考えることによって同様の議論ができる．

以上の結果より，次の定理が得られる．

定理 6.13 [ラグランジュの未定係数法] $g(x,y) = 0$ の条件のもとで，関数 $f(x,y)$ が点 (a,b) で極値をとるとする．このとき，$g_y(a,b) \neq 0$ または $g_x(a,b) \neq 0$ であれば，

$$f_x(a,b) - \lambda g_x(a,b) = 0, \quad f_y(a,b) - \lambda g_y(a,b) = 0$$

を満たす λ が存在する．

この定理を用いると，$g_y(x,y) \neq 0$ または $g_x(x,y) \neq 0$ の条件のもとで，$f(x,y)$ が極値をとる点の候補は，x, y, λ の連立方程式

$$\begin{cases} f_x(x,y) - \lambda g_x(x,y) = 0 \\ f_y(x,y) - \lambda g_y(x,y) = 0 \\ g(x,y) = 0 \end{cases}$$

の解 (x, y, λ) における (x, y) である．

例題 6.16 ラグランジュの未定係数法を用いて，$x^2 + y^2 - 1 = 0$ の条件のもとで，xy が極値をとる点の候補を求めよ．

解答 極値をとる点の候補は, $f(x,y) = xy$, $g(x,y) = x^2+y^2-1$ として定理 6.13 を適用すれば, 連立方程式

$$\begin{cases} y - 2\lambda x = 0 & \cdots ① \\ x - 2\lambda y = 0 & \cdots ② \\ x^2 + y^2 - 1 = 0 & \cdots ③ \end{cases}$$

の解を求めればよいことがわかる. ① $\times y$ $-$ ② $\times x$ より,

$$y^2 - x^2 = 0$$

となるので, $y = \pm x$ である. これを ③ に代入すると, $2x^2 - 1 = 0$ であるから, $x = \pm\dfrac{1}{\sqrt{2}}$ となる. これを $y = \pm x$ と ① に代入すると, 連立方程式の解 (x, y, λ) は $\left(\pm\dfrac{1}{\sqrt{2}}, \pm\dfrac{1}{\sqrt{2}}, \dfrac{1}{2}\right)$, $\left(\pm\dfrac{1}{\sqrt{2}}, \mp\dfrac{1}{\sqrt{2}}, -\dfrac{1}{2}\right)$ (複号同順) となる. よって, 極値をとる点の候補は $\left(\dfrac{1}{\sqrt{2}}, \dfrac{1}{\sqrt{2}}\right)$, $\left(\dfrac{1}{\sqrt{2}}, -\dfrac{1}{\sqrt{2}}\right)$, $\left(-\dfrac{1}{\sqrt{2}}, \dfrac{1}{\sqrt{2}}\right)$, $\left(-\dfrac{1}{\sqrt{2}}, -\dfrac{1}{\sqrt{2}}\right)$ の 4 点である.

注 1. 極値をとる候補の点において, 実際に極値をとる かどうかの判定は難しいことが多いため, ここでは詳しく触れない. 例題 6.16 では, 図 6.15 のように $\left(\pm\dfrac{1}{\sqrt{2}}, \pm\dfrac{1}{\sqrt{2}}\right)$ (複号同順) において極大値 (実際には最大値) $\dfrac{1}{2}$ をとり, $\left(\pm\dfrac{1}{\sqrt{2}}, \mp\dfrac{1}{\sqrt{2}}\right)$ (複号同順) において極小値 (実際には最小値) $-\dfrac{1}{2}$ をとる.

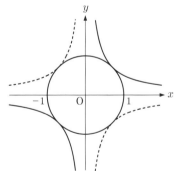

図 **6.15** $x^2 + y^2 - 1 = 0$ と $xy = \dfrac{1}{2}, xy = -\dfrac{1}{2}$

注 2. 例題 6.16 においては, $g(x,y) = 0$, $g_x(x,y) = 0$, $g_y(x,y) = 0$ を同時に満たす (x,y) は存在しないので, ラグランジュの未定係数法を用いることによって $f(x,y)$ の極値をとる点の候補はすべて求まる.

例題 6.17 ラグランジュの未定係数法を用いて，$x^2 + xy + y^2 - 1 = 0$ の条件のもとで，$x + y$ が極値をとる点の候補を求めよ．

解答 極値をとる点の候補は，$f(x,y) = x + y$, $g(x,y) = x^2 + xy + y^2 - 1$ として定理 6.13 を適用すれば，連立方程式

$$\begin{cases} 1 - \lambda(2x + y) = 0 & \cdots \text{①} \\ 1 - \lambda(2y + x) = 0 & \cdots \text{②} \\ x^2 + xy + y^2 - 1 = 0 & \cdots \text{③} \end{cases}$$

の解を求めればよい．① $\times (2y + x) - $ ② $\times (2x + y)$ より，
$$-x + y = 0$$

となるので，$y = x$ である．これを③に代入し，$x = \pm \dfrac{1}{\sqrt{3}}$ を得る．したがって，①より，連立方程式の解 (x, y, λ) は $\left(\pm \dfrac{1}{\sqrt{3}}, \pm \dfrac{1}{\sqrt{3}}, \pm \dfrac{1}{\sqrt{3}}\right)$ (複号同順) となる．よって，極値をとる点の候補は $\left(\dfrac{1}{\sqrt{3}}, \dfrac{1}{\sqrt{3}}\right)$, $\left(-\dfrac{1}{\sqrt{3}}, -\dfrac{1}{\sqrt{3}}\right)$ の 2 点である． ■

注． 例題 6.17 では，図 6.15 のように $\left(\dfrac{1}{\sqrt{3}}, \dfrac{1}{\sqrt{3}}\right)$ において最大値 $\dfrac{2}{\sqrt{3}}$ をとり，$\left(-\dfrac{1}{\sqrt{3}}, -\dfrac{1}{\sqrt{3}}\right)$ において最小値 $-\dfrac{2}{\sqrt{3}}$ をとる．

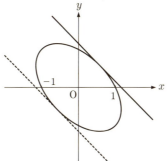

図 6.16 $x^2 + xy + y^2 - 1 = 0$ と $x + y = \dfrac{2}{\sqrt{3}}$, $x + y = -\dfrac{2}{\sqrt{3}}$

問 6.11 次の場合に，ラグランジュの未定係数法を用いて，$g(x, y) = 0$ の条件のもとで，関数 $f(x, y)$ が極値をとる点の候補を求めよ．
(1) $f(x, y) = x^2 + y^2$, $g(x, y) = x^2 + xy + y^2 - 9$
(2) $f(x, y) = 2x^2 - y$, $g(x, y) = x^2 + y^2 - 1$

7 重積分

7.1 2重積分

7.1.1 長方形領域における2重積分

関数 $f(x,y)$ が, xy 平面上の長方形の領域
$$D = \{(x,y) \mid a \leqq x \leqq b,\ c \leqq y \leqq d\}$$
で定義されているとする. x の区間 $[a,b]$ と y の区間 $[c,d]$ を, それぞれ
$$a = x_0 < x_1 < x_2 < \cdots < x_m = b,\ c = y_0 < y_1 < y_2 < \cdots < y_n = d$$
と分割し, 長方形 D を mn 個の小さい長方形
$$D_{ij} = \{(x,y) \mid x_{i-1} \leqq x \leqq x_i,\ y_{j-1} \leqq y \leqq y_j\} \quad (1 \leqq i \leqq m,\ 1 \leqq j \leqq n)$$
に分割する. このとき, D_{ij} の面積は $(x_i - x_{i-1})(y_j - y_{j-1})$ である.

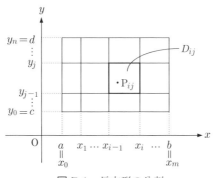

図 **7.1** 長方形の分割

各長方形 D_{ij} から任意の 1 点 $\mathrm{P}_{ij}(p_{ij}, q_{ij})$ をとると,
$$f(p_{ij}, q_{ij})(x_i - x_{i-1})(y_j - y_{j-1})$$
の値は, xyz 空間において, 底面が xy 平面上の長方形 D_{ij} で高さが $f(p_{ij}, q_{ij})$ の柱状の直方体 (図 7.2) の体積になる.

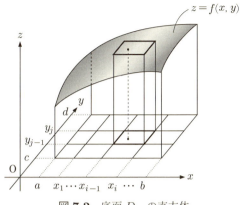

図 **7.2** 底面 D_{ij} の直方体

この値について, i を 1 から m まで, j を 1 から n までそれぞれ動かしたときの和：

$$S_{mn} = \sum_{i=1}^{m} \sum_{j=1}^{n} f(p_{ij}, q_{ij})(x_i - x_{i-1})(y_j - y_{j-1})$$

を考える. この和 S_{mn} は, 図 7.3 の左側のような柱状の直方体が集まってできる立体の体積である.

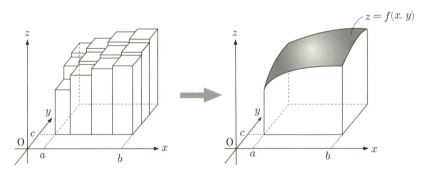

図 **7.3** 分割を細かくしていくときの極限

S_{mn} の値は, 長方形 D の分割の仕方と点 P_{ij} のとり方を変えれば変化するが, もし, D の分割を限りなく細かくしていって, 各長方形 D_{ij} の縦と横の長さを限りなく 0 に近づくようにするとき, S_{mn} の値が

- 分割を細かくしていく仕方
- 各長方形 D_{ij} 内の点 P_{ij} のとり方

によらない一定の極限値 I に近づくとき, $f(x, y)$ は D において**積分可能**であるという．また，この極限値 I を

$$I = \iint_D f(x, y)\,dxdy$$

と表し，$f(x, y)$ の D における **2 重積分**, または単に**重積分**という．このとき，$f(x, y)$ を**被積分関数**という．

D において $f(x, y) \geqq 0$ ならば，$\iint_D f(x, y)\,dxdy$ は，D を底面として z 軸の正の方向へ延びた角柱を曲面 $z = f(x, y)$ で上部を切り取ってできる立体の体積を表す (図 7.3 の右側)．ただし，$f(x, y) \leqq 0$ となる (x, y) の範囲では，

$$f(p_{ij}, q_{ij})(x_i - x_{i-1})(y_j - y_{j-1}) \leqq 0$$

となるので，重積分の値は実際の体積にマイナスの符号をつけた値になる．

重積分についても，1 変数関数の定積分 (第 5 章) と同様に次が成り立つ．

定理 7.1 長方形の領域 D 上で連続な関数は，D において積分可能である．

証明 ここでは，証明の方針を述べる．

長方形 D を mn 個の長方形 D_{ij} に分割したとき，D_{ij} の面積 $(x_i - x_{i-1})(y_j - y_{j-1})$ を A_{ij} とおき，D の面積 $(b - a)(d - c)$ を A とおく．D_{ij} における $f(x, y)$ の最大値を M_{ij}, 最小値を m_{ij} とすると，

$$m_{ij} A_{ij} \leqq f(p_{ij}, q_{ij}) A_{ij} \leqq M_{ij} A_{ij}$$

であるから，

$$\sum_{i=1}^{m}\sum_{j=1}^{n} m_{ij} A_{ij} \leqq \sum_{i=1}^{m}\sum_{j=1}^{n} f(p_{ij}, q_{ij}) A_{ij} \leqq \sum_{i=1}^{m}\sum_{j=1}^{n} M_{ij} A_{ij}$$

が成り立つ．

ここで，各長方形 D_{ij} における $f(x, y)$ の最大値と最小値の差 $M_{ij} - m_{ij}$ について，すべての i, j を考えて最大の値を s とおくと，

$$\sum_{i=1}^{m}\sum_{j=1}^{n} M_{ij} A_{ij} - \sum_{i=1}^{m}\sum_{j=1}^{n} m_{ij} A_{ij} = \sum_{i=1}^{m}\sum_{j=1}^{n} (M_{ij} - m_{ij}) A_{ij}$$

$$\leqq \sum_{i=1}^{m}\sum_{j=1}^{n} s A_{ij} = sA$$

となる. $f(x,y)$ が連続であることから, D の分割を限りなく細かくしていくと, s は限りなく 0 に近づくことがわかるので, $\sum_{i=1}^{m}\sum_{j=1}^{n}f(p_{ij},q_{ij})A_{ij}$ が極限値をもつことが証明される. ∎

7.1.2 一般の有界閉領域における 2 重積分

xy 平面内で, 有限個の閉じた曲線で囲まれた, 境界も含む部分を, **有界閉領域**という. この章では有界閉領域のことを単に**領域**ということにする. D を領域とするとき, D において定義された関数 $f(x,y)$ に対して, $f(x,y)$ の D における 2 重積分

$$\iint_{D}f(x,y)\,dxdy$$

を次のように定義する: D が長方形ならばすでに定義されているので, D を含む長方形 $\widetilde{D}=\{(x,y)|a\leqq x\leqq b, c\leqq y\leqq d\}$ をとる.

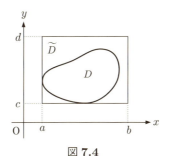

図 **7.4**

$\widetilde{D}$ 上で定義された関数 $\widetilde{f}$ を

$$\widetilde{f}(x,y)=\begin{cases} f(x,y) & ((x,y) \text{ が } D \text{ 上にあるとき}) \\ 0 & ((x,y) \text{ が } D \text{ 上にないとき}) \end{cases}$$

と定め,

$$\iint_{D}f(x,y)\,dxdy=\iint_{\widetilde{D}}\widetilde{f}(x,y)\,dxdy$$

と定義する. このとき, 次が成り立つ.

定理 7.2 領域 D 上で連続な関数は, D において積分可能である.

領域 D において $f(x,y) \geqq 0$ ならば，$\iint_D f(x,y)\,dxdy$ は，D を底面とし，z 軸の正の方向へ延びた柱状の立体を曲面 $z = f(x,y)$ で上部を切り取ってできる立体の体積を表す．

重積分の定義から次が成り立つことがわかる．

定理 7.3 [重積分の基本性質]　関数 $f(x,y), g(x,y)$ が領域 D において積分可能であるならば，

(1) $\iint_D \{f(x,y) \pm g(x,y)\}\,dxdy = \iint_D f(x,y)\,dxdy \pm \iint_D g(x,y)\,dxdy$
（複号同順）

(2) $\iint_D kf(x,y)\,dxdy = k\iint_D f(x,y)\,dxdy$　（k は定数）

(3) D を 2 つの領域 D_1, D_2 に分割するとき，
$$\iint_D f(x,y)\,dxdy = \iint_{D_1} f(x,y)\,dxdy + \iint_{D_2} f(x,y)\,dxdy$$

(4) D において，つねに $f(x,y) \leqq g(x,y)$ ならば，
$$\iint_D f(x,y)\,dxdy \leqq \iint_D g(x,y)\,dxdy$$

7.1.3　重積分の計算法

この節では，重積分を実際に計算する方法として，1 変数ずつ積分する方法を求める．これを**累次積分**という．

領域 D が次の形で表されるとする．
$$D = \{(x,y) \mid a \leqq x \leqq b, g_1(x) \leqq y \leqq g_2(x)\}$$

つまり，左右は y 軸に平行な直線が境界となり，上下は曲線が境界となっている場合である．ただし，$g_1(x)$ と $g_2(x)$ は連続関数とする (図 7.5)．

$f(x,y)$ を D 上で連続な関数とする．D 上で $f(x,y) \geqq 0$ の場合を考えると，$\iint_D f(x,y)\,dxdy$ は図 7.6 の立体の体積である．この立体を x 座標を一定とした平面で切った断面の面積を $S(x)$ とすると，定理 5.8 より，

$$\iint_D f(x,y)\,dxdy = \int_a^b S(x)dx$$

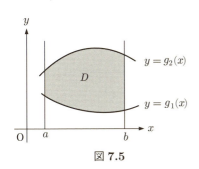

図 **7.5**

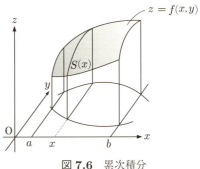

図 **7.6** 累次積分

となる．ここで，$S(x)$ は，x を固定して定数と考えたとき，図 7.7 のように，
$$g_1(x) \leqq y \leqq g_2(x)$$
の範囲で，曲線 $z = f(x, y)$ と y 軸，および 2 直線 $y = g_1(x)$, $y = g_2(x)$ で囲まれた部分の面積だから

$$S(x) = \int_{g_1(x)}^{g_2(x)} f(x, y)\, dy$$

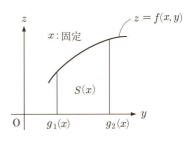

図 **7.7** 累次積分-断面積

である．したがって，

$$\iint_D f(x, y)\, dxdy = \int_a^b \left\{ \int_{g_1(x)}^{g_2(x)} f(x, y)\, dy \right\} dx$$

が得られる．この右辺は

$$\int_a^b \left\{ \int_{g_1(x)}^{g_2(x)} f(x, y)\, dy \right\} dx = \int_a^b dx \int_{g_1(x)}^{g_2(x)} f(x, y)\, dy$$

と書くこともある．

x と y の役割を入れ替えて考えると，
$$D = \{(x, y) \mid c \leqq y \leqq d,\ h_1(y) \leqq x \leqq h_2(y)\}$$
つまり，図 7.8 のように，上下は x 軸に平行な直線が境界となり，左右は曲線が境界となっている場合（ただし，$h_1(y)$ と $h_2(y)$ は y を変数とする連続関数）は

$$\iint_D f(x, y)\, dxdy = \int_c^d \left\{ \int_{h_1(y)}^{h_2(y)} f(x, y)\, dx \right\} dy = \int_c^d dy \int_{h_1(y)}^{h_2(y)} f(x, y)\, dx$$

が得られる．

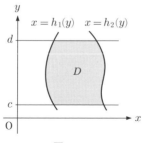

図 7.8

以上をまとめると次のようになる．

定理 7.4 [重積分の計算法 (累次積分)] $f(x,y)$ を領域 D 上で連続な関数とする．
(1) D が，連続関数 $g_1(x), g_2(x)$ によって
$$D = \{(x,y) \mid a \leqq x \leqq b,\ g_1(x) \leqq y \leqq g_2(x)\}$$
と表されるならば，
$$\iint_D f(x,y)\,dxdy = \int_a^b \left\{ \int_{g_1(x)}^{g_2(x)} f(x,y)\,dy \right\} dx$$

(2) D が，連続関数 $h_1(y), h_2(y)$ によって
$$D = \{(x,y) \mid c \leqq y \leqq d,\ h_1(y) \leqq x \leqq h_2(y)\}$$
と表されるならば，
$$\iint_D f(x,y)\,dxdy = \int_c^d \left\{ \int_{h_1(y)}^{h_2(y)} f(x,y)\,dx \right\} dy$$

例題 7.1 次の重積分を計算せよ．
$$\iint_D (x+y)\,dxdy, \qquad D = \{(x,y) \mid 1 \leqq x \leqq 3,\ 2 \leqq y \leqq 4\}$$

解答 定理 7.4 (1) により，y についての積分を先に行って計算すると，

$$\iint_D (x+y)\,dxdy = \int_1^3 \left\{ \int_2^4 (x+y)\,dy \right\} dx$$
$$= \int_1^3 \left[xy + \frac{y^2}{2} \right]_{y=2}^{y=4} dx$$
$$= \int_1^3 \left\{ \left(4x + \frac{16}{2}\right) - \left(2x + \frac{4}{2}\right) \right\} dx$$
$$= \int_1^3 (2x+6)\,dx$$
$$= \left[x^2 + 6x \right]_1^3$$
$$= (9+18) - (1+6) = 20$$

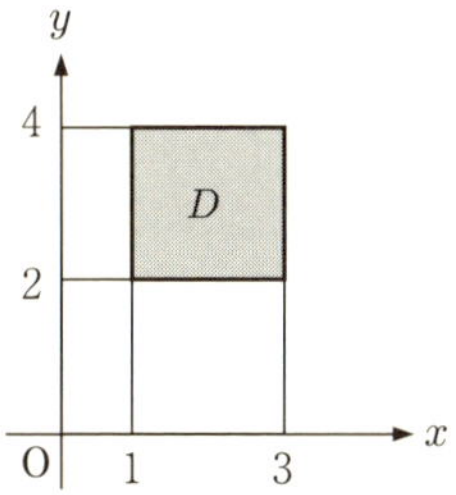

図 7.9 $1 \leqq x \leqq 3,\ 2 \leqq y \leqq 4$

また，定理 7.4 (2) により，次のように x についての積分を先に行うこともできる．

$$\iint_D (x+y)\,dxdy = \int_2^4 \left\{ \int_1^3 (x+y)\,dx \right\} dy = \int_2^4 \left[\frac{x^2}{2} + xy \right]_{x=1}^{x=3} dy$$
$$= \int_2^4 \left\{ \left(\frac{9}{2} + 3y\right) - \left(\frac{1}{2} + y\right) \right\} dy = \int_2^4 (4+2y)\,dy$$
$$= \left[4y + y^2 \right]_2^4 = (16+16) - (8+4) = 20 \qquad ∎$$

例題 7.2 次の重積分を計算せよ．
$$\iint_D x^2 y\,dxdy, \qquad D = \{(x,y) \mid 1 \leqq x \leqq 3,\ 2 \leqq y \leqq 4\}$$

解答 領域 D は例題 7.1 と同じである．y についての積分を先に行って計算すると，

$$\iint_D x^2 y\,dxdy = \int_1^3 \left\{ \int_2^4 x^2 y\,dy \right\} dx = \int_1^3 \left[x^2 \frac{y^2}{2} \right]_{y=2}^{y=4} dx$$
$$= \int_1^3 (8x^2 - 2x^2)\,dx = \int_1^3 6x^2\,dx = 2\left[x^3 \right]_1^3 = 2(27-1) = 52$$

x についての積分を先に行うと，

$$\iint_D x^2 y\,dxdy = \int_2^4 \left\{ \int_1^3 x^2 y\,dx \right\} dy = \int_2^4 \left[\frac{x^3}{3} y \right]_{x=1}^{x=3} dy = \int_2^4 \left(9y - \frac{1}{3}y \right) dy$$
$$= \int_2^4 \frac{26}{3} y\,dy = \frac{13}{3} \left[y^2 \right]_2^4 = \frac{13}{3}(16-4) = 52 \qquad ∎$$

例題 7.2 のように，積分する領域 D が座標軸に平行な辺をもつ長方形で，被積分関数が x の関数と y の関数の積で表せるときは，重積分は次のように，1 変数関数の定積分の積として計算できる．

公式 7.1

$D = \{(x,y) \mid a \leqq x \leqq b,\ c \leqq y \leqq d\}$ のとき,
$$\iint_D g(x)h(y)\,dxdy = \left(\int_a^b g(x)\,dx\right)\left(\int_c^d h(y)\,dy\right)$$

例. 例題 7.2 に公式 7.1 を適用すると,
$$\iint_D x^2 y\,dxdy] = \left(\int_1^3 x^2\,dx\right)\left(\int_2^4 y\,dy\right) = \left[\frac{x^3}{3}\right]_1^3 \left[\frac{y^2}{2}\right]_2^4 = \frac{26}{3}\cdot 6 = 52$$

例題 7.3 次の重積分を計算せよ.
$$\iint_D xy\,dxdy, \qquad D = \{(x,y) \mid x+y \leqq 1,\ x \geqq 0,\ y \geqq 0\}$$

 $x+y \leqq 1$ より, $y \leqq 1-x$ であるから, 領域 D は図 7.10 のようになる. よって
$$D = \{(x,y) \mid 0 \leqq x \leqq 1,\ 0 \leqq y \leqq 1-x\}$$
と表すことができるから, 定理 7.4 (1) により, y についての積分を先に行って計算すると,

$$\begin{aligned}
\iint_D xy\,dxdy &= \int_0^1 \left\{\int_0^{1-x} xy\,dy\right\} dx \\
&= \int_0^1 \left[x\frac{y^2}{2}\right]_{y=0}^{y=1-x} dx \\
&= \frac{1}{2}\int_0^1 \left\{x(1-x)^2 - 0\right\} dx \\
&= \frac{1}{2}\int_0^1 (x - 2x^2 + x^3)\,dx \\
&= \frac{1}{2}\left[\frac{x^2}{2} - \frac{2}{3}x^3 + \frac{x^4}{4}\right]_0^1 \\
&= \frac{1}{2}\left(\frac{1}{2} - \frac{2}{3} + \frac{1}{4}\right) = \frac{1}{24}
\end{aligned}$$

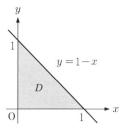

図 **7.10** $x+y \leqq 1$, $x \geqq 0$, $y \geqq 0$

x についての積分を先に行うこともできるが, 領域 D も被積分関数も x と y に関して対称なので, 計算過程も x と y を入れ替えただけの違いである.

例題 7.4 次の重積分を計算せよ.
$$\iint_D x^2 y\,dxdy, \qquad D = \{(x,y) \mid 0 \leqq x \leqq 2,\ 0 \leqq y \leqq x^2\}$$

解答 領域 D は図 7.11 のようになる.
y についての積分を先に行って計算すると

$$\iint_D x^2 y\, dxdy = \int_0^2 \left\{ \int_0^{x^2} x^2 y\, dy \right\} dx$$
$$= \int_0^2 \left[x^2 \frac{y^2}{2} \right]_{y=0}^{y=x^2} dx$$
$$= \int_0^2 \left(x^2 \frac{x^4}{2} - 0 \right) dx$$
$$= \frac{1}{2} \int_0^2 x^6\, dx$$
$$= \frac{1}{2} \left[\frac{x^7}{7} \right]_0^2 = \frac{2^7}{2\cdot 7} = \frac{64}{7}$$

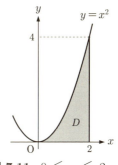

図 **7.11** $0 \leqq x \leqq 2,$ $0 \leqq y \leqq x^2$

x についての積分を先に行うと, $\int_0^4 \left\{ \int_{\sqrt{y}}^2 x^2 y\, dx \right\} dy$ を計算することになる. ∎

例題 7.5 次の重積分を計算せよ.
$$\iint_D (x+y)\, dxdy, \qquad D = \{(x,y) \mid 2x+y \leqq 2,\, 0 \leqq x,\, 0 \leqq y \leqq 1\}$$

解答 $2x+y \leqq 2$ より, $y \leqq 2-2x$ であるから, 領域 D は図 7.12 のようになる.

y についての積分を先に行う場合は, D を次の 2 つの領域に分けて計算する.
$$D_1 = \left\{ (x,y) \,\Big|\, 0 \leqq x \leqq \frac{1}{2},\, 0 \leqq y \leqq 1 \right\}$$
$$D_2 = \left\{ (x,y) \,\Big|\, \frac{1}{2} \leqq x \leqq 1,\, 0 \leqq y \leqq 2-2x \right\}$$
定理 7.3, (3) より,

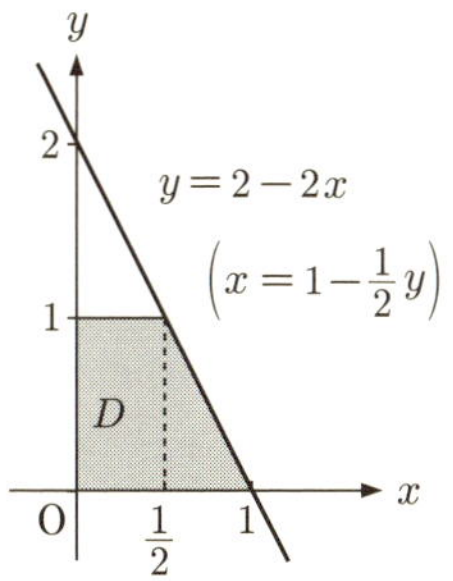

$$\iint_D (x+y)\, dxdy = \iint_{D_1} (x+y)\, dxdy$$
$$+ \iint_{D_2} (x+y)\, dxdy$$

図 **7.12** $2x+y \leqq 2,$ $0 \leqq x,\, 0 \leqq y \leqq 1$

$$= \int_0^{\frac{1}{2}} \left\{ \int_0^1 (x+y)\, dy \right\} dx + \int_{\frac{1}{2}}^1 \left\{ \int_0^{2-2x} (x+y)\, dy \right\} dx$$
$$= \int_0^{\frac{1}{2}} \left[xy + \frac{y^2}{2} \right]_{y=0}^{y=1} dx + \int_{\frac{1}{2}}^1 \left[xy + \frac{y^2}{2} \right]_{y=0}^{y=2-2x} dx$$

$$
= \int_0^{\frac{1}{2}} \left(x + \frac{1}{2}\right) dx + \int_{\frac{1}{2}}^1 \left\{ (2x - 2x^2) + \frac{1}{2}(2 - 2x)^2 \right\} dx
$$
$$
= \left[\frac{x^2}{2} + \frac{x}{2} \right]_0^{\frac{1}{2}} + 2\left[x - \frac{x^2}{2} \right]_{\frac{1}{2}}^1 = \frac{5}{8}
$$

x についての積分を先に行う場合は,
$$
D = \left\{ (x, y) \;\middle|\; 0 \leqq y \leqq 1,\; 0 \leqq x \leqq 1 - \frac{1}{2} y \right\}
$$
と表して,
$$
\iint_D (x+y)\,dxdy = \int_0^1 \left\{ \int_0^{1 - \frac{1}{2}y} (x+y)\,dx \right\} dy = \int_0^1 \left[\frac{x^2}{2} + xy \right]_{x=0}^{x=1-\frac{1}{2}y} dy
$$
$$
= \int_0^1 \left\{ \frac{1}{2}\left(1 - \frac{1}{2}y\right)^2 + \left(1 - \frac{y}{2}\right)y \right\} dy
$$
$$
= \int_0^1 \left(\frac{1}{2} + \frac{y}{2} - \frac{3y^2}{8} \right) dy = \left[\frac{y}{2} + \frac{y^2}{4} - \frac{y^3}{8} \right]_0^1 = \frac{5}{8}
$$

例題 **7.6** $a > 0$ として, 次の重積分を計算せよ.
$$
\iint_D x\,dxdy, \qquad D = \{(x, y) \mid x^2 + y^2 \leqq a^2,\; x \geqq 0\}
$$

解答 $x^2 + y^2 = a^2$ は, 原点を中心とし, 半径が a の円を表すから, 領域 D は, 図 7.13 のようになる.

y についての積分を先に行う場合は,
$$
D = \left\{ (x, y) \mid 0 \leqq x \leqq a,\; -\sqrt{a^2 - x^2} \leqq y \leqq \sqrt{a^2 - x^2} \right\}
$$
と表して (図 7.13),
$$
\iint_D x\,dxdy = \int_0^a \left\{ \int_{-\sqrt{a^2-x^2}}^{\sqrt{a^2-x^2}} x\,dy \right\} dx
$$
$$
= \int_0^a \left[xy \right]_{y=-\sqrt{a^2-x^2}}^{y=\sqrt{a^2-x^2}} dx
$$
$$
= \int_0^a 2x\sqrt{a^2 - x^2}\,dx
$$

ここで, $a^2 - x^2 = t$ とおくと
$$
\begin{cases} x : 0 \longrightarrow a \\ t : a^2 \longrightarrow 0 \end{cases}
$$

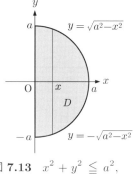

図 **7.13** $x^2 + y^2 \leqq a^2$, $x \geqq 0$

また, $dx = -\dfrac{1}{2x} dt$ であるから,

$$\iint_D x\,dxdy = \int_{a^2}^0 2x\sqrt{t}\left(-\frac{1}{2x}\right)dt = \int_0^{a^2}\sqrt{t}\,dt = \left[\frac{2}{3}t^{\frac{3}{2}}\right]_0^{a^2} = \frac{2}{3}a^3$$

x についての積分を先に行う場合は，
$D = \{(x,y) \mid -a \leqq y \leqq a,\ 0 \leqq x \leqq \sqrt{a^2 - y^2}\}$
と表して（図 7.14），

$$\begin{aligned}
\iint_D x\,dxdy &= \int_{-a}^a \left\{\int_0^{\sqrt{a^2-y^2}} x\,dx\right\} dy \\
&= \int_{-a}^a \left[\frac{1}{2}x^2\right]_{x=0}^{x=\sqrt{a^2-y^2}} dy \\
&= \int_{-a}^a \frac{1}{2}(a^2 - y^2)\,dy \\
&= \frac{1}{2}\left[a^2 y - \frac{1}{3}y^3\right]_{-a}^a = \frac{2}{3}a^3
\end{aligned}$$

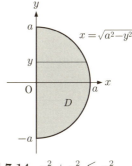

図 **7.14** $x^2 + y^2 \leqq a^2,\ x \geqq 0$

注. 例題 7.4, 例題 7.5, 例題 7.6 のように，x についての積分と y についての積分の順序を変えると，計算の複雑さが異なる場合がある．

問 7.1 次の重積分について，領域 D を図示し，積分の値を求めよ．

(1) $\displaystyle\iint_D (x+y)\,dxdy, \quad D = \{(x,y) \mid -1 \leqq x \leqq 3,\ 1 \leqq y \leqq 2\}$

(2) $\displaystyle\iint_D xy\,dxdy, \quad D = \{(x,y) \mid 0 \leqq x \leqq 5,\ 0 \leqq y \leqq 1\}$

(3) $\displaystyle\iint_D (x^2 y - 2)\,dxdy, \quad D = \{(x,y) \mid 0 \leqq x \leqq 3,\ 1 \leqq y \leqq 3\}$

(4) $\displaystyle\iint_D y\,dxdy, \quad D = \{(x,y) \mid x + y \leqq 1,\ x \geqq 0,\ y \geqq 0\}$

(5) $\displaystyle\iint_D x\,dxdy, \quad D = \{(x,y) \mid 0 \leqq x \leqq 1,\ x \leqq y \leqq 1\}$

(6) $\displaystyle\iint_D (3x + xy)\,dxdy, \quad D = \{(x,y) \mid 0 \leqq x \leqq 1,\ 0 \leqq y \leqq x^2\}$

(7) $\displaystyle\iint_D xy\,dxdy, \quad D = \{(x,y) \mid x^2 \leqq y \leqq x\}$

(8) $\displaystyle\iint_D \sin(x+y)\,dxdy, \quad D = \left\{(x,y) \,\Big|\, 0 \leqq x \leqq \frac{\pi}{2},\ 0 \leqq y \leqq \frac{\pi}{2}\right\}$

(9) $\iint_D \sqrt{x+y}\,dxdy$, $D = \{(x,y) \mid 0 \leqq x \leqq 3,\ 0 \leqq y \leqq 1\}$

(10) $\iint_D e^{2x+y}\,dxdy$, $D = \{(x,y) \mid 2x+y \leqq 2,\ 0 \leqq x,\ 0 \leqq y \leqq 1\}$

(11) $\iint_D y\,dxdy$, $D = \{(x,y) \mid x^2+y^2 \leqq 4,\ x \geqq 0,\ y \geqq 0\}$

(12) $\iint_D x\,dxdy$, $D = \left\{(x,y) \mid x^2+y^2 \leqq 1,\ x \geqq \dfrac{1}{2}\right\}$

7.1.4 重積分の変数変換

重積分において, 1 変数関数の置換積分法に対応する技法が, この項で説明する変数変換である. uv 平面の領域 G 上で定義された関数 $g(u,v), h(u,v)$ によって,

$$\begin{cases} x = g(u,v) \\ y = h(u,v) \end{cases}$$

により, 領域 G が xy 平面上の領域 D に 1 対 1 に対応するとする.

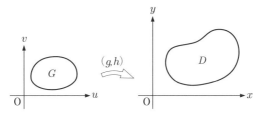

図 **7.15** 変数変換による領域の対応

1 変数関数の定積分では, $\displaystyle\int_a^b f(x)\,dx$ において $x = g(t)$ とおくと,

$$\int_a^b f(x)\,dx = \int_\alpha^\beta f(g(t))g'(t)\,dt \quad [\text{ただし}, g(\alpha) = a,\ g(\beta) = b]$$

であった (定理 5.5). たとえば, k を定数として, $x = g(t) = kt$ とすると, g によって t から x へ変換すると, 変数は k 倍される. よって, $g'(t)$ を入れないと, $\displaystyle\int_a^b f(x)\,dx$ は $\displaystyle\int_\alpha^\beta f(g(t))\,dt$ の k 倍になる.

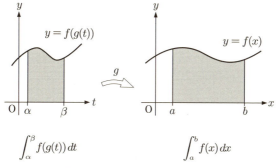

図 **7.16** 置換による積分の変化

$g(t)$ が一般の場合は,t から x へ変換するときの倍率は,t の値によって変化するが,点 t における倍率が $g'(t)$ である.よって,右辺に $g'(t)$ を入れると等式が成り立つのである.

2変数関数の場合は,変数を変換したときに,変数の動く領域の各点における面積の変化を考えることになる.

(1) 線形変換

a, b, c, d を定数として
$$\begin{cases} x = au + bv \\ y = cu + dv \end{cases}$$
の形の変数変換を考える.このような変換を**線形変換**という.この線形変換による面積の変化を考える.uv 平面上の原点 O と点 $(1,0), (0,1), (1,1)$ を頂点とする面積が 1 の正方形は,この変換により,xy 平面上の原点 O と点 P(a,c), Q(b,d), R$(a+b, c+d)$ を頂点とする平行四辺形に移る.

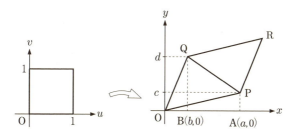

図 **7.17** 線形変換による面積の変化

この xy 平面上の平行四辺形の面積は次で与えられる．

> **公式 7.2**
>
> 原点 O と点 $P(a,c), Q(b,d), R(a+b, c+d)$ を頂点とする平行四辺形の面積は
> $$|ad - bc|$$

証明 この平行四辺形の面積を S とすると，S は三角形 OPQ の面積の 2 倍であり，三角形 OPQ の面積は，点 O, P, Q, R が図 7.17 のような位置にあるとすると，三角形 OBQ と台形 BAPQ の面積の和から三角形 OAP の面積を引いたものだから

$$S = 2\left\{\frac{1}{2}bd + \frac{1}{2}(c+d)(a-b) - \frac{1}{2}ac\right\} = ad - bc$$

となる．点 O, P, Q, R の位置によっては $ad - bc < 0$ となる場合もあるので，絶対値をつける必要がある． ∎

注． $ad - bc = 0$ となる場合は，この線形変換によって領域 G が面積をもたない線分や点につぶれてしまう場合であり，変換が 1 対 1 であることに反する．

$ad - bc$ を $\begin{vmatrix} a & b \\ c & d \end{vmatrix}$ と表す．$\begin{vmatrix} a & b \\ c & d \end{vmatrix}$ は線形代数学において，2 次正方行列 $\begin{pmatrix} a & b \\ c & d \end{pmatrix}$ の**行列式**と呼ばれる．

公式 7.2 より，線形変換では，領域 G の各点で面積が $\left|\begin{vmatrix} a & b \\ c & d \end{vmatrix}\right|$ 倍されることがわかるので，次の公式が得られる．

> **公式 7.3**
>
> 線形変換
> $$\begin{cases} x = au + bv \\ y = cu + dv \end{cases}$$
> によって，uv 平面の領域 G が xy 平面の領域 D に 1 対 1 に対応するとする．このとき，D 上で定義された連続関数 $f(x,y)$ に対して，
> $$\iint_D f(x,y)\,dxdy = \iint_G f(au+bv, cu+dv) \left|\begin{vmatrix} a & b \\ c & d \end{vmatrix}\right| dudv$$

注. $\left\|\begin{matrix} a & b \\ c & d \end{matrix}\right\|$ は, 行列式 $\begin{vmatrix} a & b \\ c & d \end{vmatrix}$ の絶対値を意味する.

例題 7.7 次の重積分を計算せよ.
$$\iint_D \sin(x+y)\cos(x-y)\,dxdy,$$
$$D = \left\{(x,y) \,\middle|\, 0 \leqq x+y \leqq \pi,\, 0 \leqq x-y \leqq \frac{\pi}{2}\right\}$$

解答 u と v を
$$\begin{cases} u = x+y \\ v = x-y \end{cases}$$
とおくと,
$$\begin{cases} x = \dfrac{1}{2}u + \dfrac{1}{2}v \\ y = \dfrac{1}{2}u - \dfrac{1}{2}v \end{cases}$$
である. また, D に対応する uv 平面上の領域を G とすると,
$$G = \left\{(u,v) \,\middle|\, 0 \leqq u \leqq \pi,\, 0 \leqq v \leqq \frac{\pi}{2}\right\}$$
であるので
$$\iint_D \sin(x+y)\cos(x-y)\,dxdy = \iint_G \sin u \cos v \left\|\begin{matrix} \dfrac{1}{2} & \dfrac{1}{2} \\ \dfrac{1}{2} & -\dfrac{1}{2} \end{matrix}\right\| dudv$$
$$= \left|-\frac{1}{2}\right| \left(\int_0^\pi \sin u\,du\right)\left(\int_0^{\frac{\pi}{2}} \cos v\,dv\right) = \frac{1}{2}\Big[-\cos u\Big]_0^\pi \Big[\sin v\Big]_0^{\frac{\pi}{2}}$$
$$= \frac{1}{2}(-\cos\pi + \cos 0)\left(\sin\frac{\pi}{2} - \sin 0\right) = 1 \qquad ∎$$

問 7.2 次の重積分を線形変換を用いて計算せよ.

(1) $\displaystyle\iint_D (x+y)^5(x-y)^4\,dxdy,$
$$D = \{(x,y) \mid 0 \leqq x+y \leqq 2,\, -1 \leqq x-y \leqq 1\}$$

(2) $\displaystyle\iint_D \sin(2x+y)\cos(x-y)\,dxdy,$
$$D = \left\{(x,y) \,\middle|\, 0 \leqq 2x+y \leqq \frac{\pi}{2},\, 0 \leqq x-y \leqq \frac{\pi}{2}\right\}$$

(3) $\displaystyle\iint_D (x-y)^2 \log(x+y)\,dxdy$,
$$D = \{(x,y) \mid 1 \leqq x+y \leqq e,\ 0 \leqq x-y \leqq 3\}$$

(2) 一般の変数変換

一般の変数変換
$$\begin{cases} x = g(u,v) \\ y = h(u,v) \end{cases}$$
によって，uv 平面上の領域 G が xy 平面上の領域 D に 1 対 1 に対応するとする．この変数変換を (g,h) と表す．ただし，$g(u,v)$ と $h(u,v)$ は G 上で定義された関数で偏微分可能，かつ，偏導関数は連続であると仮定する．

変数変換 (g,h) によって G から D へ移るとき，G 内の任意の点 (a,b) における面積の変化を考える．図 7.18 のように，点 (a,b) を頂点の 1 つとし，横が s，縦が t の小さい長方形を G_{ij} とする．変数変換 (g,h) によって G_{ij} が xy 平面に移った先を D_{ij} とする．

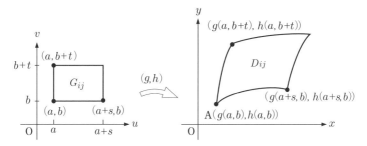

図 7.18 変数変換における領域の変化

$g(u,v)$ と $h(u,v)$ は，仮定より全微分可能であるから (定理 6.2)，
$$g(a+s, b+t) = g(a,b) + g_u(a,b)\,s + g_v(a,b)\,t + \varepsilon_1$$
$$h(a+s, b+t) = h(a,b) + h_u(a,b)\,s + h_v(a,b)\,t + \varepsilon_2$$
とおけば，
$$s \to 0, t \to 0 \text{ のとき，} \quad \frac{\varepsilon_1}{\sqrt{s^2+t^2}} \to 0,\ \frac{\varepsilon_2}{\sqrt{s^2+t^2}} \to 0$$

が成り立つので，s と t が小さいとき，D_{ij} は近似的に，図 7.19 の線分 AP, AQ を 2 辺とする平行四辺形と考えることができる．ただし，P, Q の座標は

$$P(g(a,b) + g_u(a,b)\,s,\ h(a,b) + h_u(a,b)\,s)$$
$$Q(g(a,b) + g_v(a,b)\,t,\ h(a,b) + h_v(a,b)\,t)$$

とする．

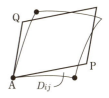

図 **7.19** 変数変換における面積の近似

この平行四辺形の面積は，点 A が原点 O の位置にくるように平行移動して公式 7.2 を適用すると，

$$st \cdot |g_u(a,b)h_v(a,b) - g_v(a,b)h_u(a,b)| = st \left\| \begin{array}{cc} g_u(a,b) & g_v(a,b) \\ h_u(a,b) & h_v(a,b) \end{array} \right\|$$

である．したがって，点 (a,b) において，変数変換 (g,h) によって面積が近似的に $\left\| \begin{array}{cc} g_u(a,b) & g_v(a,b) \\ h_u(a,b) & h_v(a,b) \end{array} \right\|$ 倍されたことがわかる．この倍率は，点 (a,b) によって変化する．ここで，

$$\frac{\partial(g,h)}{\partial(u,v)} = \left| \begin{array}{cc} g_u(u,v) & g_v(u,v) \\ h_u(u,v) & h_v(u,v) \end{array} \right| = \frac{\partial g}{\partial u} \cdot \frac{\partial h}{\partial v} - \frac{\partial g}{\partial v} \cdot \frac{\partial h}{\partial u}$$

とおき，g と h の u と v に関する**ヤコビアン**と呼ぶ．

以上より，重積分における変数変換に関する次の定理が得られる．

定理 7.5 [重積分における変数変換] 変数変換
$$\begin{cases} x = g(u,v) \\ y = h(u,v) \end{cases}$$
によって，uv 平面の領域 G が xy 平面の領域 D に 1 対 1 に対応するとする．ここで，$g(u,v)$ と $h(u,v)$ は偏微分可能で，偏導関数は連続であるとする．このとき，D 上で定義された連続関数 $f(x,y)$ に対して，
$$\iint_D f(x,y)\,dxdy = \iint_G f(g(u,v), h(u,v)) \left| \frac{\partial(g,h)}{\partial(u,v)} \right| dudv$$

(3) 極座標変換

重積分における変数変換の中でも特によく使われる変換が極座標変換
$$\begin{cases} x = r\cos\theta \\ y = r\sin\theta \end{cases} \quad (r \geqq 0)$$

である (図 6.8 参照). このとき, ヤコビアンは

$$\frac{\partial(x,y)}{\partial(r,\theta)} = \frac{\partial x}{\partial r} \cdot \frac{\partial y}{\partial \theta} - \frac{\partial x}{\partial \theta} \cdot \frac{\partial y}{\partial r}$$
$$= \cos\theta \cdot r\cos\theta - (-r\sin\theta \cdot \sin\theta) = r(\cos^2\theta + \sin^2\theta) = r$$

となるから, 次の公式が得られる.

公式 7.4 [極座標変換による重積分]

極座標変換 $x = r\cos\theta$, $y = r\sin\theta$ によって, $r\theta$ 平面の領域 G が xy 平面の領域 D に対応するとすると, D 上で定義された連続関数 $f(x,y)$ に対して

$$\iint_D f(x,y)\,dxdy = \iint_G f(r\cos\theta, r\sin\theta)\,r\,drd\theta$$

例題 7.8 $a > 0$ として, 次の重積分を計算せよ.

$$\iint_D x\,dxdy, \qquad D = \{(x,y) \mid x^2 + y^2 \leqq a^2,\ x \geqq 0\}$$

解答 例題 7.6 と同じ問題であるが, ここでは極座標変換 $x = r\cos\theta$, $y = r\sin\theta$ を用いて計算してみよう. 領域 D に対応する $r\theta$ 平面の領域を G とする. r は原点 O から点 (x,y) までの距離であるから, 図 7.20 より, (r,θ) の動く範囲は

$$G = \left\{(r,\theta) \,\middle|\, 0 \leqq r \leqq a, -\frac{\pi}{2} \leqq \theta \leqq \frac{\pi}{2}\right\}$$

である. よって,

$$\iint_D x\,dxdy = \iint_G r\cos\theta\,r\,drd\theta$$
$$= \left(\int_0^a r^2\,dr\right)\left(\int_{-\frac{\pi}{2}}^{\frac{\pi}{2}} \cos\theta\,d\theta\right)$$
$$= \left[\frac{r^3}{3}\right]_0^a \left[\sin\theta\right]_{-\frac{\pi}{2}}^{\frac{\pi}{2}}$$
$$= \frac{a^3}{3}\left\{\sin\frac{\pi}{2} - \sin\left(-\frac{\pi}{2}\right)\right\} = \frac{2}{3}a^3$$

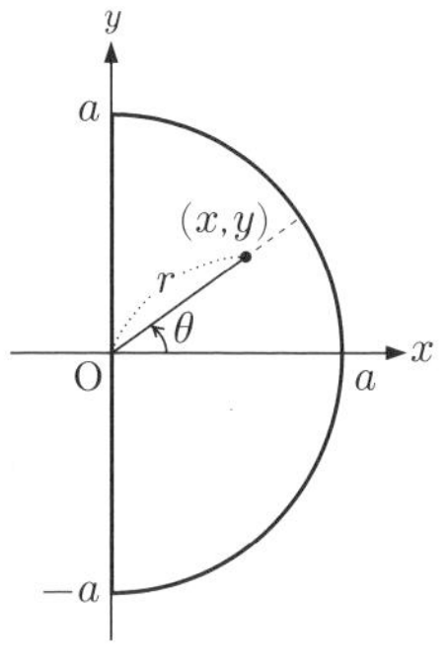

図 7.20 $x^2 + y^2 \leqq a^2$, $x \geqq 0$

例題 **7.9**　$0 < a < b$ として，次の重積分を計算せよ．
$$\iint_D \frac{1}{x^2 + y^2}\, dxdy, \qquad D = \{(x,y) \mid a^2 \leqq x^2 + y^2 \leqq b^2\}$$

解答　領域 D は図 7.21 のようになる．
極座標変換 $x = r\cos\theta,\ y = r\sin\theta$ を行うと，対応する $r\theta$ 平面の領域 G は

$$G = \{(r,\theta) \mid a \leqq r \leqq b,\ 0 \leqq \theta \leqq 2\pi\}$$

となるから，

$$\begin{aligned}
\iint_D \frac{1}{x^2+y^2}\, dxdy &= \iint_G \frac{1}{r^2}\, r\, drd\theta \\
&= \left(\int_0^{2\pi} d\theta\right)\left(\int_a^b \frac{1}{r}\, dr\right) \\
&= \Big[\theta\Big]_0^{2\pi} \Big[\log r\Big]_a^b \\
&= 2\pi(\log b - \log a) \\
&= 2\pi \log \frac{b}{a}
\end{aligned}$$

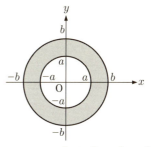

図 **7.21**　$a^2 \leqq x^2 + y^2 \leqq b^2$

問 7.3　次の重積分を極座標変換を用いて計算せよ．

(1) $\displaystyle\iint_D x\, dxdy, \qquad D = \{(x,y) \mid x^2 + y^2 \leqq a^2,\ x \geqq 0,\ y \geqq 0\}\ (a > 0)$

(2) $\displaystyle\iint_D y\, dxdy, \qquad D = \{(x,y) \mid x^2 + y^2 \leqq 1,\ 0 \leqq y \leqq x\}$

(3) $\displaystyle\iint_D (x^2 + y^2)\, dxdy, \qquad D = \{(x,y) \mid x^2 + y^2 \leqq 4\}$

(4) $\displaystyle\iint_D \frac{1}{(x^2 + y^2)^2}\, dxdy, \qquad D = \{(x,y) \mid 1 \leqq x^2 + y^2 \leqq 4\}$

(5) $\displaystyle\iint_D e^{x^2+y^2}\, dxdy, \qquad D = \{(x,y) \mid x^2 + y^2 \leqq 1\}$

(6) $\displaystyle\iint_D xy\, dxdy, \qquad D = \{(x,y) \mid x^2 + y^2 \leqq 1,\ x \geqq 0,\ y \geqq 0\}$

7.1.5 重積分における広義積分

1変数関数の広義積分と同じように，重積分における広義積分も，通常の重積分が定義される範囲の領域で積分し，領域について極限をとることによって求める．

例題 7.10 次の広義重積分を計算せよ．
$$\iint_D \frac{1}{\sqrt{xy}}\,dxdy, \qquad D = \{(x,y) \mid 0 \leqq x \leqq 1,\ 0 \leqq y \leqq 1\}$$

解答 領域 D は図 7.22 のようになる．

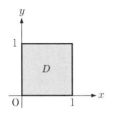

図 7.22 $0 \leqq x \leqq 1,\ 0 \leqq y \leqq 1$

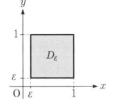

図 7.23 $\varepsilon \leqq x \leqq 1,\ \varepsilon \leqq y \leqq 1$

関数 $\dfrac{1}{\sqrt{xy}}$ は $x=0$ または $y=0$ のときは定義されないから，ε を $\varepsilon > 0$ にとり，
$$D_\varepsilon = \{(x,y) \mid \varepsilon \leqq x \leqq 1,\ \varepsilon \leqq y \leqq 1\}$$
とおいて，D_ε 上で積分して極限 $\varepsilon \to +0$ をとる．

$$\iint_{D_\varepsilon} \frac{1}{\sqrt{xy}}\,dxdy = \left(\int_\varepsilon^1 \frac{1}{\sqrt{x}}\,dx\right)\left(\int_\varepsilon^1 \frac{1}{\sqrt{y}}\,dy\right)$$
$$= \left[2\sqrt{x}\right]_\varepsilon^1 \left[2\sqrt{y}\right]_\varepsilon^1$$
$$= (2 - 2\sqrt{\varepsilon})(2 - 2\sqrt{\varepsilon})$$

よって，
$$\iint_D \frac{1}{\sqrt{xy}}\,dxdy = \lim_{\varepsilon \to +0} \iint_{D_\varepsilon} \frac{1}{\sqrt{xy}}\,dxdy = \lim_{\varepsilon \to +0}(2 - 2\sqrt{\varepsilon})(2 - 2\sqrt{\varepsilon}) = 4 \qquad \blacksquare$$

例題 7.11 次の広義重積分を計算せよ．
$$\iint_{\mathbb{R}^2} e^{-x^2-y^2}\,dxdy$$
ただし，$\mathbb{R}^2$ は xy 平面全体を表す．

解答 極座標変換 $x = r\cos\theta,\ y = r\sin\theta$ を行うと, xy 平面全体に対応する $r\theta$ 平面の領域 G は
$$G = \{(r,\theta) \mid 0 \leqq r,\ 0 \leqq \theta \leqq 2\pi\}$$
となるから, R を任意の正の実数として, 領域
$$G_R = \{(r,\theta) \mid 0 \leqq r \leqq R,\ 0 \leqq \theta \leqq 2\pi\}$$
で積分し, 極限 $R \to \infty$ をとればよい. つまり,
$$\iint_{\mathbb{R}^2} e^{-x^2-y^2}\,dxdy = \iint_G e^{-r^2} r\,drd\theta = \lim_{R\to\infty} \iint_{G_R} e^{-r^2} r\,drd\theta$$
$$= \lim_{R\to\infty} \left\{\int_0^{2\pi} d\theta \cdot \int_0^R e^{-r^2} r\,dr\right\} = \Big[\theta\Big]_0^{2\pi} \lim_{R\to\infty} \left[-\frac{1}{2} e^{-r^2}\right]_0^R$$
$$= 2\pi \lim_{R\to\infty} \left(-\frac{1}{2} e^{-R^2} + \frac{1}{2}\right) = \pi$$

次の公式は, 確率・統計その他, 広い範囲で使われる重要な積分である. 1 変数関数の広義積分であるが, 重積分を利用すると計算しやすい.

公式 7.5
$$\int_{-\infty}^{\infty} e^{-x^2}\,dx = \sqrt{\pi}$$

証明 $I = \displaystyle\int_{-\infty}^{\infty} e^{-x^2}\,dx$ とおくと,
$$I^2 = \left(\int_{-\infty}^{\infty} e^{-x^2}\,dx\right)\left(\int_{-\infty}^{\infty} e^{-y^2}\,dy\right) = \iint_{\mathbb{R}^2} e^{-x^2} e^{-y^2}\,dxdy$$
$$= \iint_{\mathbb{R}^2} e^{-x^2-y^2}\,dxdy = \pi \qquad [例題\ 7.11]$$
$I > 0$ であるから, $I = \sqrt{\pi}$ を得る.

公式 7.5 の積分の値は, 図 7.24 のような, 左右に無限に延びた部分の '面積' になる.

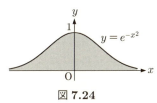

図 7.24

7.2 3重積分
7.2.1 3変数関数
2変数関数を考えたのと同様に，3つの独立な変数 x, y, z をもつ3変数関数 $f(x, y, z)$ を考える．さらに一般に，n 個の独立な変数 $x_1, x_2, \ldots, x_n$ をもつ n 変数関数 $f(x_1, x_2, \ldots, x_n)$ もほぼ同様である．

7.2.2 3重積分の定義
関数 $f(x, y, z)$ が次のような，辺がすべて，いずれかの座標軸と平行である直方体 D 上で定義されているとする．
$$D = \{(x, y, z) \mid a_1 \leqq x \leqq a_2,\ b_1 \leqq y \leqq b_2,\ c_1 \leqq z \leqq c_2\}$$
x の区間 $[a_1, a_2]$, y の区間 $[b_1, b_2]$, z の区間 $[c_1, c_2]$ を，それぞれ
$$a_1 = x_0 < x_1 < x_2 < \cdots < x_l = a_2,\ b_1 = y_0 < y_1 < y_2 < \cdots < y_m = b_2,$$
$$c_1 = z_0 < z_1 < z_2 < \cdots < z_n = c_2$$
と分割し，直方体 D を lmn 個の小さい直方体
$$D_{ijk} = \{(x, y) \mid x_{i-1} \leqq x \leqq x_i,\ y_{j-1} \leqq y \leqq y_j,\ z_{k-1} \leqq z \leqq z_k\}$$
$$(1 \leqq i \leqq l,\ 1 \leqq j \leqq m,\ 1 \leqq k \leqq n)$$
に分割する．各 D_{ijk} から任意の1点 $\mathrm{P}_{ijk}(p_{ijk}, q_{ijk}, r_{ijk})$ をとり，
$$\sum_{i=1}^{l}\sum_{j=1}^{m}\sum_{k=1}^{n} f(p_{ijk}, q_{ijk}, r_{ijk})(x_i - x_{i-1})(y_j - y_{j-1})(z_k - z_{k-1})$$
の値が，D の分割を限りなく細かくしていったときに一定の極限値をもつとき，この極限値を
$$\iiint_D f(x, y, z)\,dxdydz$$
と表し，$f(x, y, z)$ の D における **3重積分** という．

D が xyz 空間の一般の有界閉領域であるときは，D において定義された関数 $f(x, y, z)$ に対して，D を含む直方体
$$\widetilde{D} = \{(x, y, z) \mid a_1 \leqq x \leqq a_2,\ b_1 \leqq y \leqq b_2,\ c_1 \leqq z \leqq c_2\}$$
をとる．$\widetilde{D}$ 上で定義された関数 $\widetilde{f}$ を
$$\widetilde{f}(x, y, z) = \begin{cases} f(x, y, z) & ((x, y, z) \text{ が } D \text{ 上にあるとき}) \\ 0 & ((x, y, z) \text{ が } D \text{ 上にないとき}) \end{cases}$$

と定め，
$$\iiint_D f(x,y,z)\,dxdydz = \iiint_{\widetilde{D}} \widetilde{f}(x,y,z)\,dxdydz$$
と定義する．このとき，2重積分と同様に，次が成り立つ．

定理 7.6 領域 D 上で連続な関数は，D において積分可能である．

また，定理 7.3 に対応する性質も成り立つ．

7.2.3　3重積分の計算法

領域 D の形に応じて，1変数ずつ積分する累次積分により計算することができる．積分する変数の順序は6通り考えられるが，その中の1つを示すと次のようになる．

定理 7.7 [3重積分の計算法 (累次積分)]　$f(x,y,z)$ を領域 D 上で連続な関数とする．D が，連続関数 $g_1(x), g_2(x), h_1(x,y), h_2(x,y)$ によって
$$D = \{(x,y,z) \mid a_1 \leqq x \leqq a_2,\ g_1(x) \leqq y \leqq g_2(x),\ h_1(x,y) \leqq z \leqq h_2(x,y)\}$$
と表されるならば，
$$\iiint_D f(x,y,z)\,dxdydz = \int_{a_1}^{a_2} \left\{ \int_{g_1(x)}^{g_2(x)} \left\{ \int_{h_1(x,y)}^{h_2(x,y)} f(x,y,z)\,dz \right\} dy \right\} dx$$

例題 7.12　次の3重積分を計算せよ．
$$\iiint_D (xy+2z)\,dxdydz,\quad D = \{(x,y,z) \mid 1 \leqq x \leqq 2,\ 1 \leqq y \leqq 3,\ 0 \leqq z \leqq 2\}$$

[解答]　定理 7.7 より，
$$\iiint_D (xy+2z)\,dxdydz = \int_1^2 \left\{ \int_1^3 \left\{ \int_0^2 (xy+2z)\,dz \right\} dy \right\} dx$$
$$= \int_1^2 \left\{ \int_1^3 \Big[xyz+z^2\Big]_{z=0}^{z=2} dy \right\} dx = \int_1^2 \left\{ \int_1^3 (2xy+4)\,dy \right\} dx$$
$$= \int_1^2 \Big[xy^2+4y\Big]_{y=1}^{y=3} dx = \int_1^2 (8x+8)\,dx = 4\Big[x^2+2x\Big]_1^2 = 20 \quad\blacksquare$$

例題 7.13　次の3重積分を計算せよ．
$$\iiint_D x\,dxdydz,\quad D = \{(x,y,z) \mid x+y+z \leqq 1,\ x \geqq 0,\ y \geqq 0,\ z \geqq 0\}$$

解答 領域 D は
$$D = \{(x,y,z) \mid 0 \leqq x \leqq 1, 0 \leqq y \leqq 1-x, 0 \leqq z \leqq 1-x-y\}$$
と表せるから，定理 7.7 より，
$$\begin{aligned}
\iiint_D x\,dxdydz &= \int_0^1 \left\{ \int_0^{1-x} \left\{ \int_0^{1-x-y} x\,dz \right\} dy \right\} dx \\
&= \int_0^1 \left\{ \int_0^{1-x} \Big[xz\Big]_{z=0}^{z=1-x-y} dy \right\} dx = \int_0^1 \left\{ \int_0^{1-x} x(1-x-y)\,dy \right\} dx \\
&= \int_0^1 \left[xy - x^2 y - \frac{x}{2} y^2 \right]_{y=0}^{y=1-x} dx = \int_0^1 \frac{1}{2}(x - 2x^2 + x^3)\,dx \\
&= \frac{1}{2} \left[\frac{1}{2} x^2 - \frac{2}{3} x^3 + \frac{1}{4} x^4 \right]_0^1 = \frac{1}{24}
\end{aligned}$$

問 7.4 次の 3 重積分を計算せよ．

(1) $\iiint_D xyz\,dxdydz$,
$$D = \{(x,y,z) \mid -1 \leqq x \leqq 2, 1 \leqq y \leqq 3, 2 \leqq z \leqq 4\}$$

(2) $\iiint_D e^z\,dxdydz$,
$$D = \{(x,y,z) \mid 0 \leqq x \leqq 1, x \leqq y \leqq 1, 0 \leqq z \leqq x+y\}$$

7.2.4　3 重積分の変数変換

uvw 空間の領域 G 上で定義された関数 $g(u,v,w), h(u,v,w), \ell(u,v,w)$ によって，
$$\begin{cases} x = g(u,v,w) \\ y = h(u,v,w) \\ z = \ell(u,v,w) \end{cases}$$
により，領域 G が xyz 空間の領域 D に 1 対 1 に対応するとする．このとき，D 上で定義された関数 $f(x,y,z)$ に対して，重積分 $\iiint_D f(x,y,z)\,dxdydz$ を G 上の積分で表す方法を求める．2 重積分では変数変換による面積の変化を考えたが，3 重積分では変数変換による体積の変化を考える．

(1) 円柱座標

空間内の点 P の位置を表すときに用いられる**円柱座標** (r, θ, z) は，直交する

x 軸, y 軸, z 軸の座標 (x, y, z) で表す直交座標と次の関係にある (図 7.25).

$$\begin{cases} x = r\cos\theta \\ y = r\sin\theta \\ z = z \end{cases} \quad (r \geqq 0)$$

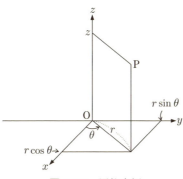

図 **7.25** 円柱座標

これは, z 方向は変化せず, xy 平面の座標を極座標に変えた座標であるから, 体積比は r になる (公式 7.4 参照). よって, 次が得られる.

公式 7.6 [円柱座標変換による重積分]

円柱座標変換 $x = r\cos\theta$, $y = r\sin\theta$, $z = z$ によって, $r\theta z$ 空間の領域 G が xyz 空間の領域 D に対応するとすると, D で定義された連続関数 $f(x, y, z)$ に対して

$$\iiint_D f(x, y, z)\,dxdydz = \iiint_G f(r\cos\theta, r\sin\theta, z)\,r\,drd\theta dz$$

例題 7.14 次の重積分を計算せよ.

$$\iiint_D \sqrt{z}\,dxdydz, \quad D = \{(x, y, z) \mid x^2 + y^2 \leqq 1, 0 \leqq z \leqq 4\}$$

解答 円柱座標変換 $x = r\cos\theta, y = r\sin\theta, z = z$ を行うと, D に対応する $r\theta z$ 空間の領域は

$$G = \{(r, \theta, z) \mid 0 \leqq r \leqq 1, 0 \leqq \theta \leqq 2\pi, 0 \leqq z \leqq 4\}$$

であるから, 公式 7.6 より,

$$\iiint_D \sqrt{z}\,dxdydz = \iiint_G \sqrt{z}\,r\,drd\theta dz = \int_0^1 r\,dr \cdot \int_0^{2\pi} d\theta \cdot \int_0^4 \sqrt{z}\,dz$$

$$= \left[\frac{r^2}{2}\right]_0^1 \left[\theta\right]_0^{2\pi} \left[\frac{2}{3}z^{\frac{3}{2}}\right]_0^4 = \frac{1}{2}\cdot 2\pi \cdot \frac{16}{3} = \frac{16}{3}\pi \qquad \blacksquare$$

(2) 一般の 3 重積分の変数変換

一般の変数変換については次が成り立つ.

定理 7.8 [3 重積分における変数変換]　変数変換
$$\begin{cases} x = g(u,v,w) \\ y = h(u,v,w) \\ z = \ell(u,v,w) \end{cases}$$
により, uvw 空間の領域 G が xyz 空間の領域 D に 1 対 1 に対応するとする. ここで, $g(u,v,w), h(u,v,w), \ell(u,v,w)$ は偏微分可能で, 偏導関数は連続であるとする. このとき, D 上で定義された連続関数 $f(x,y,z)$ に対して,

$$\iiint_D f(x,y,z)\,dxdydz$$
$$= \iiint_G f(g(u,v,w), h(u,v,w), \ell(u,v,w)) \left|\frac{\partial(g,h,\ell)}{\partial(u,v,w)}\right| dudvdw$$

ただし, $\dfrac{\partial(g,h,\ell)}{\partial(u,v,w)}$ は次で定義する:

$$\frac{\partial(g,h,\ell)}{\partial(u,v,w)} = \begin{vmatrix} g_u & g_v & g_w \\ h_u & h_v & h_w \\ \ell_u & \ell_v & \ell_w \end{vmatrix}$$
$$= g_u h_v \ell_w + g_v h_w \ell_u + g_w h_u \ell_v - g_u h_w \ell_v - g_v h_u \ell_w - g_w h_v \ell_u$$

$\dfrac{\partial(g,h,\ell)}{\partial(u,v,w)}$ は g, h, ℓ の u, v, w に関する**ヤコビアン**と呼ばれる.

$\begin{vmatrix} g_u & g_v & g_w \\ h_u & h_v & h_w \\ \ell_u & \ell_v & \ell_w \end{vmatrix}$ は線形代数学において, 3 次正方行列 $\begin{pmatrix} g_u & g_v & g_w \\ h_u & h_v & h_w \\ \ell_u & \ell_v & \ell_w \end{pmatrix}$ の**行列式**と呼ばれる.

変数変換 (g, h, ℓ) による体積の変化率がヤコビアンで表されるのは, 体積の変化率を平行六面体によって近似して求めるためで, 次の公式が使われる. これは, 2 重積分において変数変換による面積の変化率を平行四辺形によって近似して求めることに対応している.

公式 7.7 [平行六面体の体積]

空間内の原点 O と 3 点 $P(a_1, a_2, a_3)$, $Q(b_1, b_2, b_3)$, $R(c_1, c_2, c_3)$ について, 線分 OP, OQ, OR によって定まる平行六面体の体積は

$$\left\| \begin{matrix} a_1 & b_1 & c_1 \\ a_2 & b_2 & c_2 \\ a_3 & b_3 & c_3 \end{matrix} \right\| = |a_1 b_2 c_3 + a_2 b_3 c_1 + a_3 b_1 c_2 - a_1 b_3 c_2 - a_2 b_1 c_3 - a_3 b_2 c_1|$$

---

(3) 球座標

球座標 (空間の極座標) (r, θ, φ) は, 直交座標 (x, y, z) と次の関係にある (図 7.26).

$$\begin{cases} x = r \sin\theta \cos\varphi \\ y = r \sin\theta \sin\varphi \\ z = r \cos\theta \end{cases} \quad (r \geqq 0, \, 0 \leqq \theta \leqq \pi)$$

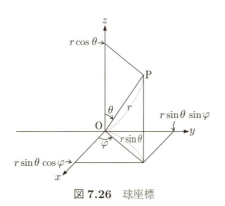

図 **7.26** 球座標

球座標変換については次が成り立つ.

公式 7.8 [球座標変換による重積分]

球座標変換 $x = r\sin\theta \cos\varphi$, $y = r\sin\theta \sin\varphi$, $z = r\cos\theta$ によって, $r\theta\varphi$ 空間の領域 G が xyz 空間の領域 D に対応するとすると, D で定義された連続関数 $f(x, y, z)$ に対して

$$\iiint_D f(x, y, z) \, dxdydz$$
$$= \iiint_G f(r\sin\theta\cos\varphi, r\sin\theta\sin\varphi, r\cos\theta) \, r^2 \sin\theta \, drd\theta d\varphi$$

証明 定理 7.8 において

$$\begin{vmatrix} x_r & x_\theta & x_\varphi \\ y_r & y_\theta & y_\varphi \\ z_r & z_\theta & z_\varphi \end{vmatrix} = \begin{vmatrix} \sin\theta\cos\varphi & r\cos\theta\cos\varphi & -r\sin\theta\sin\varphi \\ \sin\theta\sin\varphi & r\cos\theta\sin\varphi & r\sin\theta\cos\varphi \\ \cos\theta & -r\sin\theta & 0 \end{vmatrix} = r^2\sin\theta$$

を代入すればよい. ∎

例題 7.15 次の重積分を計算せよ.
$$\iiint_D z\,dxdydz, \quad D = \{(x,y,z) \mid x^2+y^2+z^2 \leqq 4,\, z \geqq 0\}$$

解答 球座標変換 $x = r\sin\theta\cos\varphi,\, y = r\sin\theta\sin\varphi,\, z = r\cos\theta$ を行うと, D に対応する $r\theta\varphi$ 空間の領域は

$$G = \left\{(r,\theta,\varphi) \mid 0 \leqq r \leqq 2,\, 0 \leqq \theta \leqq \frac{\pi}{2},\, 0 \leqq \varphi \leqq 2\pi\right\}$$

であるから, 公式 7.8 より,

$$\iiint_D z\,dxdydz = \iiint_G r\cos\theta\, r^2\sin\theta\,drd\theta d\varphi$$
$$= \int_0^2 r^3\,dr \cdot \int_0^{\frac{\pi}{2}} \cos\theta\sin\theta\,d\theta \cdot \int_0^{2\pi} d\varphi$$
$$= \left[\frac{r^4}{4}\right]_0^2 \cdot \int_0^{\frac{\pi}{2}} \frac{1}{2}\sin 2\theta\,d\theta \cdot \left[\varphi\right]_0^{2\pi} = 4 \cdot \frac{1}{2}\left[-\frac{1}{2}\cos 2\theta\right]_0^{\frac{\pi}{2}} \cdot 2\pi = 4\pi \quad\blacksquare$$

問 7.5 次の 3 重積分を計算せよ.

(1) $\iiint_D (1-z^2)\,dxdydz, \quad D = \{(x,y,z) \mid x^2+y^2 \leqq 4,\, 0 \leqq z \leqq 1\}$

(2) $\iiint_D (x^2+y^2+z^2)\,dxdydz, \quad D = \{(x,y,z) \mid x^2+y^2+z^2 \leqq 1\}$

(3) $\iiint_D \dfrac{1}{1+\sqrt{x^2+y^2+z^2}}\,dxdydz, \quad D = \{(x,y,z) \mid x^2+y^2+z^2 \leqq 4\}$

7.3 積分・重積分の応用

7.3.1 曲線の長さ

xy 平面上の曲線 $y = f(x)$ において, $a \leqq x \leqq b$ の範囲の部分を C として, C の長さ L を求める方法を考える. 区間 $[a,b]$ を

$$a = x_0 < x_1 < x_2 < \cdots < x_n = b$$

と分割し，曲線 C の各小区間 $[x_{i-1}, x_i]$ における長さを，2点 $\mathrm{P}_{i-1}(x_{i-1}, f(x_{i-1}))$，$\mathrm{P}_i(x_i, f(x_i))$ を結ぶ線分の長さ

$$\mathrm{P}_{i-1}\mathrm{P}_i = \sqrt{(x_i - x_{i-1})^2 + \{f(x_i) - f(x_{i-1})\}^2}$$

で近似する．点 $\mathrm{P}_0, \mathrm{P}_1, \ldots, \mathrm{P}_n$ を結ぶ折れ線 (図 7.27) の長さ

$$\sum_{i=1}^{n} \sqrt{(x_i - x_{i-1})^2 + \{f(x_i) - f(x_{i-1})\}^2}$$
$$= \sum_{i=1}^{n} \sqrt{1 + \left\{\frac{f(x_i) - f(x_{i-1})}{x_i - x_{i-1}}\right\}^2} (x_i - x_{i-1})$$

について，区間の分割を限りなく細かくしていったときの極限として L の値を求める．

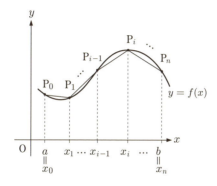

図 **7.27** 曲線の長さ

$f(x)$ が微分可能ならば，平均値の定理 (定理 3.15) より，

$$\frac{f(x_i) - f(x_{i-1})}{x_i - x_{i-1}} = f'(c_i), \quad x_{i-1} < c_i < x_i$$

を満たす c_i が存在するから，

$$\sum_{i=1}^{n} \sqrt{1 + \left\{\frac{f(x_i) - f(x_{i-1})}{x_i - x_{i-1}}\right\}^2} (x_i - x_{i-1}) = \sum_{i=1}^{n} \sqrt{1 + \{f'(c_i)\}^2} (x_i - x_{i-1})$$

と表される．ここで，$f'(x)$ が連続ならば，定積分の定義から，分割を限りなく細かくしていったとき，上式の右辺の極限は定積分 $\displaystyle\int_a^b \sqrt{1 + \{f'(x)\}^2}\, dx$ の値

と一致する．以上より，次の定理が得られる．

定理 7.9 [曲線の長さ] 関数 $f(x)$ が区間 $[a,b]$ において微分可能で，導関数 $f'(x)$ が連続ならば，$[a,b]$ における曲線 $y = f(x)$ の長さ L は

$$L = \int_a^b \sqrt{1 + \{f'(x)\}^2}\,dx$$

例題 7.16 次の曲線の長さ L を求めよ．
$$y = \frac{1}{2}(e^x + e^{-x}) \qquad (-1 \leqq x \leqq 1)$$

解答 $y' = \dfrac{1}{2}(e^x - e^{-x})$ であるから，定理 7.9 より

$$L = \int_{-1}^1 \sqrt{1 + \frac{1}{4}(e^{2x} - 2 + e^{-2x})}\,dx = \int_{-1}^1 \sqrt{\frac{1}{4}(e^{2x} + 2 + e^{-2x})}\,dx$$
$$= \int_{-1}^1 \sqrt{\frac{1}{4}(e^x + e^{-x})^2}\,dx = \int_{-1}^1 \frac{1}{2}(e^x + e^{-x})\,dx$$
$$= \frac{1}{2}\left[e^x - e^{-x}\right]_{-1}^1 = \frac{1}{2}\left\{e - e^{-1} - (e^{-1} - e)\right\} = e - e^{-1}$$

問 7.6 次の曲線の長さを求めよ．

(1) $y = \dfrac{1}{4}(e^{2x} + e^{-2x}) \qquad (0 \leqq x \leqq 1)$

(2) $y = \dfrac{1}{3}x^3 + \dfrac{1}{4x} \qquad (1 \leqq x \leqq 3)$

(3) $y = 2x\sqrt{x} \qquad (0 \leqq x \leqq 11)$

(4)★ $y = \log(\sin x) \qquad \left(\dfrac{\pi}{3} \leqq x \leqq \dfrac{\pi}{2}\right)$

7.3.2 面積

xy 平面の図形の面積を求めるとき，定積分を利用する方法を第 5 章で学んだが，重積分を利用すると計算が容易にできる場合がある．

xy 平面上の領域 D に対して，関数 $f(x,y)$ が D 上で定義されて連続であり，$f(x,y) \geqq 0$ であるならば，2 重積分 $\iint_D f(x,y)\,dxdy$ は定義より，xyz 空間において，D を底面として z 軸の正の方向へ延びた柱状の立体を曲面 $z = f(x,y)$ で

上部を切り取ってできる立体の体積を表す. よって, 特に $f(x,y) = 1$ (定数関数) ととれば, $\iint_D dxdy$ の値は D の面積になるので, 次の公式が得られる.

公式 7.9

xy 平面上の領域 D の面積は
$$\iint_D dxdy$$
で与えられる.

例題 7.17 xy 平面において, 極座標によって次の不等式で表される部分の面積を求めよ.
$$r \leqq 1 + \cos\theta$$

解答 この図形は, 図 7.28 のようになる. この領域を D とする. 極座標変換 $x = r\cos\theta$, $y = r\sin\theta$ を行うと, D に対応する $r\theta$ 平面の領域 G は
$$G = \{(r,\theta) \mid 0 \leqq r \leqq 1 + \cos\theta, 0 \leqq \theta \leqq 2\pi\}$$
であるので, 求める面積は

$$\begin{aligned}
\iint_D dxdy &= \iint_G r\,drd\theta \\
&= \int_0^{2\pi} \left\{\int_0^{1+\cos\theta} r\,dr\right\} d\theta \\
&= \int_0^{2\pi} \left[\frac{1}{2}r^2\right]_{r=0}^{r=1+\cos\theta} d\theta \\
&= \frac{1}{2}\int_0^{2\pi} (1 + 2\cos\theta + \cos^2\theta)\,d\theta \\
&= \frac{1}{2}\int_0^{2\pi} \left(1 + 2\cos\theta + \frac{1+\cos 2\theta}{2}\right) d\theta \\
&= \frac{1}{2}\left[\frac{3}{2}\theta + 2\sin\theta + \frac{1}{4}\sin 2\theta\right]_0^{2\pi} \\
&= \frac{3}{2}\pi
\end{aligned}$$

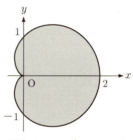

図 **7.28** $r \leqq 1 + \cos\theta$

7.3.3 体積

(1) 2 重積分の体積計算への応用

7.1 節で見たように, 重積分を用いて体積を求めることができる.

例題 7.18 平面 $z = 2x + 3y + 5$ と xy 平面, yz 平面, zx 平面, および平面 $x = 1, y = 1$ で囲まれた立体の体積を求めよ.

解答 求める立体の体積を V とする. この立体内の点 (x, y, z) に対して, (x, y) のとりうる範囲を D とすると,
$$D = \{(x, y) \mid 0 \leqq x \leqq 1, 0 \leqq y \leqq 1\}$$
であり, D 上で $2x + 3y + 5 \geqq 0$ であるから, この立体の体積を求めるには, 関数 $z = 2x + 3y + 5$ を D 上で積分すればよい. つまり,
$$V = \iint_D (2x + 3y + 5)\, dxdy = \int_0^1 \left\{ \int_0^1 (2x + 3y + 5)\, dy \right\} dx$$
$$= \int_0^1 \left[2xy + \frac{3}{2} y^2 + 5y \right]_{y=0}^{y=1} dx = \int_0^1 \left(2x + \frac{13}{2} \right) dx = \left[x^2 + \frac{13}{2} x \right]_0^1 = \frac{15}{2}$$

例題 7.19 放物面 $z = 1 - (x^2 + y^2)$ と xy 平面によって囲まれた立体の体積を求めよ.

解答 求める立体の体積を V とする. この立体内の点 (x, y, z) に対して, (x, y) のとりうる範囲を D とすると,
$$D = \{(x, y) \mid x^2 + y^2 \leqq 1\}$$
であるから, 関数 $f(x, y) = 1 - (x^2 + y^2)$ を D 上で積分すればよい. 極座標変換を行って計算すると,
$$V = \iint_D \{1 - (x^2 + y^2)\}\, dxdy$$
$$= \int_0^{2\pi} d\theta \cdot \int_0^1 (1 - r^2) r\, dr = 2\pi \left[\frac{1}{2} r^2 - \frac{1}{4} r^4 \right]_0^1 = \frac{\pi}{2}$$

注. この立体は, xy 平面上の曲線 $y = \sqrt{x}\ (x \geqq 0)$ と x 軸, および直線 $x = 1$ で囲まれた図形を x 軸のまわりに 1 回転してできる立体と形が同じであるから, 体積は次のようにしても求められる.
$$V = \pi \int_0^1 (\sqrt{x})^2\, dx = \pi \left[\frac{x^2}{2} \right]_0^1 = \frac{\pi}{2}$$

例題 7.20 放物面 $z = 8 - (x^2 + x + y^2)$ と平面 $z = 4 - x$ によって囲まれた立体の体積を求めよ.

解答 求める立体の体積を V とする.まず,この立体内の点 (x,y,z) に対して,(x,y) のとりうる範囲 D を求める.
$$\begin{cases} z = 8 - (x^2 + x + y^2) \\ z = 4 - x \end{cases}$$
より z を消去すると $x^2 + y^2 = 4$ となるので,D は原点を中心とする半径 2 の円の内部である.
$$D = \{(x,y) \mid x^2 + y^2 \leq 4\}$$
D 上では,曲面 $z = 8 - (x^2 + x + y^2)$ は平面 $z = 4 - x$ より上にあるので,体積を求めるには,$\iint_D \{8 - (x^2 + x + y^2)\}\, dxdy$ から $\iint_D (4-x)\, dxdy$ を引けばよい.極座標変換を行うと,D に対応する領域は
$$G = \{(r,\theta) \mid 0 \leq r \leq 2, 0 \leq \theta \leq 2\pi\}$$
となる.したがって,
$$V = \iint_D \{8 - (x^2 + x + y^2) - (4-x)\}\, dxdy = \iint_D \{4 - (x^2 + y^2)\}\, dxdy$$
$$= \iint_G (4 - r^2)\, r\, drd\theta = \int_0^{2\pi} d\theta \cdot \int_0^2 (4r - r^3)\, dr = 2\pi \left[2r^2 - \frac{1}{4}r^4\right]_0^2 = 8\pi \ \blacksquare$$

(2) 3 重積分の体積計算への応用

公式 7.9 において,面積の計算に 2 重積分を利用したように,体積の計算に 3 重積分を用いることができる.

公式 7.10

xyz 空間内の領域 D の体積は
$$\iiint_D dxdydz$$
で与えられる.

問 7.7 次の立体の体積を求めよ.

(1) 平面 $z = x + 2y + 1$ と xy 平面,yz 平面,zx 平面,および平面 $x=1$, $y=1$ によって囲まれた部分

(2) 円柱 $x^2 + y^2 \leq 1$ から,xy 平面と曲面 $z = \dfrac{1}{1 + x^2 + y^2}$ によって切り取られた部分

(3) 2 つの円柱 $x^2 + y^2 \leq 1$, $x^2 + z^2 \leq 1$ の共通部分

(4) 2 つの曲面 $z = x^2 - 2y^2 + 1$, $z = 2x^2 - y^2 - 3$ で囲まれた部分

(5)★ 放物面 $z = 1 - (x^2 + y^2)$ と平面 $z = 1 - x$ によって囲まれた部分

7.3.4 曲面積

xy 平面上の領域 D で定義された曲面 $S : z = f(x, y)$ の面積の求め方を考える.

D の内部にある小さい長方形 D_{ij} を考え，曲面 S の D_{ij} に対応する部分を S_{ij} とする. D_{ij} 上で S_{ij} を平行四辺形で近似し，その平行四辺形の面積を i, j を動かして和をとった値について，各 D_{ij} を細かくしていったときの極限をとることにより, S の面積を求めよう.

$$D_{ij} = \{(x, y) \mid x_{i-1} \leqq x \leqq x_i, y_{j-1} \leqq y \leqq y_j\}$$

とし, D_{ij} 内に任意の点 $\mathrm{P}(p, q)$ をとる. S の P 上にある点における接平面の方程式は

$$z - f(p, q) = f_x(p, q)(x - p) + f_y(p, q)(y - q)$$

である (定理 6.3). この接平面の D_{ij} に対応する部分を H_{ij} とすると, H_{ij} は平行四辺形である. H_{ij} の 4 つの頂点のうち, xy 平面上の点 $(x_{i-1}, y_{j-1}), (x_i, y_{j-1}), (x_{i-1}, y_j)$ の上にある点をそれぞれ A, B, C とする.

点 A が原点にくるように H_{ij} を平行移動したとき, 点 B, C の移る点を B_0, C_0 とする.

$$s = x_i - x_{i-1}, \quad t = y_j - y_{j-1}$$
$$\alpha = f_x(p, q), \quad \beta = f_y(p, q)$$
$$\theta = \angle \mathrm{B}_0 \mathrm{O} \mathrm{C}_0$$

とおく.

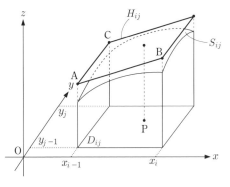

図 **7.29** 曲面の平面による近似

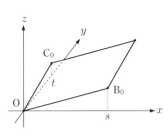

図 **7.30** H_{ij} の面積

このとき
$$\mathrm{OB}_0 = \sqrt{1+\alpha^2}\, s, \ \mathrm{OC}_0 = \sqrt{1+\beta^2}\, t$$
である.また,2 つのベクトル $\overrightarrow{\mathrm{OB}_0}, \overrightarrow{\mathrm{OC}_0}$, の内積を考えることより
$$\mathrm{OB}_0 \cdot \mathrm{OC}_0 \cdot \cos\theta = \alpha\beta st$$
であるから
$$\cos\theta = \frac{\alpha\beta}{\sqrt{1+\alpha^2}\sqrt{1+\beta^2}}$$
したがって
$$\sin\theta = \sqrt{1-\cos^2\theta} = \frac{\sqrt{1+\alpha^2+\beta^2}}{\sqrt{1+\alpha^2}\sqrt{1+\beta^2}}$$
を得る.よって,H_{ij} の面積は
$$\mathrm{OB}_0 \cdot \mathrm{OC}_0 \cdot \sin\theta = \sqrt{1+\alpha^2}\, s\, \sqrt{1+\beta^2}\, t\, \frac{\sqrt{1+\alpha^2+\beta^2}}{\sqrt{1+\alpha^2}\sqrt{1+\beta^2}}$$
$$= \sqrt{1+\alpha^2+\beta^2}\, st$$
$$= \sqrt{1+\{f_x(p,q)\}^2+\{f_y(p,q)\}^2}\, (x_i - x_{i-1})(y_j - y_{j-1})$$
となる.

xy 平面上で領域 D を含む長方形 $\widetilde{D}$ をとり,$\widetilde{D}$ を小長方形 D_{ij} に分割する.D に含まれるすべての D_{ij} について H_{ij} の面積の和をとると,$f_x(x,y), f_y(x,y)$ が連続ならば,この和は,$\widetilde{D}$ の分割を限りなく細かくしていったとき,重積分
$$\iint_D \sqrt{1+\{f_x(x,y)\}^2+\{f_y(x,y)\}^2}\, dxdy$$
の値と一致する.以上より,次の定理が得られる.

定理 7.10 [曲面積] $f(x,y)$ が領域 D において偏微分可能で,偏導関数が連続ならば,D で定義された曲面 $z = f(x,y)$ の面積は
$$\iint_D \sqrt{1+\{f_x(x,y)\}^2+\{f_y(x,y)\}^2}\, dxdy$$

例題 7.21 平面 $x+y+z=1$ の第 1 象限:$\{(x,y,z) \mid x \geqq 0, y \geqq 0, z \geqq 0\}$ にある部分の面積を求めよ.

この曲面上の点 (x,y,z) に対して, (x,y) のとりうる範囲を D とすると,
$$D = \{(x,y) \mid x \geqq 0,\, y \geqq 0,\, 0 \leqq x+y \leqq 1\}$$
である. $z = 1-x-y$ より $z_x = -1$, $z_y = -1$ であるから, 定理 7.10 を適用すれば, 求める面積は,

$$\iint_D \sqrt{1+(-1)^2+(-1)^2}\,dxdy = \int_0^1 \left\{\int_0^{1-x} \sqrt{3}\,dy\right\} dx$$
$$= \sqrt{3}\int_0^1 (1-x)\,dx = \sqrt{3}\left[x - \frac{1}{2}x^2\right]_0^1 = \frac{\sqrt{3}}{2}$$

例題 7.22 半径 a の球面の面積を求めよ.

 球の中心を xyz 空間の原点におくと, 半径 a の球面の方程式は
$$x^2 + y^2 + z^2 = a^2$$
である. この球面の第 1 象限にある部分の面積を A とすれば, 全体の面積は $8A$ である. 球面の $z \geqq 0$ の部分の方程式は $z = \sqrt{a^2-x^2-y^2}$ であるから,
$$z_x = \frac{-x}{\sqrt{a^2-x^2-y^2}},\; z_y = \frac{-y}{\sqrt{a^2-x^2-y^2}}$$
よって, 定理 7.10 を適用すれば, $D = \{(x,y) \mid x^2+y^2 \leqq a^2,\, x \geqq 0,\, y \geqq 0\}$ として

$$A = \iint_D \sqrt{1+\left\{\frac{-x}{\sqrt{a^2-x^2-y^2}}\right\}^2 + \left\{\frac{-y}{\sqrt{a^2-x^2-y^2}}\right\}^2}\,dxdy$$
$$= \iint_D \frac{a}{\sqrt{a^2-x^2-y^2}}\,dxdy$$

ここで, 極座標変換 $x = r\cos\theta, y = r\sin\theta$ を行えば, D に対応する $r\theta$ 平面の領域 G は $G = \left\{(r,\theta) \;\middle|\; 0 \leqq r \leqq a,\, 0 \leqq \theta \leqq \frac{\pi}{2}\right\}$ であるから,

$$A = \iint_G \frac{a}{\sqrt{a^2-r^2}}\,r\,drd\theta = a\Big[\theta\Big]_0^{\frac{\pi}{2}}\left[-\sqrt{a^2-r^2}\right]_0^a = \frac{\pi a^2}{2}$$

よって, 球面の面積は
$$8A = 4\pi a^2$$

問 7.8 次の曲面の面積を求めよ.
(1) 平面 $2x+y+z=1$ の第 1 象限にある部分
(2) 曲面 $z = xy$ の $\{(x,y,z) \mid x^2+y^2 \leqq 4\}$ にある部分

8 無限級数

8.1 有界な数列

無限数列 $\{a_n\}$

$$a_1, a_2, \ldots, a_n, \ldots$$

において,すべての n に対して $a_n \leqq M$ となるような定数 M が存在するとき,数列 $\{a_n\}$ は**上に有界**であるといい,M を**上界**とよぶ.同様に,すべての n に対して $m \leqq a_n$ となるような定数 m が存在するとき,数列 $\{a_n\}$ は**下に有界**であるといい,m を**下界**とよぶ.さらに,数列 $\{a_n\}$ が上に有界かつ下に有界であるとき,数列 $\{a_n\}$ は**有界**であるという.

数列 $\{a_n\}$ が

$$a_1 \leqq a_2 \leqq \cdots \leqq a_n \leqq \cdots$$

であるとき,数列 $\{a_n\}$ は**増加数列**であるといい,

$$a_1 \geqq a_2 \geqq \cdots \geqq a_n \geqq \cdots$$

であるとき,数列 $\{a_n\}$ は**減少数列**であるという.増加数列,減少数列について,次の定理は直感的に明らかであろう.

定理 8.1 [増加数列・減少数列の収束性] 増加数列 $\{a_n\}$ が上に有界ならば,$\{a_n\}$ は収束する.減少数列 $\{a_n\}$ が下に有界ならば,$\{a_n\}$ は収束する.

8.2 無限級数

第1章で学んだように,無限数列 $\{a_n\}$ の和

$$\sum_{k=1}^{\infty} a_k = a_1 + a_2 + \cdots + a_n + \cdots$$

を**無限級数**という．無限級数の収束・発散は，第 n 項までの和 S_n の極限

$$\lim_{n\to\infty} S_n = \lim_{n\to\infty} \sum_{k=1}^{n} a_k$$

の収束・発散として定義する．$\{S_n\}$ が極限値 α をもつとき，α をこの無限級数の和といい，

$$\sum_{k=1}^{\infty} a_k = \alpha$$

と表す．定理 1.4 より，初項 a，公比 r の無限等比級数の収束・発散は次のようになる．

$$\sum_{k=1}^{\infty} ar^{k-1} = \begin{cases} \dfrac{a}{1-r} & (a \neq 0 \text{ かつ } |r| < 1) \\ 発散する & (a \neq 0 \text{ かつ } |r| \geqq 1) \\ 0 & (a = 0) \end{cases}$$

さらに，無限級数 $\displaystyle\sum_{k=1}^{\infty} a_k$ の収束・発散に関して，定理 1.5 より，

・無限級数が収束するならば，$\displaystyle\lim_{n\to\infty} a_n = 0$ である．

・無限数列 $\{a_n\}$ が 0 に収束しないならば，無限級数 $\displaystyle\sum_{k=1}^{\infty} a_k$ は発散する．

これらの結果は，次の節の定理の証明で用いられる．

8.3　正項級数

無限級数 $\displaystyle\sum_{k=1}^{\infty} a_k$ において，すべての n に対して $a_n \geqq 0$ であるとき，**正項級数**という．正項級数について，第 n 項までの和 S_n を第 n 項とした数列 $\{S_n\}$ は増加数列である．よって，定理 8.1 より次の定理が成り立つ．

定理 8.2 [正項級数の収束]　正項級数 $\displaystyle\sum_{k=1}^{\infty} a_k$ が収束するための必要十分条件は，$\{S_n\}$ が有界であることである．

例題 8.1 無限級数 $\displaystyle\sum_{k=1}^{\infty} \frac{1}{4k^2-1}$ の収束・発散を判定せよ．

解答 $a_k = \dfrac{1}{4k^2-1}$ とおくと

$$a_k = \frac{1}{4k^2-1} > 0$$

であるから，第 n 項までの和 S_n を第 n 項とした数列 $\{S_n\}$ は正項級数である．さらに，

$$S_n = \sum_{k=1}^{n} \frac{1}{4k^2-1} = \sum_{k=1}^{n} \frac{1}{2}\left(\frac{1}{2k-1} - \frac{1}{2k+1}\right) = \frac{1}{2}\left(1 - \frac{1}{2n+1}\right) < \frac{1}{2}$$

であるから，$\{S_n\}$ は上に有界である．よって，定理 8.2 より，無限級数 $\displaystyle\sum_{k=1}^{\infty} \frac{1}{4k^2-1}$ は収束する． ∎

さらに，正項級数の収束・発散の判定法として，いくつかの定理がある．

定理 8.3 [比較判定法] 2 つの正項級数 $\displaystyle\sum_{n=1}^{\infty} a_n, \sum_{n=1}^{\infty} b_n$ において，すべての n に対して $a_n \leqq b_n$ であるとき，

(1) $\displaystyle\sum_{n=1}^{\infty} b_n$ が収束すれば，$\displaystyle\sum_{n=1}^{\infty} a_n$ も収束する．

(2) $\displaystyle\sum_{n=1}^{\infty} a_n$ が発散すれば，$\displaystyle\sum_{n=1}^{\infty} b_n$ も発散する．

証明 (1) 2 つの正項級数の第 n 項までの和をそれぞれ

$$S_n = a_1 + a_2 + \cdots + a_n$$
$$T_n = b_1 + b_2 + \cdots + b_n$$

とおくと，$S_n \leqq T_n$ が成り立つ．$\displaystyle\sum_{n=1}^{\infty} b_n$ が収束するとき，$\{T_n\}$ は上に有界なので，すべての n に対して $T_n \leqq T$ となる T が存在する．このとき，$S_n \leqq T_n \leqq T$ が成り立つので，$\{S_n\}$ も上に有界である．よって定理 8.2 より $\displaystyle\sum_{n=1}^{\infty} a_n$ も収束する．

(2) (1) の対偶なので成り立つ． ∎

例題 8.2 無限級数 $\displaystyle\sum_{n=1}^{\infty} \frac{1}{n^2}$ の収束・発散を判定せよ．

解答 $a_n = \dfrac{1}{n^2}\ (n \geq 1), b_1 = 1, b_n = \dfrac{1}{n(n-1)}\ (n \geq 2)$ とおくと，すべての n に対して $a_n \leq b_n$ であるから，定理 8.3 より，$\displaystyle\sum_{n=1}^{\infty} b_n$ が収束すれば，$\displaystyle\sum_{n=1}^{\infty} a_n$ も収束する．

ここで，N を 2 以上の自然数とするとき，正項級数 $\displaystyle\sum_{n=1}^{\infty} b_n$ の第 N 項までの和 S_N は

$$S_N = 1 + \sum_{n=2}^{N} \frac{1}{n(n-1)} = 1 + \sum_{n=2}^{N} \left(\frac{1}{n-1} - \frac{1}{n}\right) = 1 + 1 - \frac{1}{N}$$

であるから，$\displaystyle\sum_{n=1}^{\infty} b_n$ は 2 に収束する．したがって，$\displaystyle\sum_{n=1}^{\infty} \frac{1}{n^2}$ は収束する． ∎

定理 8.4 [ダランベールの判定法] 正項級数 $\displaystyle\sum_{n=1}^{\infty} a_n$ において

$$\lim_{n \to \infty} \frac{a_{n+1}}{a_n} = \rho$$

となる極限値 ρ が存在するとき，

(1) $0 \leq \rho < 1$ ならば，$\displaystyle\sum_{n=1}^{\infty} a_n$ は収束する．

(2) $1 < \rho \leq \infty$ ならば，$\displaystyle\sum_{n=1}^{\infty} a_n$ は発散する．

証明 (1) $\displaystyle\lim_{n \to \infty} \frac{a_{n+1}}{a_n} = \rho < 1$ より，$\rho < r < 1$ を満たす定数 r に対して十分大きな自然数 N を選べば

$$\frac{a_{n+1}}{a_n} < r \qquad (n = N, N+1, \ldots)$$

となるので

$$\frac{a_{n+1}}{r^{n+1}} < \frac{a_n}{r^n} \qquad (n = N, N+1, \ldots)$$

が成り立つ．このとき

$$K = \frac{a_N}{r^N}$$

とおくと

$$a_n \leq Kr^n \qquad (n = N, N+1, \ldots)$$

である．$\sum_{n=N}^{\infty} Kr^n$ は，初項 Kr^N，公比 r の無限等比級数で，$0 < r < 1$ であるから収束する．よって，定理 8.3 より，$\sum_{n=N}^{\infty} a_n$ も収束する．したがって，この無限級数に有限の和 $\sum_{n=1}^{N-1} a_n$ を加えた級数 $\sum_{n=1}^{\infty} a_n$ は収束する．

(2) 条件より，十分大きい自然数 N を選べば
$$\frac{a_{n+1}}{a_n} > 1 \quad (n = N, N+1, \ldots)$$
である．したがって，
$$0 < a_N < a_{N+1} < a_{N+2} < \cdots$$
となるので，定理 1.5 (2) より無限級数は発散する． ∎

注． 定理 8.4 では，$\rho = 1$ のとき，$\sum_{n=1}^{\infty} a_n$ の収束・発散は判定できない．実際，$\rho = 1$ のときは収束する場合と発散する場合がある．たとえば，$a_n = \dfrac{1}{n^2}$ または $a_n = \dfrac{1}{n}$ のときは，ともに $\rho = 1$ となるが，$\sum_{n=1}^{\infty} \dfrac{1}{n^2}$ は収束し (例題 8.2)，$\sum_{n=1}^{\infty} \dfrac{1}{n}$ は発散する (第 1 章，1.2.6 項の注)．

例題 8.3 無限級数 $\sum_{n=1}^{\infty} \dfrac{n^2}{2^n}$ の収束・発散を判定せよ．

解答 $a_n = \dfrac{n^2}{2^n}$ として，定理 8.4 を用いると
$$\lim_{n \to \infty} \frac{a_{n+1}}{a_n} = \lim_{n \to \infty} \frac{\frac{(n+1)^2}{2^{n+1}}}{\frac{n^2}{2^n}} = \lim_{n \to \infty} \frac{n^2 + 2n + 1}{2n^2}$$
$$= \lim_{n \to \infty} \frac{1 + \frac{2}{n} + \frac{1}{n^2}}{2} = \frac{1}{2} < 1$$
であるから，無限級数 $\sum_{n=1}^{\infty} \dfrac{n^2}{2^n}$ は収束する． ∎

さらに，証明は行わないが，次のような判定法もある．

定理 8.5 [コーシー・アダマールの判定法] 正項級数 $\sum_{n=1}^{\infty} a_n$ において

$$\lim_{n \to \infty} \sqrt[n]{a_n} = \rho$$

となる極限値 ρ が存在するとき,

(1) $0 \leqq \rho < 1$ ならば, $\sum_{n=1}^{\infty} a_n$ は収束する.

(2) $1 < \rho \leqq \infty$ ならば, $\sum_{n=1}^{\infty} a_n$ は発散する.

問 8.1 次の無限級数の収束・発散を,ダランベールの判定法を用いて判定せよ.

(1) $\sum_{n=1}^{\infty} \dfrac{n!}{3^n}$ 　　(2) $\sum_{n=1}^{\infty} na^n$ 　$(0 < a < 1)$

8.4　絶対収束級数

無限級数 $\sum_{n=1}^{\infty} a_n$ の各項の絶対値を項とする無限級数

$$\sum_{n=1}^{\infty} |a_n|$$

が収束するとき,もとの無限級数 $\sum_{n=1}^{\infty} a_n$ は**絶対収束**するといい, $\sum_{n=1}^{\infty} a_n$ を**絶対収束級数**という. 無限級数 $\sum_{n=1}^{\infty} a_n$ が収束するが, 絶対収束しないとき, $\sum_{n=1}^{\infty} a_n$ は**条件収束**するといい, $\sum_{n=1}^{\infty} a_n$ を**条件収束級数**という.

定理 8.6 [絶対収束級数の収束] 絶対収束級数は収束する. すなわち, $\sum_{n=1}^{\infty} |a_n|$ が収束すれば $\sum_{n=1}^{\infty} a_n$ も収束する.

証明 数列 $\{a_n\}$ に対して，次のような数列 $\{p_n\}, \{q_n\}$ を考える．

$$p_n = \begin{cases} a_n & (a_n \geqq 0 \text{ のとき}) \\ 0 & (a_n < 0 \text{ のとき}) \end{cases} \qquad q_n = \begin{cases} 0 & (a_n \geqq 0 \text{ のとき}) \\ -a_n & (a_n < 0 \text{ のとき}) \end{cases}$$

ここで，$0 \leqq p_n \leqq |a_n|, 0 \leqq q_n \leqq |a_n|$ である．$\displaystyle\sum_{n=1}^{\infty} a_n$ は絶対収束級数なので $\displaystyle\sum_{n=1}^{\infty} |a_n|$ は収束する．よって，定理 8.3 より無限級数 $\displaystyle\sum_{n=1}^{\infty} p_n, \sum_{n=1}^{\infty} q_n$ も収束するので，その差

$$\sum_{n=1}^{\infty} p_n - \sum_{n=1}^{\infty} q_n = \sum_{n=1}^{\infty} (p_n - q_n) = \sum_{n=1}^{\infty} a_n$$

も収束する． ∎

問 8.2 次の無限級数の絶対収束・条件収束・発散を判定せよ．

(1) $\displaystyle\sum_{n=1}^{\infty} \frac{(-1)^n n}{2^n}$ (2) $\displaystyle\sum_{n=1}^{\infty} \frac{\cos n\pi}{n^2}$ (3) ★ $\displaystyle\sum_{n=1}^{\infty} \frac{(-1)^{n-1}}{n}$

8.5 べき級数

8.5.1 べき級数と収束半径

無限級数において，特に $a_0, a_1, a_2, \ldots, a_n, \ldots$ を定数とし，x を変数として

$$\sum_{n=0}^{\infty} a_n x^n = a_0 + a_1 x + a_2 x^2 + \cdots + a_n x^n + \cdots$$

の形の級数を**べき級数**という．第 3 章で学んだ関数 $f(x)$ のマクローリン展開

$$f(x) = \sum_{n=0}^{\infty} \frac{f^{(n)}(0)}{n!} x^n$$

$$= f(0) + f'(0)x + \frac{f''(0)}{2!} x^2 + \cdots + \frac{f^{(n)}(0)}{n!} x^n + \cdots$$

は，べき級数の重要な例である．

一般に，べき級数は，x に代入する値によって収束したり発散したりする．たとえば，$x = 0$ のときは必ず収束する．

定理 8.7 べき級数 $\sum_{n=0}^{\infty} a_n x^n$ について, 次が成り立つ.

(1) $x = s$ で収束するならば, $|x| < |s|$ を満たすすべての x において絶対収束する.

(2) $x = s$ で発散するならば, $|x| > |s|$ を満たすすべての x において発散する.

証明 (1) $s \neq 0$ としてよい. $\sum_{n=0}^{\infty} a_n s^n$ が収束するならば, 定理 1.5 より, $\lim_{n \to \infty} a_n s^n = 0$ である. したがって, 番号 N を十分大きくとると, N 以上のすべての n に対して $|a_n s^n| < 1$ となるから

$$|a_n x^n| = \left|a_n s^n \left(\frac{x}{s}\right)^n\right| = |a_n s^n| \cdot \left|\frac{x}{s}\right|^n \leqq \left|\frac{x}{s}\right|^n$$

ここで, $|x| < |s|$ を満たす x に対しては $\left|\dfrac{x}{s}\right| < 1$ であるから, 定理 1.4 より, 無限等比級数 $\sum_{n=N}^{\infty} \left|\dfrac{x}{s}\right|^n$ は収束する. よって, 比較判定法 (定理 8.3) より, $\sum_{n=N}^{\infty} |a_n x^n|$ は収束する. したがって, この無限級数に有限の和 $\sum_{n=0}^{N-1} |a_n x^n|$ を加えた級数 $\sum_{n=0}^{\infty} |a_n x^n|$ も収束する. すなわち, べき級数 $\sum_{n=0}^{\infty} a_n x^n$ は絶対収束する.

(2) は, (1) の対偶と定理 8.6 の対偶の組み合わせとして証明できる. ∎

この定理から, べき級数 $\sum_{n=0}^{\infty} a_n x^n$ に対して, 次の性質をもつ数 R が定まることがわかる.

(i) $|x| < R$ を満たすすべての x に対して $\sum_{n=0}^{\infty} a_n x^n$ は絶対収束する.

(ii) $|x| > R$ を満たすすべての x に対して $\sum_{n=0}^{\infty} a_n x^n$ は発散する.

この数 R をべき級数 $\sum_{n=0}^{\infty} a_n x^n$ の **収束半径** という. ただし, $\sum_{n=0}^{\infty} a_n x^n$ が, 0 以外のすべての x に対して発散するときは収束半径は $R = 0$ とし, すべての x に対して絶対収束するときは収束半径は $R = \infty$ とする.

収束半径を求める方法として, 次の定理がある.

定理 8.8 [ダランベールの定理] べき級数 $\displaystyle\sum_{n=0}^{\infty} a_n x^n$ において, 極限値

$$\lim_{n\to\infty} \left|\frac{a_n}{a_{n+1}}\right| = R$$

が存在すれば, この極限値 R が収束半径である.

証明 $x=0$ のとき, べき級数が収束することは明らかなので, 以下は $x\neq 0$ として収束性を調べる.

$R=0$, $0<R<\infty$, $R=\infty$ の 3 つの場合に分けて考える.

(1) $R=0$ の場合: $\displaystyle\lim_{n\to\infty}\left|\frac{a_{n+1}}{a_n}\right| = \infty$ であるから,

$$\lim_{n\to\infty}\left|\frac{a_{n+1}x^{n+1}}{a_n x^n}\right| = |x|\lim_{n\to\infty}\left|\frac{a_{n+1}}{a_n}\right| = \infty$$

よって, ダランベールの判定法 (定理 8.4) より, 無限級数 $\displaystyle\sum_{n=0}^{\infty} |a_n x^n|$ は発散する. したがって, べき級数 $\displaystyle\sum_{n=0}^{\infty} a_n x^n$ の収束半径は, 定義より 0 である.

(2) $0<R<\infty$ の場合: $\displaystyle\lim_{n\to\infty}\left|\frac{a_{n+1}}{a_n}\right| = \frac{1}{R}$ であるから,

$$\lim_{n\to\infty}\left|\frac{a_{n+1}x^{n+1}}{a_n x^n}\right| = |x|\lim_{n\to\infty}\left|\frac{a_{n+1}}{a_n}\right| = \frac{|x|}{R}$$

となる. よって, ダランベールの判定法より, 無限級数 $\displaystyle\sum_{n=0}^{\infty} |a_n x^n|$ は, $\dfrac{|x|}{R}<1$ ならば収束し, $\dfrac{|x|}{R}>1$ ならば発散する. つまり, $|x|<R$ ならば収束し, $|x|>R$ ならば発散する. したがって, べき級数 $\displaystyle\sum_{n=0}^{\infty} a_n x^n$ の収束半径は, 定義より R に一致する.

(3) $R=\infty$ の場合: $\displaystyle\lim_{n\to\infty}\left|\frac{a_{n+1}}{a_n}\right| = 0$ となるから,

$$\lim_{n\to\infty}\left|\frac{a_{n+1}x^{n+1}}{a_n x^n}\right| = |x|\lim_{n\to\infty}\left|\frac{a_{n+1}}{a_n}\right| = 0$$

したがって, ダランベールの判定法より, 無限級数 $\displaystyle\sum_{n=0}^{\infty} |a_n x^n|$ は収束する. すなわち, べき級数 $\displaystyle\sum_{n=0}^{\infty} a_n x^n$ はすべての x に対して絶対収束するので, 収束半径は ∞ である. ∎

例題 8.4 べき級数 $\displaystyle\sum_{n=1}^{\infty} \frac{x^n}{n}$ の収束半径を求めよ.

解答 x^n の係数を a_n とおくと

$$\lim_{n \to \infty} \left| \frac{a_n}{a_{n+1}} \right| = \lim_{n \to \infty} \frac{\frac{1}{n}}{\frac{1}{n+1}} = \lim_{n \to \infty} \frac{n+1}{n} = \lim_{n \to \infty} \left(1 + \frac{1}{n}\right) = 1$$

であるから, 定理 8.8 より, 収束半径は $R = 1$ である.

例題 8.5 べき級数 $\displaystyle\sum_{n=0}^{\infty} n^2 x^n$ の収束半径を求めよ.

解答 x^n の係数を a_n とおくと

$$\lim_{n \to \infty} \left| \frac{a_n}{a_{n+1}} \right| = \lim_{n \to \infty} \frac{n^2}{(n+1)^2} = \lim_{n \to \infty} \frac{1}{\left(1 + \frac{1}{n}\right)^2} = 1$$

であるから, 定理 8.8 より, 収束半径は $R = 1$ である.

例題 8.6 べき級数 $\displaystyle\sum_{n=0}^{\infty} \frac{x^n}{n!}$ の収束半径を求めよ.

解答 x^n の係数を a_n とおくと

$$\lim_{n \to \infty} \left| \frac{a_n}{a_{n+1}} \right| = \lim_{n \to \infty} \frac{\frac{1}{n!}}{\frac{1}{(n+1)!}} = \lim_{n \to \infty} \frac{(n+1)!}{n!} = \lim_{n \to \infty} (n+1) = \infty$$

であるから, 定理 8.8 より, 収束半径は $R = \infty$ である.

注. 例題 8.6 のべき級数は, 例題 3.28 にある e^x のマクローリン展開と一致している. また, 例題 8.4, 例題 8.5 のべき級数は, それぞれ $-\log(1-x)$, $\dfrac{x^2 + x}{(1-x)^3}$ のマクローリン展開である.

例題 8.7 べき級数 $\displaystyle\sum_{n=0}^{\infty} n! x^n$ の収束半径を求めよ.

解答 x^n の係数を a_n とおくと

$$\lim_{n \to \infty} \left| \frac{a_n}{a_{n+1}} \right| = \lim_{n \to \infty} \frac{n!}{(n+1)!} = \lim_{n \to \infty} \frac{1}{n+1} = 0$$

であるから，定理 8.8 より，収束半径は $R=0$ である．

問 8.3 次のべき級数の収束半径を求めよ．

(1) $\displaystyle\sum_{n=1}^{\infty} \frac{(-1)^n}{n} x^n$

(2) $\displaystyle\sum_{n=0}^{\infty} n^3 x^n$

(3) $\displaystyle\sum_{n=0}^{\infty} (\sqrt{n+1} - \sqrt{n}) x^n$

(4) $\displaystyle\sum_{n=1}^{\infty} \frac{n!}{n^n} x^n$

8.5.2 べき級数の微分と積分

べき級数で表された関数の微分と積分について，項別に微分・積分ができることが知られている．

定理 8.9 [項別微分の定理] べき級数 $\displaystyle\sum_{n=0}^{\infty} a_n x^n$ について，収束半径が $R>0$ ならば，区間 $(-R, R)$ において微分可能で，導関数は項別微分して求められる．すなわち，
$$\frac{d}{dx}\left(\sum_{n=0}^{\infty} a_n x^n\right) = \sum_{n=1}^{\infty} n a_n x^{n-1}$$
さらに，この右辺のべき級数も収束半径は R である．

例． べき級数 $\displaystyle\sum_{n=0}^{\infty} a_n x^n$ について，収束半径を R としたとき，$|x| < R$ を満たす x に対して，$f(x) = \displaystyle\sum_{n=0}^{\infty} a_n x^n$ と定めると，
$$a_n = \frac{f^{(n)}(0)}{n!} \quad (n=0,1,2,\ldots)$$
が成り立つ．つまり，ある関数 $f(x)$ がべき級数の形で表されれば，そのべき級数は $f(x)$ のマクローリン展開と一致する．

問 8.4 e^x のマクローリン展開に項別微分を行い，微分する前のべき級数と一致することを確かめよ．

定理 8.10 [項別積分の定理]　べき級数 $\sum_{n=0}^{\infty} a_n x^n$ について, 収束半径が $R > 0$ ならば, 区間 $(-R, R)$ に含まれる任意の閉区間 $[a, b]$ において積分可能で, 積分は項別積分して求められる. すなわち,

$$\int_a^b \left(\sum_{n=0}^{\infty} a_n x^n \right) dx = \sum_{n=0}^{\infty} \int_a^b a_n x^n \, dx$$

したがって, $|x| < R$ の範囲で

$$\int_0^x \left(\sum_{n=0}^{\infty} a_n t^n \right) dt = \sum_{n=0}^{\infty} \frac{a_n}{n+1} x^{n+1}$$

さらに, この右辺のべき級数も収束半径は R である.

　項別積分の定理を応用して, $\arctan x$ のマクローリン展開を求めることができる.

公式 8.1 [$\arctan x$ のマクローリン展開]

$$\arctan x = \sum_{n=0}^{\infty} \frac{(-1)^n}{2n+1} x^{2n+1}$$

$$= x - \frac{1}{3} x^3 + \frac{1}{5} x^5 - \cdots + \frac{(-1)^n}{2n+1} x^{2n+1} + \cdots$$

$$(|x| < 1)$$

証明　$(\arctan x)' = \dfrac{1}{1+x^2}$ であるから, $\dfrac{1}{1+x^2}$ のマクローリン展開を求めて, それを積分する.

$\dfrac{1}{1+x}$ のマクローリン展開は, 例題 3.30 より

$$\frac{1}{1+x} = \sum_{n=0}^{\infty} (-1)^n x^n = 1 - x + x^2 - x^3 + \cdots + (-1)^n x^n + \cdots$$

であり, このべき級数の収束半径は定理 8.8 より 1 である. よって, この式の x に x^2 を代入すれば, $|x| < 1$ において

$$\frac{1}{1+x^2} = \sum_{n=0}^{\infty} (-1)^n x^{2n} = 1 - x^2 + x^4 - x^6 + \cdots + (-1)^n x^{2n} + \cdots$$

が成り立つ. 一方, $\arctan 0 = 0$ より,

$$\arctan x = \int_0^x \frac{1}{1+t^2} \, dt$$

と表される (定理 5.3 参照) から, 項別積分の定理 (定理 8.10) を適用して
$$\arctan x = x - \frac{1}{3}x^3 + \frac{1}{5}x^5 - \cdots + \frac{(-1)^n}{2n+1}x^{2n+1} + \cdots \qquad (|x| < 1)$$
が得られる. ∎

公式 8.1 は $|x| \leqq 1$ で成り立つことが知られている. $x = 1$ を代入すれば, $\arctan 1 = \dfrac{\pi}{4}$ より
$$\frac{\pi}{4} = 1 - \frac{1}{3} + \frac{1}{5} - \cdots + \frac{(-1)^n}{2n+1} + \cdots$$
が得られる.

問題の解答

*) 関数のグラフをかく問題と領域を図示する問題の解答は，学術図書出版社のホームページ内の下記のアドレスのサポートページに掲載してあります．
https://www.gakujutsu.co.jp/text/isbn978-4-7806-0526-6/

第1章　数列と極限

問 **1.1**　(1) 250500　(2) 185　(3) $n(5-2n)$　(4) 242　(5) $2 - \dfrac{1}{2^{n-1}}$
(6) $9 - \dfrac{1}{3^{n-2}}$

問 **1.2**　(1) 2　(2) 0　(3) $\dfrac{1}{2}$

問 **1.3**　(1) ∞　(2) 0

問 **1.4**　(1) ∞　(2) $\dfrac{8}{5}$　(3) 10

第2章　基本的な関数

問 **2.1**　(1) $f(g(x)) = x^4 + 1$, $g(f(x)) = (x^2 + 1)^2$
(2) $f(g(x)) = x + 2 + \dfrac{1}{x}$, $g(f(x)) = x + 2 + \dfrac{1}{x+1}$

問 **2.2**　略

問 **2.3**　(1) 8　(2) $\dfrac{1}{4}$　(3) 1　(4) 96　(5) 3　(6) $\dfrac{1}{16}$　(7) 6　(8) -4　(9) $20\sqrt[3]{2}$

問 **2.4**　略

問 **2.5**　(1) $\dfrac{1}{3}x + \dfrac{1}{3}$　(2) $\sqrt{x-1}$　　（グラフはホームページに掲載*)）

問 **2.6**　(1) 5　(2) -1　(3) 0　(4) -3

問 **2.7**　(1) 2　(2) 1　(3) $\dfrac{3}{2}$　(4) $3\log_{10} 2$　(5) $\dfrac{1}{2}\log_2 3$　$(= \log_4 3)$

問 **2.8**　略

問 **2.9**　ホームページに掲載*)

問 **2.10**　(1) $\dfrac{7}{10}\pi$　(2) $\dfrac{6}{7}\pi$　(3) $27°$　(4) $-300°$

問 **2.11**

θ	$-\dfrac{\pi}{2}$	$-\dfrac{\pi}{4}$	0	$\dfrac{2}{3}\pi$	$\dfrac{3}{4}\pi$	$\dfrac{5}{6}\pi$	π	$\dfrac{3}{2}\pi$
$\sin\theta$	-1	$-\dfrac{\sqrt{2}}{2}$	0	$\dfrac{\sqrt{3}}{2}$	$\dfrac{\sqrt{2}}{2}$	$\dfrac{1}{2}$	0	-1
$\cos\theta$	0	$\dfrac{\sqrt{2}}{2}$	1	$-\dfrac{1}{2}$	$-\dfrac{\sqrt{2}}{2}$	$-\dfrac{\sqrt{3}}{2}$	-1	0
$\tan\theta$	—	-1	0	$-\sqrt{3}$	-1	$-\dfrac{\sqrt{3}}{3}$	0	—

問 **2.12** 略

問 **2.13** 略

問 **2.14** (1) $\dfrac{\sqrt{2}-\sqrt{6}}{4}$ (2) $\dfrac{\sqrt{6}-\sqrt{2}}{4}$ (3) $\dfrac{\sqrt{6}-\sqrt{2}}{4}$ (4) $\sqrt{3}-2$

問 **2.15** 略

問 **2.16** 略

問 **2.17** (1) $\dfrac{\sqrt{2+\sqrt{2}}}{2}$ (2) $-\dfrac{\sqrt{2+\sqrt{2}}}{2}$ (3) $\dfrac{1}{4}$ (4) $\dfrac{\sqrt{6}}{2}$

問 **2.18** (1) $\dfrac{\pi}{4}$ (2) $-\dfrac{\pi}{3}$ (3) $\dfrac{\pi}{2}$ (4) $\dfrac{\pi}{3}$ (5) $-\dfrac{\pi}{4}$ (6) $-\dfrac{\pi}{3}$

第 3 章　微分法

問 **3.1** (1) -12 (2) 1 (3) $\dfrac{\sqrt{2}}{4}$ (4) 2 (5) 1 (6) 0

問 **3.2** (1) 6 (2) 7 (3) 24 (4) $-\dfrac{1}{9}$ (5) $\dfrac{\sqrt{7}}{7}$

問 **3.3** (1) $2x$ (2) $2x-1$ (3) $3x^2-6x$ (4) $-\dfrac{2}{x^3}$ (5) $\dfrac{1}{2\sqrt{x+1}}$

問 **3.4** (1) $5x^4$ (2) $2x+1$ (3) $6x^2-3-20x^{-5}$

問 **3.5** (1) $5(4-2x)-2(5x-1)=-20x+22$

　　　(2) $(4x^3-8x)(x-3)+(x^4-4x^2+5)=5x^4-12x^3-12x^2+24x+5$

　　　(3) $(3x^2+3x^{-4})(x^2-2)+2x(x^3-x^{-3})=5x^4-6x^2+x^{-2}-6x^{-4}$

　　　(4) $-\dfrac{3x+4}{x^3}$ (5) $\dfrac{4x^3-15x^2-15}{(2x-5)^2}$ (6) $-\dfrac{2x+3}{(x^2+3x-1)^2}$

問 **3.6** (1) $12(2x-5)^5$ (2) $-56x(7-4x^2)^6$ (3) $36x^2(3x^3-1)^3$

(4) $4(9x^2 - 10x + 3x^{-4})(3x^3 - 5x^2 - x^{-3})^3$

(5) $(3-2x)^5 - 10x(3-2x)^4 = 3(1-4x)(3-2x)^4$

(6) $\dfrac{(16x+55)(4x+5)^4}{(x+3)^2}$

問 **3.7** (1) $\dfrac{3}{3x-1}$ (2) $\dfrac{7}{(7x-1)\log 3}$ (3) $\dfrac{2}{x}$ (4) $\dfrac{6x-2}{3x^2-2x}$ (5) $\log x + 1$

(6) $\dfrac{1-\log x}{x^2}$

問 **3.8** (1) $2e^{2x+5}$ (2) $-2xe^{-x^2}$ (3) $3\log 5 \cdot 5^{3x}$ (4) $(1-x)e^{-x}$

(5) $x^x(\log x + 1)$

問 **3.9** (1) $2\sin(-2x+5)$ (2) $(6x-2)\cos(3x^2-2x)$ (3) $-3x^2\sin(x^3-7)$

(4) $-\dfrac{1}{x^2\cos^2\frac{1}{x}}$ (5) $\cos^2 x - \sin^2 x$ (6) $2x\sin 2x + 2x^2\cos 2x$

(7) $-\dfrac{1}{\sin^2 x}$ (8) $\dfrac{x-\sin x\cos x}{x^2\cos^2 x}$

問 **3.10** 略

問 **3.11** (1) $\dfrac{1}{\sqrt{x-x^2}}$ (2) $\dfrac{1}{\sqrt{a^2-x^2}}$ (3) $\dfrac{2x}{\sqrt{x^2(2-x^2)}}$ (4) $\dfrac{a}{x^2+a^2}$

(5) $\arcsin x$ (6) $\dfrac{1}{1+x^2}$

問 **3.12** (1) $e^x(\sin x + \cos x)$ (2) $e^{\sin x}\cos x$ (3) $-\dfrac{\sin(\log x)}{x}$

(4) $\cos(\log x) - \sin(\log x)$ (5) $-\dfrac{1}{\sqrt{x^2+a^2}}$ (6) $\dfrac{a}{a^2-x^2}$

問 **3.13** 略

問 **3.14** (1) $\dfrac{1}{\cos^2 x}$, $\dfrac{2\sin x}{\cos^3 x}$, $\dfrac{6-4\cos^2 x}{\cos^4 x}$

(2) $(2x+1)e^{2x}$, $(4x+4)e^{2x}$, $(8x+12)e^{2x}$

問 **3.15** (1) $4x^3+4x$, $12x^2+4$, $24x$, 24, $0\ (n\geqq 5)$ (2) $(-1)^n e^{-x}$

(3) $\dfrac{(-1)^n n!}{x^{n+1}}$

問 **3.16** 略

問 **3.17** $2^{n-1}(2x+n)e^{2x}$

問 **3.18** $\dfrac{1}{3}$

問 **3.19** 略

問 **3.20** (1) $x=-2$ のとき極大値 13, $x=1$ のとき極小値 -14

(2) $x=-\dfrac{1}{2}$ のとき極小値 $\dfrac{69}{16}$

(3) $x=0$ のとき極大値 0, $x=\dfrac{2}{5}$ のとき極小値 $-\dfrac{108}{3125}$

(4) $x=1$ のとき極大値 e^{-1}

問 **3.21**

(1) $x=-1$ のとき極大値 0, $x=-\dfrac{1}{3}$ のとき極小値 $-\dfrac{4}{27}$, 変曲点は $\left(-\dfrac{2}{3},-\dfrac{2}{27}\right)$

(2) $x=1$ のとき極小値 -27, 変曲点は $(-2,0),(0,-27)$

(3) $x=0$ のとき極大値 -1, 変曲点はなし

(4) $x=-2$ のとき極大値 -4, $x=2$ のとき極小値 4, 変曲点は $(0,0)$

(5) $x=2$ のとき極大値 $4e^{-2}$, $x=0$ のとき極小値 0,
変曲点は $(2+\sqrt{2}, 2(3+2\sqrt{2})e^{-(2+\sqrt{2})}), (2-\sqrt{2}, 2(3-2\sqrt{2})e^{-(2-\sqrt{2})})$

(グラフはホームページに掲載*))

問 **3.22** (1) $1-\dfrac{x^2}{2}+R_4$ (2) $x-\dfrac{x^2}{2}+\dfrac{x^3}{3}+R_4$ (3) $x-\dfrac{x^3}{3}+R_4$

問 **3.23** (1) $\displaystyle\sum_{n=0}^{\infty}\dfrac{(-1)^n}{n!}x^n = 1-x+\dfrac{x^2}{2!}-\dfrac{x^3}{3!}+\cdots$

(2) $\displaystyle\sum_{j=0}^{\infty}\dfrac{(-1)^j}{(2j)!}x^{2j} = 1-\dfrac{x^2}{2!}+\dfrac{x^4}{4!}-\dfrac{x^6}{6!}+\cdots$

(3) $\displaystyle\sum_{j=0}^{\infty}\dfrac{(-1)^j 2^{2j+1}}{(2j+1)!}x^{2j+1} = 2x-\dfrac{2^3}{3!}x^3+\dfrac{2^5}{5!}x^5-\dfrac{2^7}{7!}x^7+\cdots$

(4) $\displaystyle\sum_{n=1}^{\infty}\dfrac{(-1)^{n-1}}{n}x^n = x-\dfrac{x^2}{2}+\dfrac{x^3}{3}-\dfrac{x^4}{4}+\cdots$

問 **3.24** $1+\dfrac{0.1}{2}-\dfrac{(0.1)^2}{8}+\dfrac{(0.1)^3}{16} = 1.0488125$

問 **3.25** (1) 7 (2) 1 (3) $\dfrac{1}{4}$ (4) 1 (5) $\dfrac{1}{2}$ (6) 0 (7) 0 (8) 1

第4章 不定積分

問 **4.1** (1) $\dfrac{1}{2}x^2+C$ (2) $-\dfrac{1}{2x^2}+C$ (3) $\dfrac{3}{4}x\sqrt[3]{x}+C$

問 **4.2** (1) $\dfrac{1}{4}x^4-2x^2+x+C$ (2) $\dfrac{2}{3}x\sqrt{x}+2\sqrt{x}+C$

(3) $\dfrac{1}{3}x^3 - x + 2\log|x| + C$ (4) $-\sin x - \cos x + C$

(5) $\tan x - x + C$ (6) $-x + 2\arctan x + C$

問 **4.3** (1) $\dfrac{1}{20}(5x-2)^4 + C$ (2) $\dfrac{1}{15}(x^3+1)^5 + C$ (3) $-\dfrac{1}{4}\cos 4x + C$

(4) $\dfrac{1}{4}\sin^4 x + C$ (5) $\dfrac{1}{3}(x^2+1)\sqrt{x^2+1} + C$

(6) $-\dfrac{2}{3}(1-x)\sqrt{1-x} + \dfrac{2}{5}(1-x)^2\sqrt{1-x} + C$ (7) $-\dfrac{1}{2}e^{-x^2} + C$

(8) $\dfrac{1}{2}(\log x)^2 + C$ (9) $\dfrac{1}{2}\log(x^2+1) + C$

問 **4.4** (1) $x\sin x + \cos x + C$ (2) $-(x+1)e^{-x} + C$

(3) $\dfrac{1}{4}x^2(2\log x - 1) + C$ (4) $\dfrac{1}{2}\{\sin 2x - (2x+1)\cos 2x\} + C$

問 **4.5** (1) $-x^2\cos x + 2x\sin x + 2\cos x + C$ (2) $\dfrac{e^x}{1+a^2}(\sin ax - a\cos ax) + C$

(3) $\arcsin \dfrac{x}{2} + C$ (4) $\dfrac{1}{2}\arctan \dfrac{x+2}{2} + C$

(5) $x\arctan x - \dfrac{1}{2}\log(1+x^2) + C$

問 **4.6** 略

問 **4.7** (1) $\dfrac{1}{4}\log\left|\dfrac{x-2}{x+2}\right| + C$ (2) $\dfrac{1}{3}\log\left|(x-1)^2(x+2)\right| + C$

(3) $\log\left|\dfrac{(x-1)(x+1)^2}{x}\right| + C$ (4) $x - 2\arctan x + C$

(5) $\log\left|\dfrac{x^2+1}{x}\right| - \arctan x + C$

(6) $\dfrac{1}{8}\left\{\dfrac{2x}{(x^2+1)^2} + \dfrac{3x}{x^2+1} + 3\arctan x\right\} + C$

問 **4.8** (1) $\tan\dfrac{x}{2} + C$ (2) $\log\left|\tan\left(\dfrac{x}{2} + \dfrac{\pi}{4}\right)\right| + C$ $\left(= \log\left|\dfrac{\cos x}{1-\sin x}\right| + C\right)$

(3) $x + \dfrac{2}{1 + \tan\frac{x}{2}} + C$

問 **4.9** (1) $\log\left|\dfrac{\sqrt{2-x}-1}{\sqrt{2-x}+1}\right| + C$ (2) $\dfrac{1}{2}\log\left|2x + \sqrt{4x^2+1}\right| + C$

(3) $(x+1)\sqrt{\dfrac{x+5}{x+1}} + 2\log\left|x+3+(x+1)\sqrt{\dfrac{x+5}{x+1}}\right| + C$

第 5 章　定積分

問 5.1　(1) $\dfrac{23}{4}$　(2) 2　(3) $e + \dfrac{1}{e} - 2$　(4) $\sin x$　(5) $\dfrac{8}{3}$　(6) $\dfrac{\pi}{4}$

問 5.2　(1) 0　(2) $\dfrac{3(\sqrt{3}-1)}{2}$　(3) $\dfrac{1}{3}$　(4) $\dfrac{4\sqrt{2}}{15}$　(5) $\dfrac{\pi}{2} + 1$

問 5.3　(1) $\dfrac{\pi}{2} - 1$　(2) 1　(3) $2\log 2 - \dfrac{3}{4}$　(4) $\dfrac{e^\pi + 1}{2}$

問 5.4　(1) $\dfrac{\pi^2}{72}$　(2) 1

問 5.5　(1) $\dfrac{8}{3}$　(2) 2　(3) $\dfrac{32}{3}$　(4) $\dfrac{1}{2}$　(5) $e + \dfrac{1}{e} - 2$　(6) $\sqrt{3} - \dfrac{\pi}{3}$

　　　　(図はホームページに掲載*⁾)

問 5.6　(1) $\dfrac{16}{15}\pi$　(2) $\dfrac{\pi}{2}\left(e^2 - \dfrac{1}{e^2}\right)$　(3) $\dfrac{1}{2}\pi^2$　(4) $\dfrac{\pi}{2}a(4-a)$

問 5.7　$2\pi^2 r^2 d$

問 5.8　(1) 3　(2) 2　(3) 存在しない　(4) $-\dfrac{1}{4}$　(5) $\dfrac{\pi}{2}$

問 5.9　(1) 2　(2) $\log 2$　(3) 存在しない　(4) π　(5) $\dfrac{1}{2}$

第 6 章　偏微分

問 6.1　(1) $z_x = 3x^2 + 2y^2$, $z_y = 4xy + 24y^3$

　　　　(2) $z_x = 6x^5 - 5x^4y^5 - 4xy + 2y^6$, $z_y = -5x^5y^4 - 2x^2 + 12xy^5$

　　　　(3) $z_x = -\dfrac{2x}{(x^2+y)^2}$, $z_y = -\dfrac{1}{(x^2+y)^2}$

　　　　(4) $z_x = -\dfrac{2y}{(2x+y^2)^2}$, $z_y = \dfrac{2x-y^2}{(2x+y^2)^2}$

　　　　(5) $z_x = 6xy^3(x^2y^3 - 5)^2$, $z_y = 9x^2y^2(x^2y^3 - 5)^2$

　　　　(6) $z_x = \cos(x+y)$, $z_y = \cos(x+y)$

　　　　(7) $z_x = \dfrac{3x^2y}{\cos^2(x^3y)}$, $z_y = \dfrac{x^3}{\cos^2(x^3y)}$

　　　　(8) $z_x = -4x\sin(x^2 - y + 6)\cos(x^2 - y + 6)$,
　　　　　　$z_y = 2\sin(x^2 - y + 6)\cos(x^2 - y + 6)$

　　　　(9) $z_x = (4x^3 - y^2)e^{x^4 - xy^2}$, $z_y = -2xye^{x^4 - xy^2}$

　　　　(10) $z_x = \dfrac{1}{x + y^2}$, $z_y = \dfrac{2y}{x + y^2}$

(11) $z_x = e^{x \sin y} \sin y$, $z_y = xe^{x \sin y} \cos y$

(12) $z_x = \dfrac{2}{1+(2x-y)^2}$, $z_y = -\dfrac{1}{1+(2x-y)^2}$

問 **6.2** (1) $z = -9x + 48y - 58$ (2) $z = -4x + y$ (3) $z = -2x + y$

問 **6.3** (1) $dz = (3x^2 + 2y^2)\,dx + (4xy + 24y^3)\,dy$

(2) $dz = (6x^5 - 5x^4 y^5 - 4xy + 2y^6)\,dx + (-5x^5 y^4 - 2x^2 + 12xy^5)\,dy$

(3) $dz = -\dfrac{2x}{(x^2+y)^2}\,dx - \dfrac{1}{(x^2+y)^2}\,dy$

(4) $dz = -\dfrac{2y}{(2x+y^2)^2}\,dx + \dfrac{2x-y^2}{(2x+y^2)^2}\,dy$

(5) $dz = 6xy^3(x^2 y^3 - 5)^2\,dx + 9x^2 y^2 (x^2 y^3 - 5)^2\,dy$

(6) $dz = \cos(x+y)\,dx + \cos(x+y)\,dy$

(7) $dz = \dfrac{3x^2 y}{\cos^2(x^3 y)}\,dx + \dfrac{x^3}{\cos^2(x^3 y)}\,dy$

(8) $dz = -4x \sin(x^2 - y + 6)\cos(x^2 - y + 6)\,dx$
$+ 2\sin(x^2 - y + 6)\cos(x^2 - y + 6)\,dy$

(9) $dz = (4x^3 - y^2)e^{x^4 - xy^2}\,dx - 2xy e^{x^4 - xy^2}\,dy$

(10) $dz = \dfrac{1}{x+y^2}\,dx + \dfrac{2y}{x+y^2}\,dy$

(11) $dz = e^{x \sin y} \sin y\,dx + xe^{x \sin y} \cos y\,dy$

(12) $dz = \dfrac{2}{1+(2x-y)^2}\,dx - \dfrac{1}{1+(2x-y)^2}\,dy$

問 **6.4** (1) $z_{xx} = 6x$, $z_{xy} = z_{yx} = 4y$, $z_{yy} = 4x + 72y^2$

(2) $z_{xx} = 30x^4 - 20x^3 y^5 - 4y$, $z_{xy} = z_{yx} = -25x^4 y^4 - 4x + 12y^5$,
$z_{yy} = -20x^5 y^3 + 60xy^4$

(3) $z_{xx} = \dfrac{6x^2 - 2y}{(x^2+y)^3}$, $z_{xy} = z_{yx} = \dfrac{4x}{(x^2+y)^3}$, $z_{yy} = \dfrac{2}{(x^2+y)^3}$

(4) $z_{xx} = \dfrac{8y}{(2x+y^2)^3}$, $z_{xy} = z_{yx} = \dfrac{-4x+6y^2}{(2x+y^2)^3}$, $z_{yy} = \dfrac{-12xy + 2y^3}{(2x+y^2)^3}$

(5) $z_{xx} = 30y^3(x^2 y^3 - 5)(x^2 y^3 - 1)$,
$z_{xy} = z_{yx} = 18xy^2(x^2 y^3 - 5)(3x^2 y^3 - 5)$,
$z_{yy} = 18x^2 y(x^2 y^3 - 5)(4x^2 y^3 - 5)$

(6) $z_{xx} = -\sin(x+y)$, $z_{xy} = z_{yx} = -\sin(x+y)$, $z_{yy} = -\sin(x+y)$

(7) $z_{xx} = \dfrac{6xy\cos(x^3y) + 18x^4y^2\sin(x^3y)}{\cos^3(x^3y)}$,

$z_{xy} = z_{yx} = \dfrac{3x^2\cos(x^3y) + 6x^5y\sin(x^3y)}{\cos^3(x^3y)}$, $z_{yy} = \dfrac{2x^6\sin(x^3y)}{\cos^3(x^3y)}$

(8) $z_{xx} = 8x^2\sin^2(x^2-y+6) - 4\sin(x^2-y+6)\cos(x^2-y+6)$
$\qquad\qquad\qquad\qquad\qquad\qquad -8x^2\cos^2(x^2-y+6)$,

$z_{xy} = z_{yx} = -4x\sin^2(x^2-y+6) + 4x\cos^2(x^2-y+6)$,

$z_{yy} = 2\sin^2(x^2-y+6) - 2\cos^2(x^2-y+6)$

(9) $z_{xx} = (16x^6 - 8x^3y^2 + 12x^2 + y^4)e^{x^4-xy^2}$,

$z_{xy} = z_{yx} = (-8x^4y + 2xy^3 - 2y)e^{x^4-xy^2}$, $z_{yy} = (4x^2y^2 - 2x)e^{x^4-xy^2}$

(10) $z_{xx} = -\dfrac{1}{(x+y^2)^2}$, $z_{xy} = z_{yx} = -\dfrac{2y}{(x+y^2)^2}$, $z_{yy} = \dfrac{2x-2y^2}{(x+y^2)^2}$

(11) $z_{xx} = e^{x\sin y}\sin^2 y$, $z_{xy} = z_{yx} = e^{x\sin y}(x\sin y\cos y + \cos y)$,

$z_{yy} = e^{x\sin y}(x^2\cos^2 y - x\sin y)$

(12) $z_{xx} = \dfrac{-16x+8y}{\{1+(2x-y)^2\}^2}$, $z_{xy} = z_{yx} = \dfrac{8x-4y}{\{1+(2x-y)^2\}^2}$,

$z_{yy} = \dfrac{-4x+2y}{\{1+(2x-y)^2\}^2}$

問 **6.5** 略

問 **6.6** (1) $z_u = z_x + z_y$, $z_v = z_x - z_y$

(2) $z_u = 2z_x + 3z_y$, $z_v = -5z_x + 7z_y$

(3) $z_u = z_x + vz_y$, $z_v = z_x + uz_y$

問 **6.7** (1) $y + xy + \dfrac{1}{2}x^2y - \dfrac{1}{6}y^3 + R_4$

(2) $x + y - \dfrac{1}{2}x^2 - xy - \dfrac{1}{2}y^2 + \dfrac{1}{3}x^3 + x^2y + xy^2 + \dfrac{1}{3}y^3 + R_4$

問 **6.8** (1) $(1,0)$ において極小値 -2 をとり, $(-1,0)$ において極大値 2 をとる.

(2) 極値をとらない.

(3) $\left(\dfrac{5}{2}, \dfrac{5}{4}\right)$ において極小値 $-\dfrac{425}{16}$ をとる.

(4) $\left(-\dfrac{1}{2}, 1\right)$ において極小値 $-\dfrac{1}{2}$ をとり, $\left(\dfrac{1}{2}, -1\right)$ において極小値 $-\dfrac{1}{2}$ をとる.

(5) $(1,0)$ において極大値 2 をとり, $(-1,0)$ において極小値 -2 をとる.

(6) 極値をとらない.

問 **6.9** (1) $y = -\sqrt{3}x + 4$ (2) $y = \dfrac{2}{3}x - 2$

問 **6.10** (1) $x=2$ において極大値 2 をとり, $x=-2$ において極小値 -2 をとる.

(2) $x=\sqrt[3]{2}$ において極大値 $\sqrt[3]{4}$ をとる.

(注. $(x,y)=(0,0)$ においては陰関数定理は適用できない)

問 **6.11** (1) $(3,-3), (-3,3), (\sqrt{3},\sqrt{3}), (-\sqrt{3},-\sqrt{3})$ の 4 点

(2) $(0,1), (0,-1), \left(\dfrac{\sqrt{15}}{4}, -\dfrac{1}{4}\right), \left(-\dfrac{\sqrt{15}}{4}, -\dfrac{1}{4}\right)$ の 4 点

第 7 章　重積分

問 **7.1** (1) 10　(2) $\dfrac{25}{4}$　(3) 24　(4) $\dfrac{1}{6}$　(5) $\dfrac{1}{6}$　(6) $\dfrac{5}{6}$　(7) $\dfrac{1}{24}$　(8) 2

(9) $\dfrac{4}{15}(31-9\sqrt{3})$　(10) $\dfrac{1}{2}(e^2-e+1)$　(11) $\dfrac{8}{3}$　(12) $\dfrac{\sqrt{3}}{4}$

(領域の図はホームページに掲載*))

問 **7.2** (1) $\dfrac{32}{15}$　(2) $\dfrac{1}{3}$　(3) $\dfrac{9}{2}$

問 **7.3** (1) $\dfrac{a^3}{3}$　(2) $\dfrac{2-\sqrt{2}}{6}$　(3) 8π　(4) $\dfrac{3}{4}\pi$　(5) $\pi(e-1)$　(6) $\dfrac{1}{8}$

問 **7.4** (1) 36　(2) $\dfrac{e(e-2)}{2}$

問 **7.5** (1) $\dfrac{8}{3}\pi$　(2) $\dfrac{4}{5}\pi$　(3) $4\pi\log 3$

問 **7.6** (1) $\dfrac{1}{4}(e^2-e^{-2})$　(2) $\dfrac{53}{6}$　(3) 74　(4) $\dfrac{1}{2}\log 3$

問 **7.7** (1) $\dfrac{5}{2}$　(2) $\pi\log 2$　(3) $\dfrac{16}{3}$　(4) 8π　(5) $\dfrac{\pi}{32}$

問 **7.8** (1) $\dfrac{\sqrt{6}}{4}$　(2) $\dfrac{2}{3}(5\sqrt{5}-1)\pi$

第 8 章　無限級数

問 **8.1** (1) 発散　(2) 収束

問 **8.2** (1) 絶対収束　(2) 絶対収束　(3) 条件収束

問 **8.3** (1) 1　(2) 1　(3) 1　(4) e

問 **8.4** 略

索　引

■ 記号 .... 英数

$_nC_k$ 64
∞ 6
$-\infty$ 7
Σ 2
$x \to a+0$ 41
$x \to a-0$ 41
$\arccos x$ 37
$\arcsin x$ 36
$\arctan x$ 38
$\cos x$ 28
$\cos^{-1} x$ 37
e 55
$\lim\limits_{n\to\infty}$ 6
$\lim\limits_{x\to a}$ 41
$\log x$ 56
$\log_a x$ 25
n 次導関数 62
n 乗 15
n 乗根 17
$\sin x$ 28
$\sin^{-1} x$ 36
$\tan x$ 28
$\tan^{-1} x$ 38
n 変数関数 138

■ あ 行

1 変数関数 13
一般角 27
一般項 1

陰関数 163
陰関数定理 163
上に凸 74
上に有界 207
円柱座標 194

■ か 行

開区間 13
下界 207
片側極限 41
下端 113
加法定理 33
関数 13
逆関数 21, 22
逆三角関数 36
　　—の導関数 60
逆正弦関数 36
逆正接関数 37
逆余弦関数 37
球座標 197
行列式 184
極限
　　関数の— 41
　　数列の— 6
　　2 変数関数の— 138
極限値 6, 41, 139
極座標 152, 197
極座標変換 ... 152, 187
極小 69, 158
極小値 69, 158
曲線の長さ 200

極大 69, 158
極大値 69, 158
極値 69, 158
曲面積 204
区間 13
原始関数 88
減少 69
減少数列 207
広義積分 130, 190
公差 1
高次導関数 62
高次偏導関数 150
合成関数 15
　　—の微分 53
合成関数の偏微分 .. 150
公比 2
項別積分 218
項別微分 217
コーシー・アダマールの
　　判定法 212
コーシーの平均値の定理
　　 68
弧度法 26
根号 17

■ さ 行

三角関数 28
　　積を和・差になおす
　　 35
　　—の性質 32
　　—の微分 60

　　　　和・差を積になおす
　　　　　............35
3 重積分 192
3 変数関数 138
指数 15
指数関数 20
　　　－の微分 58
指数と対数の関係 23
指数法則 16, 19
自然対数 56
自然対数の底 56
下に凸 74
下に有界 207
重積分 172
収束
　　　関数の－ 41
　　　数列の－ 6
収束半径 214
上界 207
条件収束 212
条件収束級数 212
上端 113
剰余項 79
　　　－の収束 81
初項 1
真数 23
振動 7
数列 1
正弦関数 28
正項級数 208
正接関数 28
正の角 26
積分可能 112, 172
積分する 89, 113
積分定数 89
接線 41
　　　－の方程式 46
絶対収束 212

絶対収束級数 212
接平面 145
線形変換 183
全微分 147
全微分可能 144
増加 69
増加数列 207
増減表 72, 76

■ た 行
第 2 次偏導関数 147
第 3 次偏導関数 150
第 n 次偏導関数 150
対数 23
対数関数 25
　　　－の微分 56
対数微分法 57
体積の計算 126
多項式関数 14
ダランベールの定理　215
ダランベールの判定法
　　　　　...........210
単位円 28
値域 13, 137
置換積分法 92, 95
　　　定積分の－ 117
底 20, 23
　　　－の変換公式 ...24
定義域 13, 137
定数関数 14
定積分 112
テイラー展開 80
テイラーの定理
　　　　.....78, 154, 156
導関数 47
　　　関数の増減と－ .69
　　　第 2 次－ 62
　　　第 3 次－ 62

　　　第 n 次－ 62
等差数列 1
　　　－の和 4
等比数列 2
　　　－の極限 8
　　　－の和 5
度数法 26

■ な 行
二項係数 64
二項定理 65
2 重積分 172
2 変数関数 137
ネイピア数 55
ネピア数 55

■ は 行
倍角の公式 35
発散
　　　関数の－ 41
　　　数列の－ 6
　　　負の無限大に－ ..7
　　　無限大に－ 6
半角の公式 35
比較判定法 209
被積分関数 89, 172
左側極限 41
微分 48
　　　x^α の－ 58
　　　x^n の－ 52
　　　逆三角関数の－ .60
　　　合成関数の－ ...53
　　　三角関数の－ ...60
　　　指数関数の－ ...58
　　　商の－ 51
　　　積の－ 50
　　　対数関数の－ ...56
　　　定数倍の－ 49

和・差の— 49
微分可能 46, 47
微分係数 46
微分積分学の基本定理
　　　............ 115
不定積分 89
　　定数倍の— 91
　　—の公式 90
　　和・差の— 91
負の角 26
負の無限大 7
部分積分法 96
　　定積分の— 120
部分分数分解 101
不連続 45
分割
　　区間の— 111
　　領域の— . 170, 174
平均値の定理 ... 66, 154
　　コーシーの— ... 68
平均変化率 40
閉区間 13

べき級数 213
変曲点 75
変数変換 182
　　2 重積分の— ... 182
　　3 重積分の— ... 194
偏導関数 141
偏微分可能 141
偏微分係数 141
偏微分する 142
偏微分の順序交換 .. 149

■ ま 行
マイナス無限大 7
マクローリン展開
　　......... 81, 157
マクローリンの定理
　　......... 80, 157
右側極限 41
無限級数 10, 208
　　—の和 10
無限積分 133
無限大 6
無限等比級数 ... 10, 208

無理式 108
面積の計算 123

■ や 行
ヤコビアン 187, 196
有界 207
有界閉領域 173
有理関数 14, 100
余弦関数 28

■ ら 行
ライプニッツの定理 . 64
ラグランジュの
　　未定係数法 .. 167
ラジアン 26
領域 173
累次積分 174, 193
累乗 15
累乗根 17
連続 45, 140
連続関数 45
ロピタルの定理 .. 84–87
ロルの定理 65

<ruby>梅津裕美子<rt>うめづゆみこ</rt></ruby> 神奈川工科大学
<ruby>竹田裕一<rt>たけだゆういち</rt></ruby> 神奈川工科大学

<ruby>基礎<rt>きそ</rt></ruby>から<ruby>学<rt>まな</rt></ruby>ぶ <ruby>理工系<rt>りこうけい</rt></ruby> <ruby>微分積分学<rt>びぶんせきぶんがく</rt></ruby>

2016年10月31日　第1版　第1刷　発行
2022年2月20日　第1版　第5刷　発行

著　者　　梅津裕美子
　　　　　竹田裕一
発行者　　発田和子
発行所　　株式会社　学術図書出版社

〒113-0033　東京都文京区本郷5丁目4の6
TEL 03-3811-0889　振替 00110-4-28454
印刷　三美印刷(株)

定価はカバーに表示してあります.

本書の一部または全部を無断で複写(コピー)・複製・転載することは,著作権法でみとめられた場合を除き,著作者および出版社の権利の侵害となります.あらかじめ,小社に許諾を求めて下さい.

© 2016　Y. UMEZU　Y. TAKEDA
Printed in Japan
ISBN978-4-7806-0526-6　C3041